Walter Simon

GABALs großer Methodenkoffer

Managementtechniken

Meinem Freund Alfred Dreckmann

zu seinem 70. Geburtstag als Dank für viele Anregungen

und als Würdigung seines Lebenswerkes

Walter Simon, Bad Nauheim, am 3. Juni 2005

Walter Simon

GABALs großer Methodenkoffer Management-techniken

GABAL

Bibliografische Information der Deutschen Bibliothek

Die Deutsche Bibliothek verzeichnet diese Publikation in der Deutschen Nationalbibliografie; detaillierte bibliografische Informationen sind im Internet über http://dnb.ddb.de abrufbar.

Sonderausgabe des unter der ISBN 978-3-89749-504-3 erschienenen Titels.

ISBN 978-3-89749-901-0

Lektorat, Satz: Rommert Medienbüro, Gummersbach. www.rommert.de
Umschlaggestaltung: +Malsy Kommunikation und Gestaltung, Bremen
Umschlagfoto: Photonica, Hamburg
Grafiken: Justus Kaiser / Rommert Medienbüro, Gummersbach
Druck: Salzland Druck, Staßfurt

2. Auflage 2008

www.gabal-verlag.de
Abonnieren Sie unseren Newsletter unter:
newsletter@gabal-verlag.de

Inhalt

B Planungsunterstützende Managementtechniken

C Entscheidungsunterstützende Managementtechniken

D Realisationsunterstützende Managementtechniken

E Kontrollunterstützende Managementtechniken

Einleitung

Dies ist der dritte Band der auf fünf Bücher angelegten Reihe zum Thema Schlüsselqualifikationen. Er wendet sich vor allem an Studierende und Berufstätige mit Managementambitionen.

1. Schlüsselqualifikationen und Handlungskompetenz

Schlüsselqualifikationen

Schlüsselqualifikationen sind fachübergreifende Grundqualifikationen. Während Ihr Fachwissen relativ schnell veraltet, womit sich zugleich auch Ihre berufliche Qualifikation entwertet, helfen Ihnen diese Schlüsselqualifikationen, neue Lern- und Arbeitsinhalte schnell und selbstständig zu erwerben. Der Wesenskern von Schlüsselqualifikationen verändert sich nicht, selbst wenn sich Technologien oder Berufsinhalte wandeln. Außerdem können sie für andere Bereiche oder Tätigkeiten verstärkend eingesetzt werden. Schlüsselqualifikationen sind somit ein wichtiger Teil der beruflichen Handlungskompetenz.

Handlungskompetenz

Unter Handlungskompetenz versteht man die Fähigkeit und Bereitschaft, Probleme der Berufs- und Lebenssituation zielorientiert auf der Basis methodisch bewährter Handlungsabläufe selbstständig zu lösen, die gefundenen Lösungen zu bewerten und das Repertoire der Handlungsfähigkeiten zu entwickeln. Es ist das Wissen, Wollen und Können von Menschen, Methoden-, Fach- und Sozialkompetenz sowie die damit verbundenen Fertigkeiten, Fähigkeiten, Erkenntnisse und Verhaltensweisen sowohl im beruflichen als auch im persönlichen Bereich anzuwenden und umzusetzen. Erst wenn Sie das neu erlernte Wissen und Können auch umsetzen und die neuen Methoden im Alltag anwenden, zeigt sich Handlungskompetenz.

→ Ergänzende und vertiefende Informationen hierzu finden Sie in der Einleitung des ersten Bandes dieser Buchreihe „Methodenkoffer Grundlagen der Kommunikation“.

Die Buchreihe soll den Charakter eines Informationsbreviers haben. Daher wurde auf wertende Kommentierungen zu den einzelnen Methoden weitgehend verzichtet. Prinzipiell wurden auch nur jene Methoden in diese Buchreihe aufgenommen, die sich über einen längeren Zeitraum in der Praxis bewährt haben.

2. Der Inhalt dieser Buchreihe

Band 1 *Band 1 (Methodenkoffer Kommunikation)* hat alle relevanten Kommunikationsthemen zum Inhalt. Der Themenbogen spannt sich von den umfassenden Kommunikationsmodellen (z. B. das Modell von Friedemann Schulz von Thun) über Teilaspekte der Kommunikation (z. B. Frage- und Zuhörtechniken) bis hin zu besonderen Kommunikationszwecken (z. B. Verhandlungstechniken).

Band 2 Im *zweiten* Band *(Methodenkoffer Arbeitsorganisation)* werden die wichtigsten Arbeitstechniken behandelt:

- Persönliche Arbeitsmethodik
- Lern- und Gedächtnistechniken
- Denktechniken
- Kreativitätstechniken
- Stressbewältigungsmethoden

Band 3 Der hier vorliegende *dritte* Band dient als Arbeitshilfe im Tagesgeschäft am Chefschreibtisch. Die persönlichen Arbeitstechniken des zweiten Bandes werden hier um spezielle Managementtechniken ergänzt.

Dabei wäre es falsch, beim Begriff „Management" nur an die Top-Entscheider der Großindustrie oder Hochfinanz zu denken. Der Anteil der managementnahen oder managementähnlichen Tätigkeiten in der „organisierten Gesellschaft" des 21. Jahrhunderts nimmt bei vielen Berufen zu. Es handelt sich um die Tätigkeiten des Analysierens, Planens, Entscheidens, Organisierens und Kontrollierens. Heute gelten etwa fünf bis zehn Prozent der berufstätigen Bevölkerung als Führungskräfte – vom Meister aufwärts bis hin zum Vorstandsvorsitzenden.

→ Ergänzende und vertiefende Informationen hierzu finden Sie im Kapitel „Was ist Management?“ und im Teil D „Managementfunktion Realisation“ dieses Buches.

Band 4

Im Frühjahr 2006 wird mit dem *Methodenkoffer Führung* der *vierte* Band dieser Reihe erscheinen. Warum wird es ein Buch speziell zum Thema „Führung“ geben? Führen und Managen stehen zwar in einem Bezug und ergänzen sich, sind aber vom Wesen her verschieden und haben unterschiedliche Schwerpunkte im Rahmen der unternehmerischen Gesamtaufgabe.

Werkzeuge der Führung

„Führen“ wird als das zielorientierte Einwirken auf Menschen bzw. Gruppen definiert. Dazu bedient sich die Führungskraft unter anderem dieser Werkzeuge:

- Ziele vereinbaren
- Anerkennung und Kritik aussprechen
- Informieren und kommunizieren
- Kritisieren
- Aufgaben, Kompetenz und Verantwortung delegieren

Das gelingt umso besser, je mehr soziale Kompetenz der Manager aufweist, also die im ersten und vierten Band dieser Buchreihe beschriebenen Verhaltensweisen beherrscht.

Band 5

Im *fünften* Band dieses Kompendiums – dem *Methodenkoffer Persönlichkeit* – geht es um Wege und Möglichkeiten der Persönlichkeitsentwicklung. Erfolg im Studium, Beruf und Alltag hängt zu einem großen Teil von der Persönlichkeit des jeweiligen Menschen ab, von seinem Denken und Fühlen, seinen Werten und Normen, seinem Wollen und Tun. In diesem fünften Buchband werden darum Konzepte und Methoden vorgestellt, mit denen man störendes Verhalten erkennen und falsche Strategien korrigieren kann.

Aufeinander abgestimmt

Die fünf Bände der Buchreihe *GABALs großer Methodenkoffer* sind mehr als ein stichwortartiges Lexikon, aber weniger als ein dickleibiges Lehrbuch. „So viel wie nötig und so wenig wie möglich“ galt beim Schreiben als Faustregel. Alle Bände sind hinsichtlich Struktur und Inhalt aufeinander abgestimmt. Viele

Kapitel nehmen Bezug auf ein anderes oder enthalten Querverweise. So wie Hammer, Nagel und Zange zusammengehören, so ist dies auch bei zahlreichen Kapiteln der fünf Bände der Fall.

Viel Nutzen, wenig Aufwand

Ziel der Konzeption war es, Inhalt, Themenmenge, Zeitbedarf und individuelle Lernkapazität in ein ausgewogenes Verhältnis zu bringen. Die Hauptpunkte eines Themas sind so sehr verdichtet, dass Sie als Leser auf der Basis des ökonomischen Prinzips mit wenig Aufwand den größtmöglichen Nutzen erzielen. Wenn Sie mehr wissen wollen, orientieren Sie sich bitte an der sorgfältig zusammengestellten Literaturliste.

Sinnvolle Ergänzung

Sollten Sie vertiefende Informationen zu Managementstrategien und -konzepten wünschen, so verweise ich auf mein Buch „Managementkonzepte von A bis Z", das ebenfalls im GABAL-Verlag erschienen ist. Es ist eine sinnvolle Ergänzung zum vorliegenden Band.

3. Inhalt und Aufbau dieses Bandes

Acht Hauptabschnitte

Dieser Band der fünfteiligen Buchreihe ist in folgende Hauptabschnitte gegliedert:
A. Zielorientierende Managementtechniken
B. Planungsunterstützende Managementtechniken
C. Entscheidungsunterstützende Managementtechniken
D. Realisationsunterstützende Managementtechniken
E. Kontrollunterstützende Managementtechniken
F. Funktionsintegrierende Managementtechniken
G. Qualitätsoptimierende Managementtechniken
H. Strategische Managementthemen

Elementare Funktionen

Die ersten fünf Abschnitte (A bis E) orientieren sich an den elementaren Managementfunktionen:
- Ziele setzen
- Planen
- Entscheiden
- Realisieren
- Kontrollieren

Diesen Elementarfunktionen werden spezielle Managementtechniken oder -methoden zugeordnet, so beispielsweise zur Zielsetzung die Szenariotechnik, die Trendanalyse und das Simultaneous Engineering. Diese Zuordnung ist nicht immer unproblematisch, da diese Unterthemen auch in andere Funktionen – zum Beispiel die Planung – hineinreichen. Ausschlaggebend war der stärkere Anteil zur jeweiligen Managementfunktion.

Funktionsübergreifende Konzepte

Im Teil F werden jene Managementkonzepte behandelt, die funktionsübergreifenden Charakter haben, also die Funktionen Ziele setzen, planen, entscheiden, realisieren und kontrollieren integrieren. Das gilt beispielsweise für das Projektmanagement, die Kepner-Tregoe-Technik und die Six-Sigma-Methode.

Qualitätsoptimierende Techniken

Ein weiterer Abschnitt (G) behandelt qualitätsoptimierende Managementtechniken. Die Qualitätsdiskussion der Achtziger- und Neunzigerjahre des letzten Jahrhunderts hat den Korb der Managementtechniken angereichert.

Strategiemodelle

Im letzten Abschnitt (H) werden wichtige managementtheoretische Modelle vorgestellt. Es handelt sich hierbei überwiegend um übergeordnete Strategiemodelle, die dem Unternehmen eine grundsätzliche Richtung geben.

Was ist Management?

Funktionale und institutionale Definition

Man kann den Begriff Management (*ital.* maneggiare „handhaben, bewerkstelligen“; *lat.* manus „Hand“, agere „tätig sein“) funktional und institutional definieren:

- Im *institutionalen* Sinne steht „Management“ für jene Personengruppe, die eine Organisation führt. Das sind die Unternehmer, Vorstände, Geschäftsführer und sonstige leitende Angestellte. Es sind die Menschen, die über dispositive Entscheidungs- und Anordnungskompetenz gegenüber jenen Menschen verfügen, die mit ausführenden (operativen) Aufgaben betraut sind.
- Im *funktionalen* Sinne wird Management als eine Abfolge von Funktionen definiert.

Dies soll im folgenden Abschnitt etwas genauer erläutert werden.

1. Funktionales und institutionales Management

Systematik nach Fayol

Der *funktionale* Managementbegriff basiert auf einer Reihe von linear aufeinander folgenden Funktionen, die erstmals von Henri Fayol (1841–1925) benannt bzw. begründet wurden:

1. Planen
2. Organisieren
3. Anweisen
4. Koordinieren
5. Kontrollieren

Diese Systematik wurde bis heute im Großen und Ganzen beibehalten und nur geringfügig modifiziert:

1. Ziele setzen (Wo stehen wir? Wo wollen wir hin?)
2. Planen (Welchen Weg nehmen wir? Welche Ressourcen haben wir? Wie viel Zeit haben wir?)
3. Entscheiden (Alternative A, B oder C?)

4. Realisieren (Organisieren, Koordinieren, Delegieren)
5. Kontrollieren (sachlich, personell, zeitlich, Controlling)

In anderen Systematiken findet sich noch Personaleinsatz (staffing) und Führung (directing).

Wiederkehrende Aufgaben

Die genannten fünf Funktionen stellen sich als immer wiederkehrende Aufgaben dar, die prinzipiell in jeder Leitungsposition zu erfüllen sind, und zwar unabhängig davon, auf welcher Hierarchieebene und in welchem Unternehmensbereich sie anfallen.

Management als Querschnittsfunktion

Aus Perspektive des funktionalen Managementkonzepts wird das Management als eine Art Querschnittsfunktion betrachtet. Mit den genannten Grundfunktionen werden der Einsatz der Ressourcen und die Koordination der Sachfunktionen (zum Beispiel Einkauf, Produktion, Verkauf) gesteuert. Management bedeutet demnach das Treffen und Durchsetzen von Entscheidungen, mit denen die im Unternehmen befindlichen finanziellen, sachlichen und personellen Ressourcen verknüpft werden.

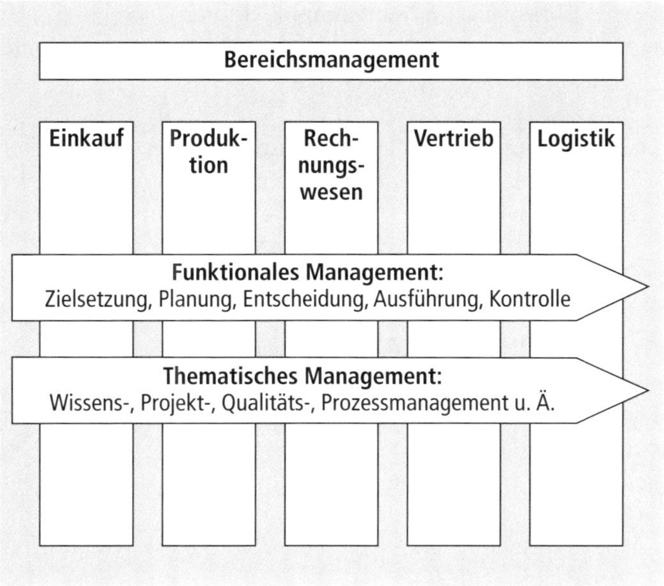

Funktionales Management

Entscheidend: Information und Kommunikation

Steuerung setzt Information und Kommunikation voraus. Diese Aufgaben stehen im Mittelpunkt der Funktionen. Ohne Information und Kommunikation ist es nicht möglich, Ziele zu setzen, diese zu planen, dazu Entscheidungen zu treffen, Maßnahmen durchzuführen und zu kontrollieren. Da die Kommunikation eine so entscheidende Rolle einnimmt, ist ihr mit Band 2 dieser Reihe ein eigenes Buch gewidmet.

Da Managementfunktionen in jedem Unternehmensbereich anfallen – egal, ob es sich um den Einkaufs-, Fertigungs-, Vertriebs- oder einen sonstigen betrieblichen Bereich handelt –, spricht man auch vom Einkaufs-, Fertigungs- oder Vertriebsmanagement. Die Managementfunktionen sind auf jeder Hierarchiestufe zu erfüllen, wenn auch unterschiedlich nach Art und Umfang.

Institutionelle Sicht

Mit den Managementfunktionen sind Personen unterschiedlicher Qualifikation betraut (institutionale Betrachtung). Hier unterscheidet man in

- Topmanagement: 1. und 2. Führungsebene, zum Beispiel Vorstand, Geschäftsleitung
- mittleres Management: 3. und 4. Führungsebene, zum Beispiel Direktoren und Abteilungsdirektoren
- unteres Management: untere Führungsebene, zum Beispiel Abteilungs- oder Gruppenleiter

Die Ausführung von Managementaufgaben gelingt umso besser, je mehr der Manager über methodische Kompetenz verfügt, also die Techniken beherrscht, die im zweiten und in diesem Band der Buchreihe beschrieben werden.

2. Der Management-Regelkreis

Darstellung im Kreismodell

Die Grundfunktionen des Managements können in einem Kreismodell dargestellt werden. Es handelt sich bei diesem Modell um den so genannten Management-Regelkreis, den man sich wie ein Steuerrad vorstellen kann. Er wird, nachdem das Ziel erreicht wurde, geschlossen oder mit neuen bzw. höheren Zielen wieder eröffnet.

Der Management-Regelkreis

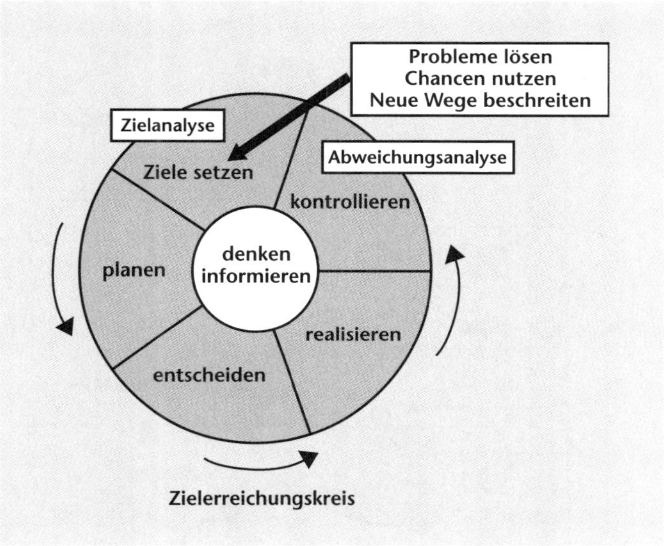

Denkbar ist aber auch, dass der Regelkreis wieder geöffnet wird, weil ein Ziel nicht erreicht wurde. Die Abweichungsanalyse wird dann zur Grundlage der neuen Ausgangs- bzw. Situationsanalyse.

Dreidimensionale Variante

Das Bild vom Management-Regelkreis wird präziser, wenn man es sich dreidimensional vorstellt – so ähnlich wie eine Wendeltreppe, bei der man mit jeder Umkreisung eine Ebene höher kommt (siehe Abbildung auf der nächsten Seite). Während das Denken und Informieren die anderen Funktionen zunächst horizontal verknüpfen, bilden sie jetzt außerdem das Verbindungsglied zwischen zwei Ebenen.

Ursprung in der Kybernetik

Die Idee der Kreisförmigkeit hat ihren Ursprung in der Kybernetik. Der Mathematiker und „Vater" der Kybernetik, Norbert Wiener, hat Mitte des 20. Jahrhunderts erkannt, dass es in allen lebenden, mechanischen und sozialen Systemen Wirkweisen gibt, die identische Muster aufweisen. Die bedeutendste Erscheinung ist dabei die Kreisförmigkeit der Abläufe.

Man kann einwenden, dass Management vielschichtiger und komplexer ist, als im Regelkreis dargestellt. Das stimmt, denn

Dreidimensionaler Regelkreis

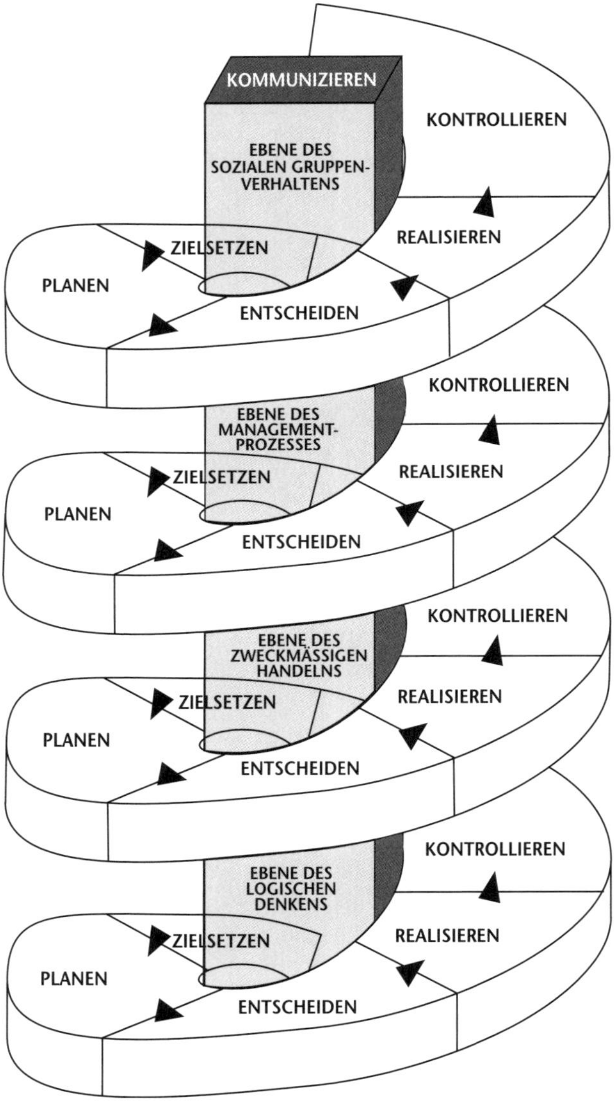

das Umfeld ist voll von solchen Regelkreisen, und ihre klaren Bestimmungen und Zuordnungen sind schwierig. Je mehr man versucht, in diesen Wald von Regelkreisen einzudringen, umso größer ist die Gefahr, dass man vor lauter Regelkreisen keine

Ziele mehr sieht. Das Kreismodell ist eine pädagogisch notwendige Vereinfachung, um einen Sachverhalt überhaupt modellhaft abbilden zu können.

Vielfältig verwoben

Die Funktionen spielen sich nicht einfach in dieser Reihenfolge eine nach der anderen ab, sondern sind vielfältig miteinander verwoben. In jeder Funktion steckt wiederum ein eigener Regelkreis, denn die Wahl für ein Ziel setzt Planung, Entscheidung und Kontrolle voraus. Ein Plan ist ein System von Festlegungen, die auf Entscheidungen beruhen. Für den Anfang genügt es, sich das Grundmodell als Steuerrad vorzustellen und es im Moment jeder wichtigen Handlung gedanklich zu aktivieren.

3. Dichtung und Wahrheit zum Managerberuf

Kritik

Der funktionale Managementansatz wurde häufig kritisiert. Das betrifft einerseits den analytisch-präskriptiven Charakter der Funktionen und andererseits die mangelnde Realitätsnähe bzw. fehlende empirische Fundierung.

Das rasche situationsgerechte Handeln tritt allzu oft an die Stelle des systematisch vorbereiteten Entscheidens. Vielen Managern fehlt jenes Wissen und die Systematik, die Gegenstand dieser Buchreihe ist.

Manche Theoretiker machen darum darauf aufmerksam, dass der Begriff „Management“ eine Rationalität suggeriert, die real nicht existiert. Sie propagieren einen handlungsorientierten Ansatz, der von der Frage ausgeht: Was tun Manager tatsächlich?

Abschied von Mythen

Hier ist der kanadische Managementforscher Prof. Henry Mintzberg besonders zu erwähnen. Er hat schon in den Achtzigerjahren des vergangenen Jahrhunderts mit dem Mythos aufgeräumt, nach dem der Manager als allwissender Planer und Lenker gesehen wird.

Nach Mintzberg gehört der Manager als systematischer Planer in das Reich der Dichtung. Viele Manager sind im hohen Maße aktionsorientiert und haben eine Abneigung gegen reflektierende Tätigkeiten. Sie springen von einer Sachfrage zu anderen, ständig bereit, auf die Erfordernisse des Marktes zu reagieren.

Kein delegierender Dirigent

In das Reich der Dichtung gehört auch das Bild vom Manager als delegierender Dirigent, der die Abläufe so gut organisiert, dass alles reibungslos läuft und er nur in Ausnahmefällen eingreifen muss.

In Wahrheit ist die Personaldecke in vielen Unternehmen so dünn, dass der Chef einspringen muss, wenn ein Mitarbeiter ausfällt. Da Stabsstellen fehlen, müssen sich Führungskräfte ständig mit Routineaufgaben beschäftigen.

Oft schlecht informiert

Auch der Mythos vom Manager als bestinformierter Mitarbeiter ist nicht länger haltbar. Im Gegenteil, viele Führungskräfte haben eine Abneigung gegen die abstrakten Informationen eines Management-Informationssystems und klammern sich eher an weiche Daten, an Gerüchte, Klatsch und Spekulationen. Sie holen sich ihre Informationen überwiegend aus Gesprächen, und Zeitungen sowie Zeitschriften werden in Sekundenschnelle überflogen.

Was die Effizienz beeinflusst

Mintzberg betont, dass die Managementleistung ganz entscheidend vom Verständnis der eigenen Arbeit beeinflusst wird. Sie hängt davon ab, wie gut ein Manager die Situation, die Probleme und Sachzwänge seiner Arbeit kennt und entsprechend zu reagieren weiß. Wer also seine Arbeit richtig definiert und gezielt agiert, wird wahrscheinlich ein effektiver Manager sein.

Fragenkatalog

Für Manager, die ihre Effizienz verbessern möchten, hat Mintzberg einen aus 14 Teilthemen bestehenden Fragenkatalog ausgearbeitet. Die Fragen sollen Managern eine Analyse ihrer Tätigkeit erleichtern. Bevor Sie in die einzelnen Kapitel dieses Buches einsteigen, empfehle ich Ihnen, diese Fragen für sich zu beantworten.

Informationsbeschaffung

1. Beschaffen von Informationen
   – Wo beschaffe ich mir meine Informationen?

- Wie beschaffe ich sie?
- Kann ich meine Kontakte besser ausnutzen, um noch mehr Informationen zu erhalten?
- Können andere mir einen Teil meiner Informationssuche abnehmen?
- In welchen Bereichen sind meine Kenntnisse am schwächsten?
- Wie kann ich andere dazu bringen, mich mit den benötigten Informationen zu versorgen?
- Sind meine geistigen Modelle von den Dingen, die ich innerhalb und außerhalb meiner Organisation verstehen muss, der Wirklichkeit adäquat?

Informationsweitergabe

2. Weitergabe von Informationen
   - Welche Informationen verbreite ich innerhalb meiner Organisation?
   - Wie wichtig ist es, dass meine Mitarbeiter von mir informiert werden?
   - Behalte ich zu viele Informationen für mich, weil ihre Weitergabe beschwerlich oder zeitraubend ist?
   - Wie kann ich andere mit mehr Informationen versorgen, damit sie bessere Entscheidungen fällen können?

Information und Handlung

3. Verhältnis von Handeln und Informationsbeschaffung
   - Stehen Sammeln von Informationen und Handeln bei mir in einem ausgewogenen Verhältnis?
   - Neige ich dazu, zu handeln, bevor Informationen vorliegen?
   - Oder warte ich erst alle Informationen ab, sodass Chancen verpasst werden und ich dadurch zu einem Engpass meiner eigenen Organisation werde?

Veränderungstempo

4. Tempo von Veränderungen
   - Welches Tempo der Veränderung kann ich meiner Organisation abverlangen?
   - Ist dieses Tempo so ausbalanciert, dass unser Betrieb weder zu statisch noch übermäßig auseinander gerissen ist?
   - Haben wir die Auswirkungen einer Veränderung auf die Zukunft unserer Organisation ausreichend analysiert?

Mitarbeiter

5. Entscheidung durch Mitarbeiter
   - Bin ich ausreichend informiert, um Vorschläge, die mir von meinen Mitarbeitern vorgelegt werden, beurteilen zu können?
   - Ist es möglich, die endgültige Bewilligung eines größeren Teils dieser Vorschläge anderen Mitarbeitern zu überlassen?
   - Gibt es Koordinationsprobleme, weil Mitarbeiter zu viele Entscheidungen selbstständig treffen?

Zukunft

6. Zukunft der Organisation
   - Wie sehe ich die zukünftige Richtung der Organisation?
   - Handelt es sich bei meinen Vorstellungen primär um vage Pläne, die nur in meinem Gehirn existieren?
   - Sollte ich diese Pläne explizit formulieren, damit sich andere in meiner Organisation bei ihren Entscheidungen daran orientieren können?
   - Oder brauche ich Flexibilität, um sie nach meinem Gutdünken ändern zu können?

Mein Führungsstil

7. Wirkung meines Führungsstils
   - Wie reagieren Mitarbeiter auf meinen Führungsstil?
   - Ist mir in ausreichendem Maße bewusst, wie stark ich andere durch meine Aktionen beeinflusse?
   - Verstehe ich deren Reaktionen auf meine Aktionen?
   - Gelingt es mir, zwischen Ermutigung und Druck ein angemessenes Gleichgewicht herzustellen?
   - Ersticke ich die Initiativen anderer?

Externe Beziehungen

8. Externe Beziehungen
   - Welche externen Beziehungen unterhalte ich?
   - Wie unterhalte ich sie?
   - Verwende ich einen Großteil meiner Zeit darauf, sie zu unterhalten?
   - Gibt es eine bestimmte Art von Menschen, die ich besser kennen lernen sollte?

Zeitplanung

9. Zeitplanung
   - Erfolgt meine Zeiteinteilung systematisch, oder reagiere

ich immer nur auf die Erfordernisse und Zwänge des Augenblicks?
- Gelingt mir eine akzeptable Mischung meiner Aktivitäten?
- Konzentriere ich mich immer nur auf bestimmte Aufgaben, weil dort meine Interessen liegen?
- Schwankt meine Leistung abhängig von der Aufgabe, der Tageszeit oder dem Wochentag?
- Spiegeln sich diese Schwankungen in meiner Planung wider?
- Gibt es (abgesehen von meiner Sekretärin) jemanden, der einen großen Teil meiner Zeitplanung verantwortlich übernehmen und eventuell systematischer erledigen kann?

Arbeitsbelastung

10. Arbeitsbelastung
    - Bürde ich mir zu viel Arbeit auf?
    - Wie wirkt sich meine Arbeitsbelastung auf meine Effizienz aus?
    - Sollte ich mich zu Pausen zwingen oder zu einer Tempominderung?

Unterbrechungen

11. Unterbrechungen
    - Handle ich zu oberflächlich?
    - Kann ich meine Stimmungen so schnell und so oft wechseln, wie es meine Arbeit verlangt?
    - Sollte ich die Fragmentierung und Unterbrechungen meiner Arbeit reduzieren?

Handlungsschwerpunkt

12. Handlungsschwerpunkt
    - Orientiere ich mich zu sehr an gegenwärtigen, greifbaren Aktivitäten?
    - Bin ich ein Sklave des Aktionismus meiner Arbeit?
    - Kann ich mich auf wichtige Fragen nicht mehr konzentrieren?
    - Widme ich Schlüsselproblemen die Aufmerksamkeit, die ihnen gebührt?
    - Sollte ich mehr Zeit mit Lesen verbringen und tiefer in bestimmte Probleme eindringen?
    - Könnte und sollte ich reflexiver sein?

Information und Kommunikation

13. Information und Kommunikation
    - Setze ich die unterschiedlichen Medien richtig ein?
    - Weiß ich die schriftliche Kommunikation optimal zu nutzen?
    - Verlasse ich mich zu sehr auf die Kommunikation unter vier Augen?
    - Sind meine Mitarbeiter, von einigen wenigen abgesehen, dadurch informativ benachteiligt?
    - Plane ich regelmäßig und in ausreichender Zahl Besprechungen ein?
    - Verbringe ich genügend Zeit mit Rundgängen durch meine Firma, mich aus erster Hand zu informieren?
    - Habe ich mich vom Herz der Aktivitäten zu sehr entfernt, sodass ich die Dinge nur noch in abstrakter Form sehe?

Rechte und Pflichten

14. Rechte und Pflichten
    - Wie mische ich meine persönlichen Rechte und Pflichten?
    - Nehmen die Pflichten meine ganze Zeit in Anspruch?
    - Wie kann ich mich von einigen befreien?
    - Wie stelle ich sicher, dass ich meine Firma den von mir gesetzten Zielen näher bringe?
    - Wie münze ich meine Verpflichtungen in spürbare Vorteile für mich um?

Literatur

Michael Hofmann (Hg.): *Funktionale Managementlehre.* Berlin: Springer 1988.

Henry Mintzberg u. a.: *Strategy Safari. Eine Reise durch die Wildnis des strategischen Managements.* Frankfurt/M.: Ueberreuter 2002.

Henry Mintzberg: *Die Strategische Planung. Aufstieg, Niedergang und Neubestimmung.* München: Hanser 1995.

Peter Schimitzek: *Das effektive Unternehmen. Wirtschaften im integrierten Regelkreis.* Neuwied: Luchterhand 1996.

TEIL A

Zielorientierende Managementtechniken

1. Managementfunktion Zielformulierung

Auf eine Beschreibung der Managementfunktion „Ziele setzen" bzw. Zielmanagement wird hier verzichtet. Ein solches Kapitel wäre redundant, da das Thema „Ziele managen" bereits im zweiten Band dieser Buchreihe behandelt wurde. Die dort dargelegten Regeln der Zielformulierung im Kontext persönlicher Arbeitstechniken gelten grundsätzlich auch für die Zielfindung bzw. -formulierung im Managementprozess.

→ Ergänzende und vertiefende Informationen hierzu finden Sie im Kapitel A 6 „Zielmanagement" des zweiten Bandes dieser Buchreihe (Methodenkoffer Arbeitsorganisation).

Merkmale von Zielen

Unabhängig davon, ob es sich um unternehmerische oder persönliche Ziele handelt, müssen Ziele realistisch und hinsichtlich ihrer Erfüllung beurteilbar sein. Sie sind zu qualifizieren, zu quantifizieren und zu präzisieren. Außerdem müssen Ziele erreichbar und von allen Beteiligten gewollt sein.

Die entscheidenden Impulse für das persönliche Zielmanagement im Rahmen von Persönlichkeitsentwicklungs- oder Karrierestrategien kamen aus der Managementtheorie. Hier war es vor allem Peter F. Drucker, der mit seinem „Management by Objectives" dem Gedanken der Zielorientierung entscheidende Impulse gab.

Vor den Zielen kommt die Analyse

Aber auch Igor Ansoff – der „Vater" des strategischen Managements – betonte die Rolle von Zielen für die Umsetzung von Strategien. Von ihm stammt auch der Hinweis, dass der Zielformulierung eine Prüfung der Stärken und Schwächen vorausgehen muss. Aus der damit verbundenen Fragestellung entstand ein Managementtool, die so genannte SWOT-Analyse.

SWOT

Die Buchstaben SWOT stehen für

- *Strenghts* (Stärken),
- *Weaknesses* (Schwächen),
- *Opportunities* (Chancen) und
- *Threats* (Gefahren).

Stärken und Schwächen

Sinn der Stärken-und-Schwächen-Analyse ist es, jene Leistungselemente zu identifizieren, die ein Unternehmen im Wettbewerb gezielt zu seinem Vorteil einsetzen kann.

Chancen und Risiken

Oft wird die Stärken-und-Schwächen-Analyse in Kombination mit einer Analyse der Chancen und Risiken im Markt eingesetzt. Die Chancen und Risiken beziehen sich auf das Umfeld der Branche, den Markt etc. Es kommt darauf an, dass ein Unternehmen seine Stärken nutzt, um Chancen wahrzunehmen oder Risiken einzudämmen.

SWOT-Analyse

Führen mit Zielen

Da Managementziele erst durch das Mitwirken von Mitarbeitern realisierbar sind, wird im vierten Band dieser Buchreihe (Methodenkoffer Führung) das Thema „Führen mit Zielen" ausführlich dargestellt. Hier können Sie erfahren, wie aus übergeordneten Managementzielen nachgeordnete Abteilungs- bzw. Mitarbeiterziele abgeleitet werden.

Literatur

Klaus Lurse und Anton Stockhausen: *Manager und Mitarbeiter brauchen Ziele – Führen mit Zielvereinbarungen und variable Vergütung.* 2. Aufl. Neuwied: Luchterhand 2002.

Walter Simon: *Ziele managen. Ziele planen und formulieren – zielgerichtet denken und handeln.* Offenbach: GABAL Verlag 2000.

Walter Simon: *30 Minuten für das Realisieren Ihrer Ziele.* Offenbach: GABAL Verlag 2003.

Brian Tracy: *Ziele.* Frankfurt/M.: Campus 2004.

2. Szenariotechnik

Wer Ziele sinnvoll formulieren will, muss zukünftige Entwicklungen berücksichtigen. Dazu muss man diese Entwicklungen aber zunächst einmal erkennen. Die Szenariotechnik und die weiter hinten beschriebene Trendanalyse sind Methoden, die dies leisten sollten.

2.1 Begriffsklärung

Definition

Unter einem Szenario versteht man die Beschreibung einer zukünftigen Situation und gegebenenfalls die Darstellung des Weges, der zu dieser Situation führt. Die Szenariomethode ist eine Planungstechnik, die normalerweise mindestens zwei Szenarien (Zukunftsbilder) entwickelt, die sich voneinander unterscheiden, aber in sich konsistent sind. Aus den Szenarien werden anschließend Maßnahmen für das ganze Unternehmen, einen Unternehmensbereich oder einzelne Mitarbeiter abgeleitet.

Gegenwart und Zukunft

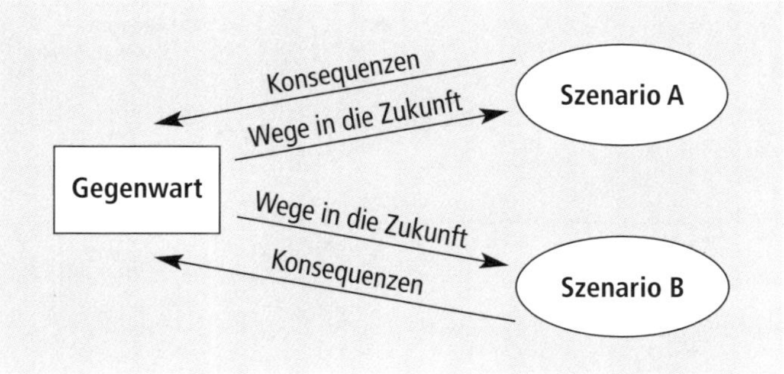

Populär seit den 1950er-Jahren

Das Wort „Szenario“ gewann Popularität, als der amerikanische Kybernetiker, Futurologe und Militärwissenschaftler Herman Kahn (1922–1983) Anfang der 1950er-Jahre militärstrategische Planspiele entwickelte, die er „Szenarien“ nannte. Anfang der 1970er-Jahre wurden solche Planspiele erstmals auch von der Wirtschaft genutzt. Unter dem Einfluss der Ölkrise gewann die

Szenariotechnik weiter an Bedeutung und wurde auf die spezifischen Belange der Unternehmen – insbesondere der Mineralölunternehmen – ausgerichtet.

Methode und Technik

Die Wörter „Szenariomethode" und „Szenariotechnik" werden in diesem Kapitel synonym verstanden. „Methode" ist der umfassende Begriff, „Technik" betont eher den instrumentellen Charakter.

2.2 Das Szenario-Denkmodell

Die Szenariomethode kann man sich mithilfe des so genannten Szenariotrichters verdeutlichen:

Der Szenariotrichter

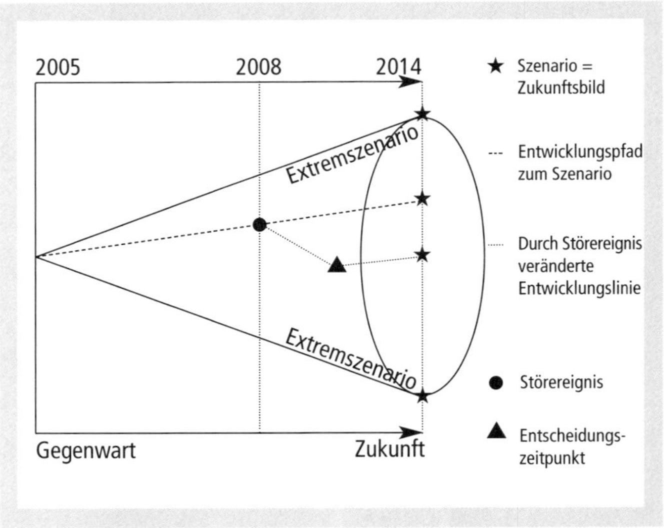

Zunehmende Unsicherheit

Der Trichter symbolisiert die auf die Zukunft bezogene Unsicherheit. Am engsten Punkt des Trichters beginnt die Gegenwart, und je weiter man sich von der heutigen Situation in die Zukunft bewegt, desto unsicherer und komplexer wird sie. Sämtliche Faktoren – wie die wirtschaftliche Situation, Märkte, Wettbewerb, Verträge, Gesetze und Normen – haben Einfluss auf die Zukunft.

Faktoren, die sich nicht verändern bzw. deren Entwicklung überschaubar ist, können entsprechend auf die nähere Zukunft projiziert werden.

Bei der strategischen Planung versucht man, diese Umfeldsituation in die fernere Zukunft zu projizieren. Dann stellt man ab einem bestimmten Punkt fest, dass man nicht mehr weiß, wie sich die Situation verändern wird.

Viele Szenarien sind möglich

Jede beliebige Gerade, die durch den Trichter durchgezogen wird, ist eine denkbare, theoretisch mögliche Zukunftssituation. Dabei kommt man auf hundert oder tausend verschiedene Szenarien. Soll man sie alle berücksichtigen?

Kriterien für Szenarien

Normalerweise reicht der Entwurf von zwei Szenarien für die Unternehmensplanung völlig aus. Diese Szenarien müssen dabei folgende Kriterien erfüllen:

- Die einzelnen Entwicklungen dürfen sich innerhalb eines Szenarios nicht aufheben.
- Jedes Szenario sollte möglichst stabil sein, also nicht bei kleineren Veränderungen zusammenbrechen.
- Zwischen den beiden letztlich ausgewählten Szenarien sollte ein möglichst großer Unterschied sein. Sie sollten sich entlang der Ränder des Trichters entwickeln.

Drei Typen von Szenarien

Einige Experten entwickeln dagegen drei Typen von Szenarien:

1. ein *positives* Extremszenario: Es bezeichnet die günstigstmögliche Zukunftsentwicklung (Best Case).
2. ein *negatives* Extremszenario: Es bezeichnet den schlechtestmöglichen Entwicklungsverlauf (Worst Case).
3. ein Trend-Szenario: Es beinhaltet die Fortschreibung der heutigen Situation in die Zukunft.

Trend-Szenario

Unter Fachleuten ist es umstritten, ob das letztgenannte Trend-Szenario tatsächlich erstellt werden soll. Einige Szenariotechniker empfehlen, dies zu unterlassen. Sie meinen, dass die reale Entwicklung nicht zwangsläufig in Richtung des Trend-Szenarios verläuft. Zwar wird bei Abweichungen meist schnell ein Sündenbock gefunden, zum Beispiel die Politik, der Wettbewerb oder die letzte interne Umorganisation, aber das eigentliche Problem wird nicht gelöst. Darum sollte man sich auf zwei Szenarien konzentrieren, die stabil sind und sich voneinander deutlich unterscheiden.

Störereignisse einbeziehen

Die Szenariotechnik versucht, plötzlich auftretende Ereignisse, auch Störereignisse genannt, in die Entwicklung einzubeziehen. Eine wichtige Rolle spielen hierbei die Präventivmaßnahmen. Mit diesen Maßnahmen kann man einerseits versuchen, das Störereignis zu verhindern. Ist dies nicht möglich oder sinnvoll, kann sich das Unternehmen andererseits auch mittels entsprechender Vorkehrungen auf das Eintreten des Störereignisses vorbereiten.

2.3 Anwendung der Szenariotechnik

Strukturiertes Vorgehen

Die Szenariotechnik erfordert ein strukturiertes Vorgehen. Planung und Durchführung erfolgen im Team. Der Prozess besteht aus mehreren Schritten. Im nachfolgenden Modell sind es acht. Es gibt zwar begriffliche Unterschiede von Autor zu Autor hinsichtlich der Benennung der Szenariophasen, aber inhaltlich sind sie zum größten Teil identisch. Die Darstellung orientiert sich hier an der Publikation von Ute von Reibnitz.

Die acht Schritte der Szenario-Technik

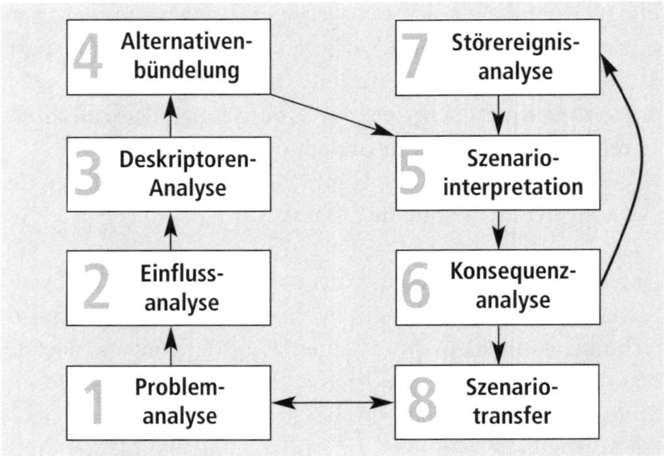

Phase 1: Aufgaben- und Problemanalyse

Probleme bestimmen

Ziel dieser Phase ist es, den Untersuchungsgegenstand oder ein strategisches Geschäftsfeld zu analysieren. Dabei werden Leitbilder, Ziele und Strategien nach ihrer Wichtigkeit bewertet. Anschließend erfolgt eine Stärken-Schwächen-Analyse. Mit ihr will man erkennen, welche Probleme vorliegen und kurz-, mittel- und langfristig zu lösen sind.

Zeithorizonte festlegen

Als Problem gilt ein unbefriedigender Sachverhalt, der als dringend lösungsbedürftig angesehen wird. Darauf folgend werden unterschiedliche Lösungsansätze diskutiert. Als Nächstes werden die Zeithorizonte für die Szenarien festgelegt. Meistens ist das der Zeitraum, den man benötigt, um eine Innovation zu entwickeln und zu vermarkten. Entsprechend sind zum Teil mehrjährige Zeitpuffer hinzuzurechnen.

Phase 2: Einflussanalyse

Einflussbereiche identifizieren

Nunmehr sind jene Bereiche zu identifizieren, die auf das Untersuchungsfeld einwirken. In der Regel sind dies Wirtschaft, Technologie, Absatzmärkte, Umwelt, Gesetzgebung und Gesellschaft. Der Einflussbereich Gesellschaft kann sich untergliedern in diese oder andere Bereiche: Arbeitslosigkeit, Einkommensverteilung und Einstellung zum Umweltschutz.

Nachdem die Einflussbereiche durch die entsprechenden Einflussfaktoren beschrieben sind, kann man bewerten, wie stark jeder Bereich die anderen Bereiche beeinflusst bzw. von ihnen beeinflusst wird.

Phase 3: Deskriptorenanalyse

Deskriptoren auswählen

Um die Entwicklungsdynamik der Einflussfaktoren beschreiben zu können, sind so genannte Deskriptoren bzw. „Kenngrößen" zu bestimmen. Es sind quantitative und qualitative Deskriptoren zu unterscheiden:

- Quantitative Deskriptoren sind direkt messbar und damit meist einfacher zu erheben. Beispiel: Ständige Wohnbevölkerung
- Qualitative Deskriptoren müssen erst quantifiziert werden (wodurch sie nicht zu quantitativen werden!) und sind eher

schwierig messbar. Beispiel: Einstellung der Bevölkerung zum Thema „Windenergie“ (positiv, neutral, negativ).

Für jeden einzelnen Faktor werden nun anhand der Deskriptoren Trendprojektionen nach den Zeithorizonten kurz-, mittel- und langfristig vorgenommen.

Phase 4: Alternativenbündelung

Alternativen gegenüberstellen

Diese Phase befasst sich mit der Entwicklung verschiedener Alternativen bzw. Szenarien. Die Alternativen werden gebündelt, indem jeweils für alle Faktoren ein positiver und ein negativer Entwicklungstrend gefunden wird. Sie werden einander gegenübergestellt und es wird dabei überprüft, ob sich die Alternativen vertragen oder nicht.

Stabile Szenarien auswählen

Danach werden solche Szenarien ausgewählt, die eine größtmögliche Konsistenz und interne Stabilität aufweisen. Zuletzt erfolgt die Auswahl von zwei Szenarien, die möglichst unterschiedlich sind.

Phase 5: Szenario-Interpretationen

Szenarien bezeichnen

Den Interpretationen der Szenarien kommt eine große Bedeutung zu. Die Extremszenarien werden zur besseren Charakterisierung mit Titeln versehen, zum Beispiel:

- progressives und konservatives Szenario
- Haben- und Sein-Szenario
- Ökologie- und Ökonomie-Szenario
- Harmonie- und Disharmonie-Szenario
- optimistisches und pessimistisches Szenario
- Kontinuitäts- und Diskontinuitäts-Szenario

Phase 6: Konsequenzanalyse

Chancen und Risiken ableiten

Auf Basis der in der Phase 4 ausgewählten Szenarien werden Chancen und Risiken für das Unternehmen abgeleitet. Zu diesen Chancen und Risiken werden dann geeignete Maßnahmen bzw. Aktivitäten skizziert. Die Aktivitäten sind so ausgerichtet, dass Chancen so früh wie möglich genutzt, die Risiken dagegen gemindert oder in Chancen umgewandelt werden.

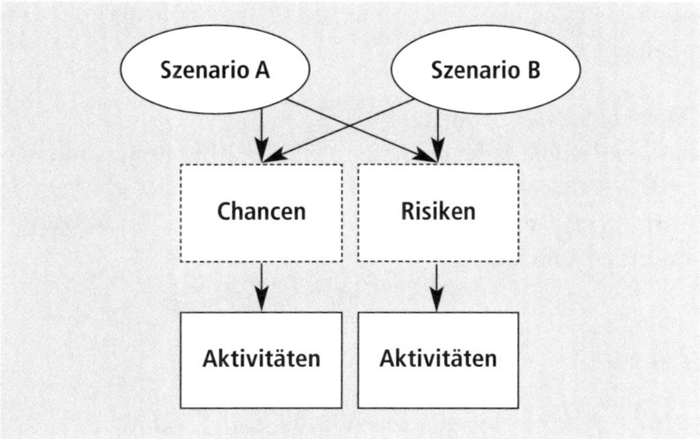

Analyse von Chancen und Risiken

Konkret formulieren

Es ist wichtig, dass Aktivitäten nicht aus Allgemeinplätzen wie beispielsweise „Marketing“, „Strategie“, „mehr Budget“ etc. bestehen, sondern konkrete, detaillierte Schritte aufzeigen. Aus den Ergebnissen der Konsequenzanalyse wird eine vorläufige Leitstrategie entwickelt.

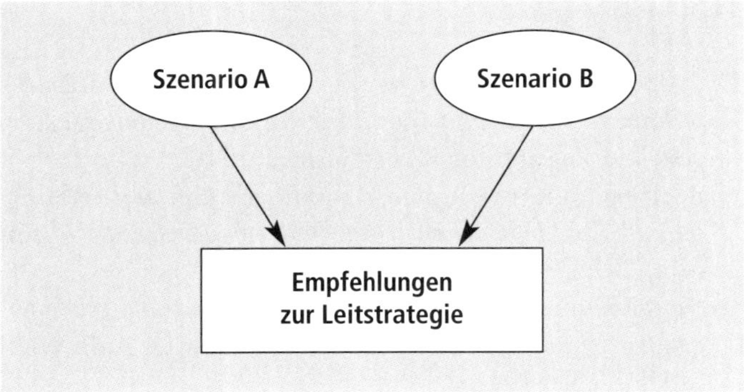

Bündelung von Aktivitäten zu einer Leitstrategie

Phase 7: Störereignisanalyse

Störereignisse sammeln und bewerten

In dieser Phase werden mögliche interne und externe Störereignisse gesammelt und ihre Bedeutung für das Unternehmen bewertet. Störereignisse sind abrupt auftretende Geschehnisse, die das Unternehmensfeld positiv oder negativ erheblich beeinflussen oder verändern können. Ziel ist es, die Szenarien auf mögliche Störereignisse zu untersuchen und vorbeugende Maßnahmen zu entwickeln.

Phase 8: Szenariotransfer

Ziele benennen

Hier wird auf Basis der in Phasen 6 und 7 erarbeiteten Handlungs- und Gestaltungsstrategien eine Leitstrategie oder ein Leitbild formuliert. Dazu werden Ziele benannt und Umsetzungsstrategien entwickelt.

2.4 Fazit

Pro und Kontra

Die Szenariotechnik bietet eine neue Sichtweise für Probleme und ist eine Möglichkeit, Entwicklungen anschaulich darzustellen. Andererseits ist sie sehr zeitaufwendig und kostenintensiv. Es besteht auch die Gefahr, dass wichtige Rahmenbedingungen nicht berücksichtigt werden und subjektive Meinungen die Analyseergebnisse verfälschen.

Literatur

Olaf Albers: *Gekonnt moderieren: Zukunftswerkstatt und Szenariotechnik – Schnell und innovativ die Unternehmenszukunft gestalten.* Regensburg: Fit for Business 2001.

Olaf Albers und Arno Broux: *Zukunftswerkstatt und Szenariotechnik. Ein Methodenbuch für Schule und Hochschule.* Weinheim: Beltz 1999.

Ute von Reibnitz: *Szenario-Technik – Instrumente für die unternehmerische und persönliche Erfolgsplanung.* 2. Aufl. Wiesbaden: Gabler 1992.

3. Trendanalyse

Die Trendanalyse hilft, Entwicklungen und Veränderungen zu erkennen. Sie zielt darauf, das „Eigenleben“ unserer komplexen Gesellschaft zu untersuchen und begreifbar zu machen.

Ziel: die Übersicht behalten

Zukunfts- und Trendforscher wie beispielsweise die Amerikaner John Naisbitt und Faith Popcorn oder die Deutschen Gerd Gerken, Matthias Horx und Peter Wippermann sind der Meinung, dass die Zukunft keinesfalls ungewiss ist, sondern anhand diverser Trends in Ansätzen erkannt werden kann. Im Rahmen der Trendforschung stellen sie Definitionen und Erklärungen bereit, die dazu dienen sollen, in unserer Welt nicht die Übersicht zu verlieren.

Der Trendforscher als Wort-Magier

„Trendforschung ist ergo nichts anderes als Begriffsbildung“, so Matthias Horx. Das bisher Unsichtbare soll durch Namensgebung für alle sichtbar und handhabbar gemacht werden. Die Schwierigkeit besteht jedoch darin, die sich in Ansätzen entwickelnden Gesellschaftsphänomene frühzeitig zu erkennen und mit – häufig ungewohnt klingenden – Worten zu identifizieren. „Der Trendforscher ist eine Art Wort-Magier, der für die Formeln sorgen muss, die die Welt wieder beschreib- und damit erfahrbar machen“, meint Horx.

Jeder betreibt Trendforschung

Im vereinfachten Sinn betreibt jeder Mensch seine eigene Art Trendforschung. Jeder macht sich seine eigenen Bilder von bestimmten Situationen, „scannt“ die Welt, in der er lebt, betreibt Meinungsbildung, erlebt Trends, nimmt Weltveränderungen wahr, äußert Kommentare, passt sich an und möchte verstehen. Die Trendforschung betreibt dies nur professioneller, kommerzieller, konkreter und verdichteter.

3.1 Was ist ein Trend?

Der Begriff „Trend“ bezeichnet, so der Duden, die „Grundrichtung einer Entwicklung“. Es handelt sich also um längerfristige Veränderungen und Erscheinungen. Trends sind Indikatoren, die direkt auf die Kultur und das Lebensgefühl einer Gesellschaft zurückverweisen können. Für Peter Wippermann sind Trends „hochkomplexe, selbststeuernde (autopoietische) dynamische Prozesse in der modernen Individualgesellschaft". Diese Prozesse werden von der Trendforschung aufgegriffen, untersucht und erklärt.

Trends und Megatrends

Ab etwa 1960 benutzten die Medien den Begriff „Trend" überwiegend als Synonym für neue Moden. In den 1980er-Jahren wurde das Wort „Trend" hinsichtlich neuer Lifestyle-Kategorien verwendet. Der Ausdruck „Megatrend" wurde Mitte der 1980er-Jahre vom Amerikaner John Naisbitt durch den gleichnamigen Bestseller, der weltweit über acht Millionen Mal verkauft wurde, eingeführt. Sozialforscher, Zukunftsforscher und Politologen beschäftigen sich seitdem mit Trends und deren verschiedenen Bedeutungen.

3.2 Quellen der Trendforschung

Verschiedene Teilwissenschaften

Die Trendforschung bedient sich der Methoden und Ergebnisse verschiedener Teilwissenschaften, um neue Perspektiven auf den unterschiedlichsten Gebieten zu erhalten.

- Die *Geschichtswissenschaften* bilden die Basis der Trendforschung, da sie historisches Wissen liefern.
- Das Wissen darüber, wie unsere Gesellschaft organisiert und strukturiert ist, kommt aus der *Soziologie.* Sie ermöglicht die Identifizierung der Bedingungen für den Bestand und die Entwicklung sozialer Systeme.
- Die *Meinungs- und Marktforschung* steuert Grundlagendaten bei. Trendforschung versucht, den Bereich der Meinungs- und Marktforschung hinsichtlich „unabfragbarer Dinge" zu ergänzen wie beispielsweise „Was wird der Konsument morgen kaufen?" oder „Was wird auf dem Markt in Zukunft gewünscht?"
- Die *Psychologie* erklärt das Erleben und Verhalten der Menschen und leistet so einen bedeutenden Beitrag zur Weltbetrachtung.

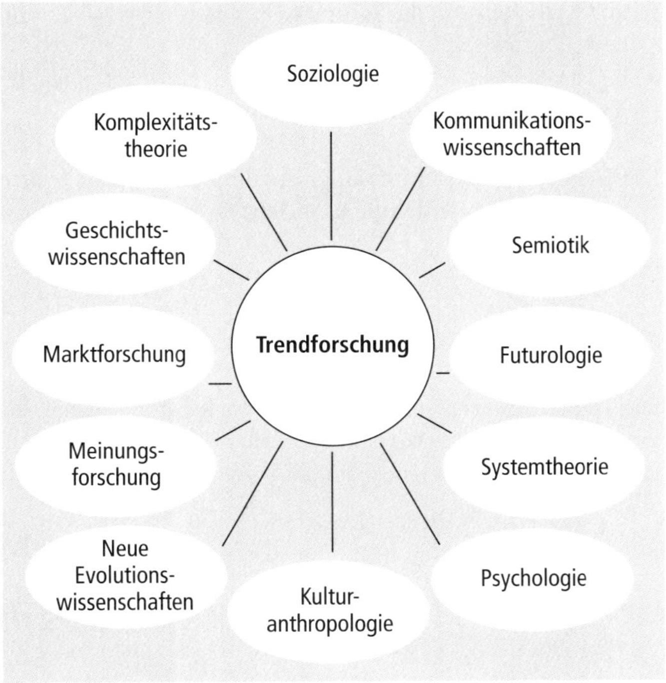

Teilwissenschaften als Quellen der Trendforschung

- Wesentlich für die Trendforschung ist auch die *Semiotik*, also die Lehre von den Zeichen und ihren Bedeutungen. Schwerpunkt der Semiotik ist die Bedeutungsinterpretation. Ein Semiotiker möchte beispielsweise aus dem Stil eines Sofas Rückschlüsse auf den Charakter des Besitzers ziehen. **Semiotik**
- Die *Futurologie* entstand als Folge des Zweiten Weltkriegs. Westliche Regierungen waren bestrebt, Entwicklungstechnologien und mögliche Konflikte zu prognostizieren. Synonyme für Futurologie sind „technologisches Monitoring" oder auch „Szenariotechnik" (vgl. auch Kapitel A 2). **Futurologie**
- Die Erforschung unseres Alltagslebens obliegt der *Kulturanthropologie*, die auch als Kulturethnologie oder als Volkskunde bezeichnet wird. Fragen wie beispielsweise: „Wie wohnen wir?" oder „Was essen wir?" sind diesem Bereich zuzuordnen. **Kulturanthropologie**
- *Neue Evolutionswissenschaften* zeigen Wechselwirkungen diverser Existenzebenen wie beispielsweise zwischen Biologie **Neue Evolutionswissenschaften**

und Verhalten auf, die komplexe Prozesse verständlich und begreifbar machen.

Systemtheorie

- Bei der *Systemtheorie* geht es um Gesetzmäßigkeiten bei der Ausdifferenzierung sowie Integration von Systemen.

Die Trendforschung könnte aufgrund ihrer vielfältigen Quellen auch als eine Art interdisziplinäre Metawissenschaft bezeichnet werden.

3.3 Trenddiagnose

Die Trenddiagnose wird aufgrund beobachtbarer Zeichen, die verstärkt auftreten, betrieben. Folgt man Horx/Wippermann, lässt sich die Trenddiagnose anhand eines Vierphasenmodells vereinfacht erklären.

Ablauf der Trenddiagnose

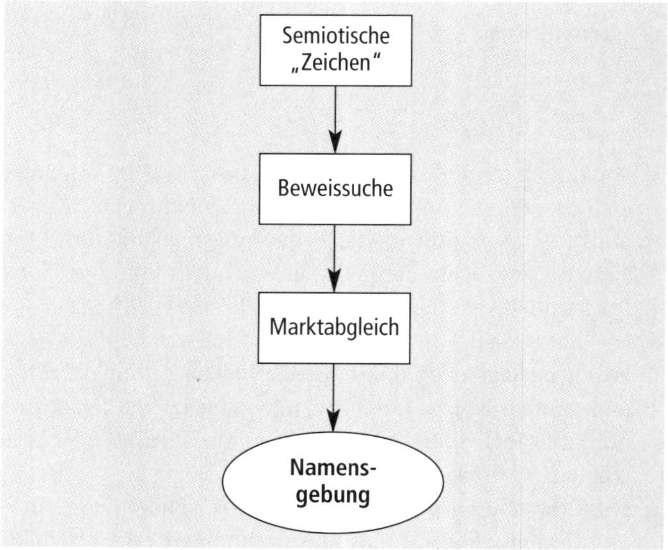

Phase 1: Semiotik

Zeichen beobachten

In dieser ersten Phase, der Semiotik, werden Symbole, Codes, Chiffren, Bilder, Zeichen, Sprache, Werbebotschaften beobachtet, geortet und diskutiert. Ziel dieser Phase ist, Wiederkehrendes bzw. sich Wiederholendes zu identifizieren, zusammenzufügen, festzuhalten und zu interpretieren. Voraussetzung für diese Aufgabe ist Erfahrung und Intuition.

Das schwer Ergründbare erspüren

Gesellschaftliche Emotionen, Einstellungen, Sehnsüchte und Werte – die ansonsten schwer zu ergründen wären – werden „erspürt". Die auftretenden Zeichen werden in heuristischen Verfahren von Experten wie beispielsweise Soziologen, Psychologen, Kommunikationsdesignern oder Linguisten interpretiert, gegengespiegelt und ausgewertet. Die Abbildung zeigt ein mögliches semiotisches Analysefeld.

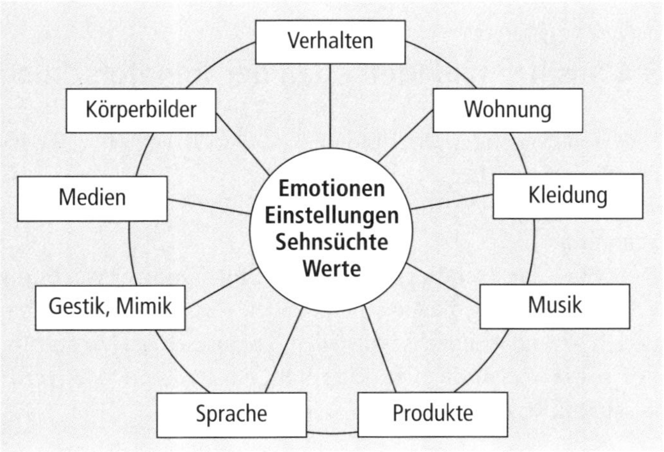

Semiotisches Analysefeld

Phase 2: Beweise

Entdeckungen mit Daten fundieren

Die entdeckten semiotischen Elemente und Zeichen der ersten Phase könnten auf ein signifikantes Phänomen hindeuten, das jedoch mit Zahlen und Statistiken aus diversen Studien, Umfragen, demoskopischen Erhebungen sowie Verhaltensdaten fundiert werden muss. Die Frage, ob sich in bestimmten Bereichen Gesellschaftstrends abzeichnen, wird nun beantwortet.

Phase 3: Marktabgleiche

Nun wird festgestellt bzw. kontrolliert, ob der ergründete Trend in ein Marketingkonzept übertragbar ist und welcher der drei oben angedeuteten Kategorien er zugeordnet werden kann.

Phase 4: Namensgebung

Auffällig und klanghaft

In der vierten und letzten Phase geht es um das „Naming", das heißt, der Trend bekommt einen Namen. Diese Namen müssen auffällig und klanghaft sein, damit sie als „Magic Words" anerkannt werden, einprägsam sind und Überschaubarkeit erwirken.

Trendworte sollten den Anspruch erfüllen, sämtliche Aspekte abzudecken, um den Trend in seiner Gesamtheit ausdrücken zu können. Es müssen schillernde und ungewöhnliche Worte gewählt werden, die ihre Wirkung erzielen, ohne jedoch missverständlich zu wirken.

3.4 Ansätze und Methoden der Trendforschung

Mit den folgenden Methoden bzw. Ansätzen wird Trendforschung betrieben.

Scanning

Veränderungen feststellen

Da es bei der Trendforschung um Informationsverdichtung geht, hat Scanning die Aufgabe, aus allen vorliegenden Informationen Veränderungen festzustellen, Theoriewechsel zu ergründen sowie verständlich zu interpretieren und den „Weltgeist" herauszufiltern.

Medien

Pre-Verdichter öffentlicher Meinungen

Durch Zeitungen, Zeitschriften und TV werden weltweit Informationen vermittelt. Diese medial vermittelten Informationen nutzt die Trendforschung zur Analyse von Veränderungen. Medien gelten quasi als Pre-Verdichter von öffentlichen Meinungen. Die Strukturen und Muster, welche die Welt der Medien erzeugt, gilt es zu erkennen und im Sinne der Trendforschung zu interpretieren.

Semiotische Analysen

Bei semiotischen Analysen werden aktuelle Zeichensysteme, die im alltäglichen Leben eine Rolle spielen, aufgenommen, zu Clustern zusammengefasst und interpretiert. Hierbei werden sowohl verbale Zeichen – wie beispielsweise die Sprache – als auch nonverbale Zeichen – wie beispielsweise Mimik, Verhalten und Bilder – zugrunde gelegt.

Veränderungen feststellen und analysieren

Die Interpretation dieser Zeichen findet durch zwischenmenschliche Kommunikation statt, indem Bedeutungen übertragen werden. Die Zuordnung von Bedeutungen zu Zeichen ist ein dynamischer Prozess; so werden heute Worte oder Bilder in anderer Weise interpretiert als vor einigen Jahren. Es ist Aufgabe der Semiotiker, Veränderungen dieser Zeichen aufmerksam zu beobachten und detailliert zu analysieren.

Monitoring

Monitoring ist eine Art Feldrecherche, die eine bestimmte Entwicklungsdynamik aufzeigen soll. Ein Beispiel hierfür ist die Beobachtung der Zielgruppe der „Jungen Alten“, die im Alter plus 49 Jahre liegt und der man aufgrund ihrer Vitalität, Aktivität sowie guter finanzieller Stellung im Marketing eine zunehmende Bedeutung beimisst.

Psycho-Explorationen

Den Motiven auf den Grund gehen

Bei der Psycho-Exploration finden Gruppendiskussionen und Tiefeninterviews statt, mit denen herausgefunden werden soll, welche Motive Menschen bewegen, welche Wahrnehmungen ihr Denk- und Fühlvermögen beeinflussen und welche Werte ihr Verhalten steuern. So versucht man herauszufinden, welche Assoziationen mit einem bestimmten Begriff hervorgerufen werden können und welche inneren Bilder ausgelöst sowie transportiert werden. Das Ergebnis sind konkrete kognitive Landkarten von bestimmten Worten, die für die Werbung hilfreich sein können.

Ethnographische Beobachtungen

Die ethnographische Beobachtung ist eine „teilnehmende Beobachtung“ mithilfe einer Videokamera. Die Beobachter halten mit bewegten Bildern das Lebensgefühl diverser Zielgruppen fest, sodass ein ausdrucksstarkes Bild entsteht. Die Videos dienen dazu, Trends zu visualisieren. Dies ist häufig überzeugender, als Statistiken zu präsentieren.

Studien und Metaanalysen

Analysen analysieren

Trendforscher lesen die Analysen und Studien anderer Personen, untersuchen die Ergebnisse journalistischer Arbeit und bilden ihre eigene Meinung aus Meinungen anderer Menschen. Trendforschung will so Ereignisse und Veränderungen aus einer anderen Perspektive betrachten. Die Erkenntnisse werden in einer neuen (Mega-)Studie zusammengefasst.

Szenarioprognosen

Szenarien entwerfen

Trendforschung arbeitet mit so genannten Szenarien. Am Beispiel Produktinnovation bedeutet dies, dass in einem Workshop das Zukunftsprodukt von Experten imaginiert wird. Da 50 Prozent aller Produktinnovationen nach einem Jahr scheitern, greifen zahlreiche Branchen auf Szenarioprognosen zurück. Dies soll dazu beitragen, geänderte Konsumbedürfnisse gezielt zu befriedigen.

→ Ergänzende und vertiefende Informationen zum Thema „Szenariotechnik“ finden Sie im Kapitel A 2 dieses Buches.

Delphi-Studien

Experten befragen

Bei einer Delphi-Studie werden Spezialisten zu spezifischen Themen mit Thesen konfrontiert und um Stellungnahme gebeten. Die Antworten werden von einem Moderator koordiniert, ausgewertet, interpretiert und verdichtet. Der Extrakt geht an die Spezialisten zurück, die wiederum Stellung nehmen.

→ Ergänzende und vertiefende Informationen hierzu finden Sie im Kapitel „Intuitionsanregende Kreativitätsmethoden“ im zweiten Band dieser Buchreihe (Methodenkoffer Arbeitsorganisation).

3.5 Fazit

Trendstärken abschätzen

Die Trendforschung ermöglicht die Abschätzung von Trendstärken und die Prognose darüber, wo Trends eintreten werden. Allerdings ist es der Trendforschung bisher nicht möglich, diese Beurteilungen auf verlässlichen Zahlensystemen aufzubauen.

Die zukünftige Entwicklung eines so komplexen Systems wie der Gesellschaft ist eben nicht präzise berechenbar.

Kritische Aspekte

Kritiker sind der Meinung, dass die Arbeit der Trendforscher wenig taugt, um die Zukunft zu prognostizieren. Die Trendstudien seien zum Zeitpunkt des Erscheinens auf dem Markt bereits durch neue Erkenntnisse überlebt. Das Geschäft mit der Zukunft beruhe lediglich auf originellen Wortschöpfungen. Unterschiedliche Behauptungen zahlreicher Autoren würden eine vermeintliche Entwicklung der Zukunft versprechen. Holger Rust etwa betrachtet die Ergebnisse von Trendforschern als groß gemachte Beobachtungen von Belanglosigkeiten, welche nicht auf fundierten Zahlen basieren. Dies müsse aber – so Rust – grundsätzlich Bestandteil der Forschungsarbeit sein.

Literatur

Gerd Gerken: *Die Trends für das Jahr 2000 – Die Zukunft des Business in der Informations-Gesellschaft.* München: Econ 1989.

Christian Hehenberger und Thomas Lobensteiner: *Die Zukunft in unserer Hand – Trend- und Marketingprojektionen bis 2015.* Gutau: Institut für Marketing- und Trendanalysen 2004.

Matthias Horx und Peter Wippermann: *Was ist Trendforschung?* Düsseldorf: Econ 1996.

John Naisbitt: *8 Megatrends, die unsere Welt verändern.* Wien: Signum 2002.

Holger Rust: *Trendforschung – Das Geschäft mit der Zukunft.* Reinbek: Rowohlt 1996.

TEIL B

Planungsunterstützende Managementtechniken

1. Management-funktion Planung

Erst denken, dann handeln

Mittels Planung wird die Zukunft gedanklich vorgeformt und mit anstehenden Entscheidungen und Maßnahmen in Beziehung gesetzt. Es wird also vorausschauend festgelegt, was wann wo wie und mit wem geschehen soll. Auf der Ebene des Denkens wird das durchgespielt, was auf der des realen Handelns folgt. Berühmte Militärs begründeten ihre Siege mit guter Planung. Von Napoleon wird gesagt, dass er seine Schlachten im Kopf gewann, bevor er auf dem Feld seine Gegner bezwang. Nie „stolperte" er in einen Sieg.

Komplexität erfordert Planung

Zu früheren Zeiten mochte es gereicht haben, allein auf der Grundlage von Erfahrung oder Intuition zu entscheiden. Bei der heutigen Komplexität wirtschaftlichen Geschehens und den mit den Entscheidungen verbundenen Risiken bedarf es aber der gründlichen gedanklichen Fundierung zielbezogener Handlungen. Zu viele Einflussgrößen könnten das Schiff vom Kurs abbringen, wenn diese nicht vorweg bedacht wurden. Planung reduziert somit das Risiko des Zufalls, beseitigt es aber nicht.

Ziele und Wege bedenken

Planen bedeutet, bewusst, geordnet und systematisch über seine Ziele nachzudenken. Es geht darum, herauszufinden, welche Möglichkeiten es gibt, ein Ziel zu erreichen, und welcher Weg der beste ist. Je komplexer Ziele sind, umso notwendiger ist es, diese zu planen. Planung setzt also ein Ziel voraus und mündet in einer Entscheidung. Die Risiken der Entscheidung sind umso geringer, je besser die Planung ist.

1.1 Was ist Planung?

Dieses Ineinandergreifen von Zielsetzung, Planung und Entscheidung nennt man auch den Planungs- und Entscheidungsprozess. Oft ist die genaue Grenze zwischen Planung und Entscheidung nicht zu bestimmen.

Wie eine Leiter

Wenn sich nichts ändert, braucht man auch nichts zu planen, sagt man, und Mark Twain spottete: „Nachdem wir unseren Plan aus den Augen verloren haben, verdoppeln wir unsere Anstrengungen." Man kann einen guten Plan mit einer Leiter vergleichen: Es muss nicht dauernd nach tragfähigen Ästen gesucht werden, um auf einen Baum zu steigen. Mit einer Leiter geht es schneller, mit weniger Aufwand und mit geringerem Risiko.

Nicht bloß reagieren

Durch Planung wird also in der Realisierungsphase Zeit gespart und das Geschäft in Gang gehalten, ohne sich durch bloße Reaktion dauernd in Gang halten zu lassen.

Planung und Prognose

Damit unterscheidet sich die Planung von der Prognose. Bei Prognosen können zukünftige Situationen nicht durch eigenständiges Handeln beeinflusst werden. Beispielsweise sind Wetterprognosen Vorhersagen zukünftigen Geschehens, ohne dass es die Möglichkeit der Einflussnahme gäbe.

Unsicherheiten bleiben

Die Genauigkeit der Planung wird durch die Grenzen menschlicher Voraussicht eingeschränkt. Man kann sie stützen durch die in diesem Band besprochene Trend- und Szenariotechnik sowie durch themenbezogene Prognosen wie zum Beispiel Markt-, Verkehrs- oder Bevölkerungsprognosen. Dennoch bleibt die Planung mit vielen Unsicherheiten behaftet – insbesondere in Anbetracht der zunehmenden Komplexität von Gesellschaft, Umwelt, Organisationen und Unternehmen.

Plankorrektur

Darum muss nachgeplant, müssen Informationen gesammelt und auf ihren Tatsachengehalt geprüft werden. Die Frage lautet: Stimmen Plan und Wirklichkeit noch überein? Im Falle der Abweichung wird eine Plankorrektur oder sogar eine Anpassungsplanung notwendig, die in die Frage mündet: Zwingen mich die Umstände, mein Ziel zu ändern? In einem solchen Falle muss der Plan wiederum der neuen Zielsetzung angepasst werden usw.

Planungslücken Zwischen der Zielsetzung und der fertigen Planung klaffen häufig Lücken. Oft werden diese erst nach der Planung klar. Bertolt Brecht persiflierte das Planen einmal so: „Ja mach mir einen Plan, sei mir ein großes Licht, und mach noch einen zweiten Plan, gehen tun sie beide nicht."

1.2 Grundsätze der Planung

Sicherheit erhöhen Alles Zukünftige ist ungewiss und kann nie bis ins Letzte genau vorgeplant werden. Aber die Sicherheit der Planung lässt sich steigern, wenn im Planungsprozess die nachstehenden Grundsätze beachtet werden.

Vollständigkeit

Nichts vergessen Alle für eine Aufgabe oder ein Projekt relevanten Informationen und Tatbestände sind aufzunehmen und zu verarbeiten. Fundierte Information sind eine wichtige Voraussetzung für die Planung. Die Menge und Qualität der Informationen kann niemals groß genug sein. Außerdem sollte Planung immer breit angelegt werden und möglichst vollständig sein.

Genauigkeit

Korrektheit prüfen Die Informationen müssen stimmen. Im Zweifelsfalle ist die Richtigkeit und Zuverlässigkeit von Daten, Dokumenten oder Berichten zu überprüfen.

Kontinuität

Permanent planen Es darf nicht nur gelegentlich geplant werden. Planung vollzieht sich zumindest in Organisationen als ständig wiederkehrender Prozess. Dieser Prozess hat einen Beginn und endet mit der Plankontrolle, um dann wieder von vorne zu beginnen. Ergebnisse haben Wirkungen und Rückwirkungen, die kontinuierliches Planen erfordern.

Flexibilität

Planung anpassen Bedingungen und Randfaktoren ändern sich ständig. Der Planende hat unmöglich alle Bestimmungsgrößen erkannt. Möglich ist auch, dass er die erkannten Faktoren falsch bewertete oder komplizierte Zusammenhänge übersah. Ein unerwartetes Ereignis kann dann wie ein Komet einschlagen. Darum muss sich Planung paaren mit der Fähigkeit zur Improvisation und dem Mut, Pläne umzustoßen, wenn es die Situation erfordert. Sie muss beweglich sein. Plankorrekturen sind also nichts Ungewöhnliches, sondern gehören zur Planung dazu.

Wirtschaftlichkeit

Plan muss Werte schaffen

Planung soll im angemessenen Verhältnis von Aufwand und Ertrag stehen. Ein Plan muss wertschöpfenden Charakter haben.

Die Kostenermittlung ist allerdings meist ausgesprochen schwierig. Die Kostenanteile sind nur selten genau zuzuordnen oder schwer zu quantifizieren. Darum sind auch empirische Daten nur mit Vorbehalt zu betrachten.

Teilpläne

In komplexen und verflochtenen Systemen – beispielsweise einem Unternehmen – ist es kaum möglich, alle Zielvorstellungen in einem Gesamtplan zu erfassen. Darum wird dieser in Teilpläne aufgeteilt. Wie weit diese Detaillierung geht, hängt von den angestrebten Zielen ab.

Mehrere Ziele

Ziele können sich konkurrierend, komplementär oder neutral zueinander verhalten. Bei neutralen Zielen ist die Planung relativ einfach. Sie kann für die einzelnen Ziele parallel durchgeführt werden. Die Gesamtplanung gliedert sich dann automatisch in Teilpläne.

Gefahr der Isolierung

Schwieriger wird es, wenn Ziele miteinander verflochten sind. Eine Aufteilung der Gesamtplanung kann dann zu einer Isolierung von Sachverhalten führen, die ganzheitlich zu betrachten sind. Diese Isolierung birgt Gefahren in sich. So können isoliert geplante Maßnahmen in einem Bereich positive und in einem anderen Bereich negative Wirkungen auslösen.

Um Pläne schrittweise bearbeiten zu können, ist eine Detaillierung von Plänen dennoch zweckmäßig. Diese Detaillierung kann sich auf den Planungsgegenstand oder auf den Planungshorizont beziehen.

1.3 Planungshorizont bzw. Planungsweite

Lang-, mittel- und kurzfristige Pläne

Wird die Gesamtplanung in Teilpläne gegliedert, können sich diese durch die Länge der Planungsperioden bzw. durch ihre Fristigkeiten unterscheiden. So kann Planung lang-, mittel- und kurzfristig erfolgen. Ein Langfristplan hat einen Planungshorizont von etwa drei bis höchstens fünf Jahren.

Je länger, desto unwägbarer

Je länger der Zeitraum ist, desto gröber und damit unwägbarer ist die Planung. Sie hat dann eher strategischen Charakter. Kurzfristige Planung ist in der Regel sicherer, da sie detailliert ist. Der Tagesplan eines leitenden Angestellten gilt für den konkreten Tag. Aus ihm sollen operative Handlungen erfolgen. In der mittelfristig angelegten Planung werden taktische Überlegungen anzustellen sein, die in Rahmenpläne münden.

Das folgende Schaubild zeigt die Zusammenhänge der einzelnen Planungshorizonte auf.

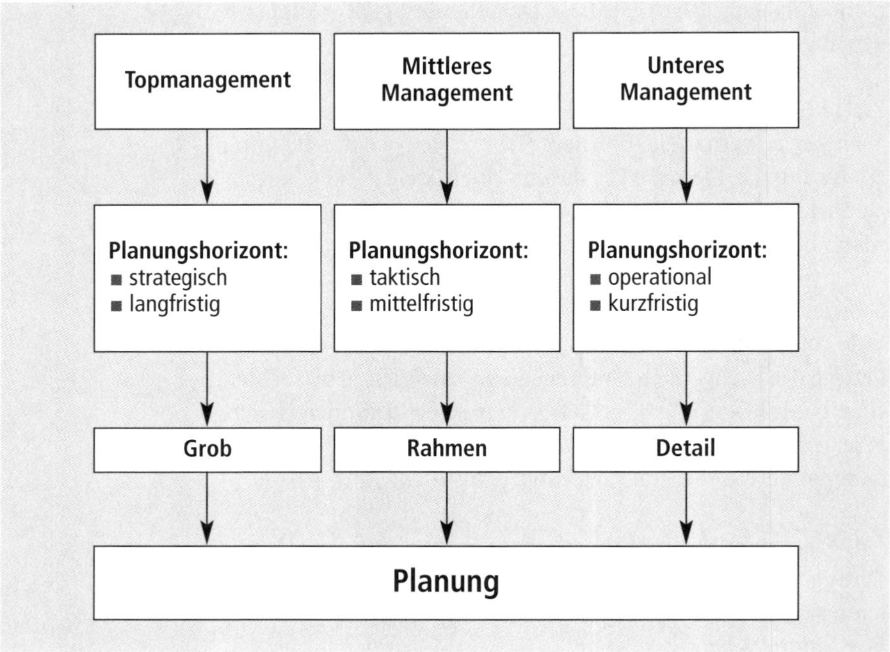

1.4 Planungsgegenstände

Man kann Teilsysteme der Planung bilden, indem man sie gegenständlich betrachtet. Daraus folgen diese vier Hauptbereiche der Planung:

1. *Zielplanung*
   Sie befasst sich mit dem Unternehmens- oder Abteilungszweck, um daraus planerische Substanz zu gewinnen. Sie kann sich in einzelne funktionale Teilziele gliedern oder regionalen und zeitlichen Bezug haben. **Zweck**
2. *Mittelplanung*
   Sie bezieht sich auf Menschen, Maschinen, Werkzeuge und Material – und nicht nur auf die finanziellen Mittel. Dass gerade letztere im Mittelpunkt stehen, mag damit zusammenhängen, dass die Budgetrechnung der älteste Typ formaler Planung ist. Dabei schätzt man die Ergebnisse voraus, wägt Umsätze und Kosten und schlussfolgert daraus – vereinfacht ausgedrückt – auf Gewinn oder Verlust, auf Finanzbedarf oder Finanzüberschuss. Die Mittelplanung soll einen Überblick über die Kapazitäten geben. Sie bezieht sich auf alle zur Ausführung nötigen Mittel. **Ressourcen**
3. *Wegeplanung*
   Sie sucht den günstigsten Weg, um das Ziel zu erreichen, und ist ihrerseits von der Mittelplanung abhängig. Insofern verengen sich ihre Möglichkeiten beträchtlich. **Wege**
4. *Zeitplanung*
   Die Zeitplanung legt den zeitlichen Rahmen vom Start bis zum Ziel fest. Zu diesem Zweck nennt sie Etappen, Termine, Anfangs- und Endpunkte. Zusammen mit der Wegeplanung ergibt sie einen Ablaufplan, der den zeitsparendsten Weg aufzeigt. **Zeit**

1.5 Stufen des Planungsprozesses

Der Planungsprozess durchläuft grob diese drei Stufen: **Drei Stufen**

1. Setzen von Zielen (Ziel der Planung)
2. Festlegen von Maßnahmen (Planen und Entscheiden)
3. Kontrolle des Erreichten im Hinblick auf die Zielsetzung

Ablauf des Planungsprozesses

Stufe	Ablauf	Schritt	Bezeichnung	Fragestellung
Ziele		1	Setzen der Planungsziele	**Was will ich erreichen?**
Maß-nahmen (planen und ent-scheiden)		2	Situationsanalyse	**Wie will ich es erreichen?** ■ Wie ist die Lage?
		3	Entwicklung von Planalternativen	■ Welche Handlungs-möglichkeiten
		4	Bewertung der Alternativen	■ Welche Vor- und Nachteile sind damit verbunden?
		5	Auswahl und Ausarbeitung der besten Planalternative	■ Für welche Möglichkeit soll ich mich entscheiden?
Kon-trolle		6	Abweichungskontrolle und Plankorrektur	**Liege ich noch richtig?** Falls nicht: Welche Konsequenzen muss ich daraus ziehen?

Erfolg kontrollieren

Dabei ist die letzte Stufe (Kontrolle) nicht so unmittelbar einleuchtend wie die beiden ersten. Machen wir uns deshalb klar: Die Maßnahmen müssen auf das Ziel ausgerichtet sein. Bei der Verfolgung unseres Plans müssen wir daher ständig prüfen, ob wir mit den ergriffenen Maßnahmen das Ziel auch tatsächlich erreichen. Nur so können wir bei Abweichungen vom Kurs steuernd eingreifen. Diese letzte Stufe ist also zur Sicherstellung der Zielerreichung unerlässlich.

Stufe 1: Setzen von Zielen

Richtung abstecken

Planung dient dem Erreichen eines Zieles. Darum muss man sich zunächst einmal klarmachen, was man überhaupt erreichen will. Dieser Punkt ist entscheidend für die gesamte Planung. Alle weiteren Planungsaktivitäten orientieren sich daran. Für diese Planungsstufe gilt im Prinzip das, was man unter Orientierung versteht, nämlich Abstecken der Richtung, um Fehlanalysen und ihnen folgende Blindleistung zu vermeiden.

Bei der Festlegung von Planungszielen ist zu beachten:

1. Planungsziele müssen exakt und eindeutig formuliert sein.
2. Die Ziele müssen realistisch sein.

→ Ergänzende und vertiefende Informationen zum Thema „Zielmanagement“ finden Sie im Kapitel A 6 des zweiten Bandes dieser Buchreihe (Methodenkoffer Arbeitsorganisation).

Stufe 2: Festlegen von Maßnahmen

Nachdem Sie Ihr Ziel festgelegt haben, fragen Sie sich: Wie kann ich es erreichen? Das Festlegen der Maßnahmen vollzieht sich in mehreren Schritten:

1. Die Maßnahmen, die man ergreifen will, müssen sich an der Situation orientieren, in der man sich befindet und künftig befinden wird. Das gilt sowohl intern für die Situation im eigenen Unternehmen als auch extern für das Umfeld des Unternehmens (Markt, Konkurrenz usw.). Diese Situation muss analysiert bzw. prognostiziert werden. Erst danach kann man Aktionen planen.

Situation analysieren

2. In jeder komplexen Situation sind mehrere Maßnahmen denkbar und möglich. Hierüber sollte man sich einen Überblick verschaffen. Zunächst einmal werden vorurteilslos alle möglichen Maßnahmen aufgelistet und damit der Handlungsspielraum abgesteckt. Solche Planalternativen sollten systematisch entwickelt werden, um möglichst nichts Wesentliches zu übersehen.

Alternativen auflisten

3. Danach werden die Alternativen bewertet. Man muss sich fragen, welche Vor- und Nachteile mit jeder einzelnen Alternative verbunden sind. Wie groß ist zum Beispiel die Wahrscheinlichkeit, mit den geplanten Maßnahmen tatsächlich die gesetzten Ziele zu erreichen? Welcher Aufwand steckt hinter den einzelnen Maßnahmen? Vertragen sich diese Maßnahmen mit anderen Plänen, oder führen sie zu Schwierigkeiten in anderen Bereichen?

Alternativen bewerten

4. Schließlich ist von den Alternativen die beste auszuwählen. Normalerweise wird man jetzt auch erst mit der Feinplanung beginnen. Da dieser Schritt mit viel Arbeit verbunden ist, wäre es nicht sinnvoll, schon in einer früheren Stufe, in der man sich noch nicht für eine der entwickelten Alternativen entschieden hat, damit anzufangen.

Beste Alternative auswählen

→ Ergänzende und vertiefende Informationen hierzu finden Sie im Kapitel A 8 „Entscheidungstechnik" des zweiten Bandes dieser Buchreihe (Methodenkoffer Arbeitsorganisation) sowie im Kapitel F 6 „Kepner-Tregoe-Methode" in diesem Band.

Stufe 3: Abweichungskontrolle und Plankorrektur

Plan überwachen

Mit der Planerstellung und mit der mehr oder minder genauen Ausführung ist die Planung nicht abgeschlossen. Planung muss überwacht und korrigiert werden. Zu starres Festhalten am Plan kann genauso falsch sein wie planloses Vorgehen. Andererseits zwingt aber nicht jede kleine Abweichung schon zur Plankorrektur. Eine völlige Deckung zwischen Soll und Ist lässt sich schwer erreichen.

Toleranzgrenzen im Blick haben

Man muss sich also überlegen, welche Abweichungen hinnehmbar sind. Erst wenn der Soll-Ist-Vergleich die vorgegebene Toleranz überschreitet, sind die Abweichungen zu analysieren, um Ansatzpunkte für Korrekturmaßnahmen zu finden.

→ Ergänzende und vertiefende Informationen zum Thema Kontrolle finden Sie im Teil „Managementfunktion Kontrolle“ dieses Buches.

Literatur

Robert Klein und Armin Scholl: *Planung und Entscheidung. Konzepte, Modelle und Methoden einer modernen betriebswirtschaftlichen Entscheidungsanalyse.* München: Vahlen 2004.

Rudolf Grünig und Richard Kühn: *Methodik der strategischen Planung. Ein prozessorientierter Ansatz für Strategieplanungsprojekte.* 3., überarb. Aufl. Bern: Haupt 2005.

Raimund Heuser, Frank Günther und Oliver Hatzfeld: *Integrierte Planung mit SAP. Konzeption, Methodik, Vorgehen.* Bonn: Galileo Press 2003.

Gerald Schwetje und Sam Vaseghi: *Der Businessplan. Wie Sie Kapitalgeber überzeugen.* Berlin: Springer 2004.

Jürgen Wiegand: *Handbuch Planungserfolg. Methoden, Zusammenarbeit und Management als integraler Prozess.* Zürich: VDF Hochschulverlag 2005.

2. Die ABC-Analyse und die Pareto-Analyse

Bei der ABC-Analyse und der Pareto-Analyse handelt es sich um einfache Hilfsmittel, mit denen im Rahmen der Planung Prioritäten gebildet werden können.

2.1 Die ABC-Analyse

Ursprung

Die ABC-Analyse wurde erstmals von der Firma General Electric angewendet und 1951 von H. Ford Dickie in einem Artikel öffentlichkeitswirksam beschrieben. Ursprünglich wurde sie eingesetzt, um die umsatzstärksten Produkte im Produktionsprogramm des Unternehmens zu ermitteln. Sie eignet sich aber auch für viele andere Aufgaben, zum Beispiel für die Lagerplanung (Ermittlung häufiger Zugriffszonen im Lager) oder die Qualitätssicherung (Erkennen häufigster Fehlerursachen und deren Beseitigung).

Vielfältig angewendet

Heute findet die ABC-Analyse aufgrund ihrer einfachen Anwendbarkeit und der Unabhängigkeit des zu untersuchenden Gegenstandes in vielen verschiedenen Gebieten Anwendung. So wird sie auch als persönliche Arbeitsmethodik zum Setzen von Prioritäten bei der Erledigung von Aufgaben im Berufs- und Privatleben genutzt. Daran orientiert sich das folgende Anwendungsbeispiel.

Konstante Verhältnisse

Die ABC-Analyse im Kontext persönlicher Arbeitsmethodik basiert auf der Erfahrung, dass die Anteile der wichtigen und weniger wichtigen Sachverhalte (zum Beispiel Aufgaben, Kunden oder Produkte) an der Gesamtmenge aller Sachverhalte im Allgemeinen jeweils in etwa konstant sind. So kann man zum Beispiel Arbeitsaufgaben oder Kundengruppen gemäß ihrer

Wichtigkeit für das Erreichen eines Ziels in drei Klassen einteilen:

- Gruppe A: die *wichtigsten* Sachverhalte
- Gruppe B: die *wichtigen* Sachverhalt
- Gruppe C: die *weniger wichtigen* bzw. *unwichtigen* Sachverhalte

Am Wert orientieren

Die Zuweisung eines Zeitbudgets zur Erledigung von Aufgaben oder zur Akquisition von Kunden sollte sich an der Bedeutung und dem Wert orientieren, nicht aber am prozentualen Anteil an der Menge aller Aufgaben bzw. Kunden. Die ABC-Analyse dient dazu, die Zuweisung von Zeit zu den Aufgaben zu optimieren.

Wichtigkeit und Menge von Tätigkeiten

In der Literatur zum Thema „Zeitmanagement" werden oft die folgenden Zahlen zugrunde gelegt, allerdings ohne die Quelle zu spezifizieren:

- Wichtigste Aufgaben (Kategorie A) machen etwa 65 Prozent des Wertes, trotzdem aber nur ungefähr 15 Prozent der Menge aller Tätigkeiten aus.
- Durchschnittlich wichtige Aufgaben (Kategorie B) machen etwa 20 Prozent des Wertes sowie 20 Prozent der Menge aus.
- Weniger bzw. unwichtige Aufgaben (Kategorie C) machen dagegen einen Anteil von etwa 65 Prozent der Menge der Tätigkeiten aus, haben aber einen wertmäßigen Anteil von nur ungefähr 15 Prozent.

Weitere Aspekte

Im Berufsleben können außer der Wichtigkeit je nach Position weitere Aspekte berücksichtigt werden:

- A-Aufgaben – sehr wichtig, nicht delegierbar
- B-Aufgaben – wichtig, delegierbar
- C-Aufgaben – Routine-Tätigkeiten: delegieren, reduzieren, eliminieren

→ Ergänzende und vertiefende Informationen zum Thema „Zeitmanagement" finden Sie im Kapitel A 7 im zweiten Band dieser Buchreihe (Methodenkoffer Arbeitsorganisation).

Die Verteilung von Wert und Anteil der Aufgaben kann grafisch so dargestellt werden:

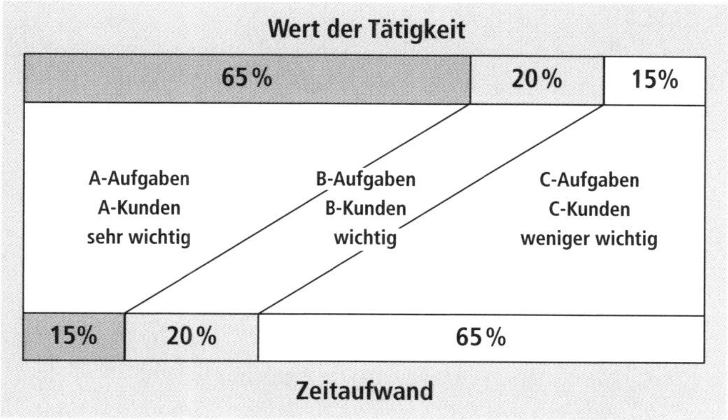

Wert und Zeitaufwand

Aktivitäten priorisieren

Um wertvolle Zeit nicht mit nebensächlichen Aufgaben oder unbedeutenden Dingen zu vergeuden, gilt es, den geplanten Aktivitäten eine eindeutige Priorität zu verleihen. Das kann so aussehen, wie in den folgenden sieben Schritten skizziert:

Schritt 1

Liste erstellen

Zuerst wird eine Liste mit allen anstehenden Aufgaben oder Kunden für einen gewissen Zeitraum – beispielsweise eine Woche oder ein Tag – erstellt. Dazu kann das folgende Formular verwendet werden, das dann auch in den weiteren Arbeitsschritten genutzt wird.

Aufgabenliste

Priorität			Aufgabe
A	B	C	

Schritt 2

Nach Wichtigkeit ordnen

Nun werden die Aufgaben nach ihrer Wichtigkeit geordnet. Der Wert der jeweiligen Aufgabe für den Planer gibt die Reihenfolge vor. Dabei sollte zwischen Wichtigkeit und Dringlichkeit klar unterschieden werden. Dringlichkeit hat meist nichts mit dem Wert, der Wichtigkeit oder der Bedeutung einer Aufgabe zu tun.

Schritt 3

Zeitaufwand schätzen

Wurden die anstehenden Aufgaben nach ihrer Wichtigkeit geordnet, wird nun der erwartete Zeitaufwand geschätzt.

Schritt 4

Aufgaben in Klassen aufteilen

Ausgehend vom Wert erfolgt jetzt die Klassifizierung nach A-, B- und C-Aufgaben:

- A-Aufgaben sind sehr wichtig. Sie sind für den größten Teil des Erfolges eines Projektes verantwortlich und können nicht delegiert werden.
- B-Aufgaben sind wichtig und delegierbar.
- C-Aufgaben sind weniger wichtig bzw. unwichtig und in jedem Fall delegierbar.

Schritt 5

Zeitbedarf prüfen

In diesem Schritt wird geprüft, ob der geschätzte Zeitbedarf aus Arbeitsschritt 3 der Bedeutung der Aufgaben entspricht. Die sehr wichtigen A-Aufgaben sollten mit Blick auf das Zeitbudget bevorzugt behandelt werden.

Schritt 6

Wenn der geschätzte Zeitbedarf nicht der Bedeutung der Aufgaben entspricht, besteht hier die Möglichkeit einer Modifizierung.

Schritt 7

Delegieren möglich?

In diesem Schritt ist zu prüfen, welche der B- und C-Aufgaben an Mitarbeiter zu delegieren sind. Es ist aber auch zu beachten, dass es sich bei den C-Aufgaben nicht um grundsätzlich entbehrliche Aufgaben handelt, sondern dass neben den A- und B-Aufgaben auch eine Vielzahl von (weniger) wichtigen Vor-, Nach- und Routinearbeiten nötig sind, die ebenfalls getan werden müssen.

Durch das Festlegen von Prioritäten mittels der ABC-Analyse werden die anstehenden Aufgaben in eine ausgewogene Relation und Rangordnung gebracht, die der Bedeutung und dem Wert der einzelnen Aufgaben für das Erreichen eines Ziels entspricht.

Es hat sich in der Praxis der ABC-Analyse bewährt, wenn pro Arbeitstag nur eine bis zwei A-Aufgaben sowie zwei bis drei B-Aufgaben eingeplant werden. Die verbleibende Zeit wird den C-Aufgaben gewidmet.

Praxistipp

Die Entscheidung über Prioritäten ist eine sehr individuelle Angelegenheit. Daher wird es selten ein objektives Ergebnis geben. Wichtig ist vor allem, dass überhaupt Prioritäten gesetzt werden und die Entscheidung darüber möglichst auf Fakten gestützt wird.

2.2 Pareto-Analyse

Wesentliches erkennen

Die Pareto-Analyse steht in enger Beziehung zur ABC-Analyse. Sie ist eine einfache und anschauliche Methode, um eine Trennung zwischen wesentlichen und unwesentlichen Einflussgrößen oder Fehlern vorzunehmen.

Ursprung

Diese Technik wurde Ende des 19. Jahrhunderts von dem italienischen Wirtschaftswissenschaftler Vilfredo Pareto (1848–1923) im Zusammenhang mit seinen Untersuchungen zur Verteilung des Volksvermögens entwickelt. Er stellte fest, dass 20 Prozent der Menschheit 80 Prozent des Reichtums auf sich vereinigten. Daraus folgte die Empfehlung an die Banken, sich vornehmlich um diese 20 Prozent als Kunden zu bemühen. Dann wäre ein Großteil des Geschäftes gesichert.

Im anderen Zusammenhang eingesetzt, erkannte man, dass etwa 80 Prozent aller beobachtbaren Erscheinungen auf nur 20 Prozent aller relevanten Ursachen zurückzuführen sind. Hier einige Beispiele: 80 Prozent aller Telefonanrufe kommen von 20 Prozent der Anrufer. 20 Prozent der Akteure wickeln 80 Prozent des Welthandels ab.

Die 80/20-Regel

Daher spricht man auch von der 80/20-Regel. Ihr liegt die Erfahrung zugrunde, dass Aufwand und Ergebnis oft in einem nichtlinearen Verhältnis stehen: 80 Prozent der Arbeit lassen sich mit einem Anteil von 20 Prozent des Gesamtaufwandes er-

Perfektion kostet hohen Aufwand

ledigen. Wer perfekt sein will, braucht für die restlichen 20 Prozent der Ergebnisse den vierfachen Aufwand bzw. 80 Prozent des Gesamtaufwandes! Entsprechendes gilt in der Regel für Fehler: 20 Prozent der Fehlerarten sind für 80 Prozent der Fehler verantwortlich.

Mittels der Pareto-Analyse soll eine Konzentration auf wirklich wichtige Dinge und Gesichtspunkte erreicht werden. Sie ist also ein interessanter Ansatz, um Schwachstellen zu erkennen und zu beheben. Ihre Anwendung erfolgt in diesen fünf Schritten:

Schritt 1: Datensammlung

Fakten zusammentragen

Bei der Pareto-Analyse sollen Probleme bzw. Fehler miteinander verglichen und der Nutzen der jeweiligen Problemlösung grafisch dargestellt werden. Zu diesem Zweck müssen Daten über Qualitäts- oder Fertigungsablauffehler in Form von Statistiken, Checklisten oder Diagrammen vorliegen. Die Länge des zu beobachtenden Zeitraums sowie der Untersuchungsgegenstand sind vorher festzulegen.

Um das Vorgehen bei der Pareto-Analyse zu veranschaulichen, arbeiten wir mit der folgenden Fehlerliste:

Fehlerhäufigkeit	Fehlerart
65	Korrosion
32	Farbfehler
12	Stillstand
80	Plastik

Schritt 2: Entwickeln der Pareto-Grafik

Werte visualisieren

Nun werden die Werte in einem Balkendiagramm von links nach rechts abnehmend dargestellt (siehe Abbildung rechts oben).

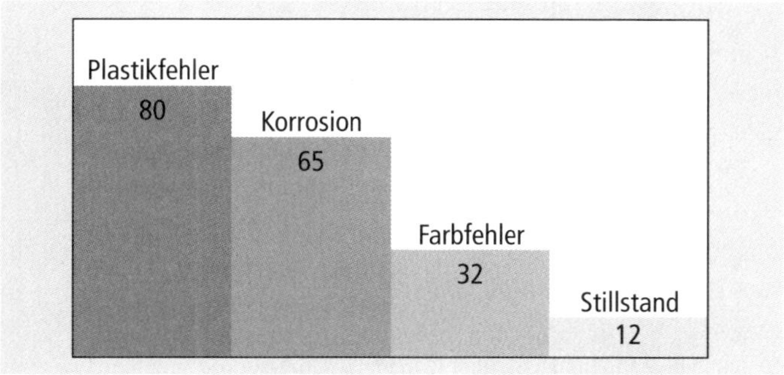

Häufigkeit von Fehlern

Schritt 3: Wertzuordnung

Den Wert berücksichtigen

Die häufigsten Fehler sind aber nicht immer zugleich auch die wichtigsten. Jeder Fehler wird darum mit einem bestimmten Wert, der in Euro ermittelt oder geschätzt wird, gewichtet. Damit erst gewinnt die Statistik Aussagekraft. In unserem Beispiel führt das Analyseergebnis zu dem Schluss, dass nicht die Plastikfehler, sondern die Farbfehler das Unternehmen am teuersten zu stehen kommen:

Fehlerhäufigkeit	Fehlerart	Kosten x Anzahl	Euro pro Monat
65	Korrosion	7,10 x 65	461,50
32	Farbfehler	27,81 x 32	889,92
12	Stillstand	44,00 x 12	528,00
80	Plastik	4,00 x 80	320,00
			insgesamt = 2.199,42

Berücksichtigt man den Wert, sieht die Grafik so aus:

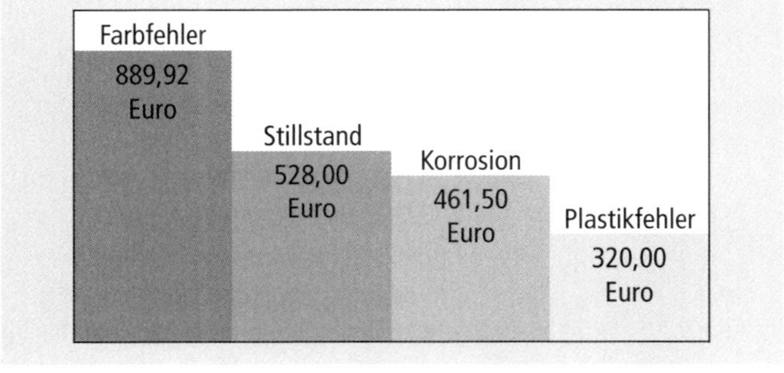

Wert der auftretenden Fehler

Schritt 4: Ermitteln der Fortschrittskurve

Kurve zeigt Bedeutung auf

Im letzten Schritt wird die Pareto-Fortschrittskurve aufgestellt. Sie zeigt die unterschiedliche Bedeutung der einzelnen Fehler im Gesamtzusammenhang und den Erfolg der Fehlerbeseitigung.

In diesem Beispiel wird deutlich, dass nach Lösung des Problems, das zu den Farbfehlern füht, 40 Prozent der insgesamt auftretenden Fehlerkosten eingespart werden.

Kumulative Darstellung

Wenn zudem das Problem der Stillstände gelöst ist, sind bereits 65 Prozent der Kosten beseitigt. Dies erkennt man an der Fortschrittskurve, die auch als „Kumulative" bezeichnet wird, da das Ergebnis einer Problemlösung auf dem der vorhergehenden aufbaut.

Fortschrittskurve

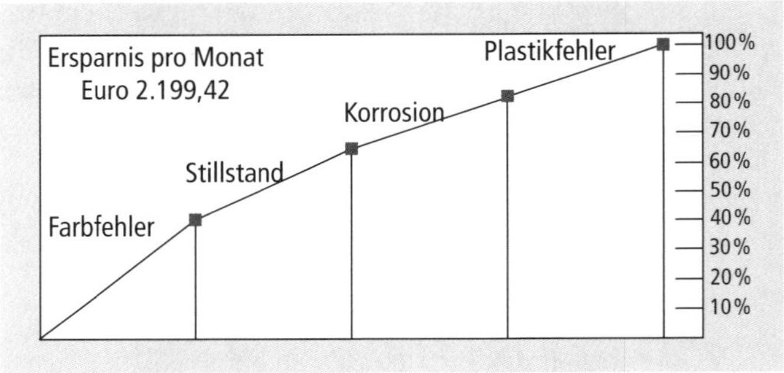

Literatur

Hans-Jürgen Probst und Monika Haunerdinger: *Kosten senken. Mit Rechner zur ABC-Analyse, Wertanalyse, Leerkostenanalyse, Formular zur Schwachstellenanalyse und vieles mehr auf CD-ROM.* Freiburg: Haufe 2005.

3. Netzplantechnik

Nutzen der Netzplantechnik

Die Netzplantechnik ist ein Verfahren zur Analyse, Planung, Steuerung und Kontrolle großer Projekte, die aus vielen zeitlich voneinander abhängigen Einzelvorgängen bestehen. Ihr visueller Charakter ermöglicht eine verständliche und aussagekräftige Darstellung des gesamten Projektverlaufs und vermittelt einen Überblick über den Arbeits- und Zeitaufwand. Abhängigkeiten zwischen den einzelnen Arbeitsabläufen werden abgebildet, sodass eventuelle Engpässe und Störungen frühzeitig erkannt werden.

→ Ergänzende und vertiefende Informationen zum Thema „Projektmanagement" finden Sie im Kapitel F 2 dieses Buches.

Diese Methode wurde in den späten 1950er-Jahren in Frankreich und in den USA entwickelt und erstmals im Rahmen der Entwicklung der Polaris-Rakete erprobt. Auch die Bauvorhaben zur Olympiade 1972 in München wurden mit dieser Technik umgesetzt.

Anwendungsmöglichkeiten

Heute wendet man dieses Verfahren bei umfangreichen Projekten aller Art an, beispielsweise bei

- Entwicklungsvorhaben (z. B. Entwicklung neuer Kraftfahrzeugtypen),
- Bauvorhaben (z. B. Schiffsbau, Kraftwerksbau),
- Vorbereitung von Großveranstaltungen (z. B. Messen),
- Organisationsvorhaben (z. B. Durchführung einer Softwareumstellung).

3.1 Die Elemente eines Netzplans

Definition

Ein Netzplan ist die Darstellung der ablaufbedingten Verknüpfungen aller zu einem Projekt gehörenden Vorgänge, Ereignisse und Anforderungsbeziehungen.

Begriff „Vorgang"

Ein *Vorgang* ist eine Tätigkeit, die einen definierten Anfang und ein definiertes Ende hat und einen bestimmten Abschnitt im Projektablauf bezeichnet.

Begriff „Ereignis"

Ein *Ereignis* bezeichnet das Eintreten eines definierten und beschreibbaren Zustands im Projektablauf.

Begriff „Anforderungsbeziehungen"

Die *Anforderungsbeziehungen* stellen die personellen, fachlichen und terminmäßigen Beziehungen zwischen den einzelnen Vorgängen her.

Im Netzplan können diese drei Elemente unterschiedlich dargestellt werden, je nachdem, welche Abbildungsmethode genutzt wird:

- die *Critical Path Method:* Bei dieser Methode stellen die Knoten Anfang- und Endpunkte eines Vorganges dar;

Critical Path Method

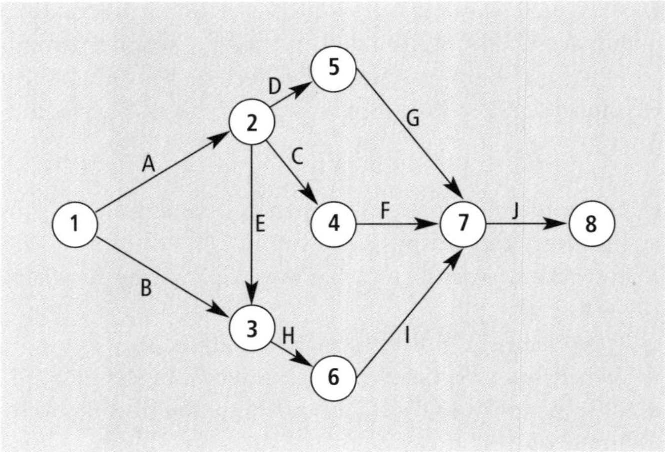

PERT-Methode

- die *Program Evaluation and Review Technique (PERT-Methode):* Hier bilden die Knoten Meilensteine ab.

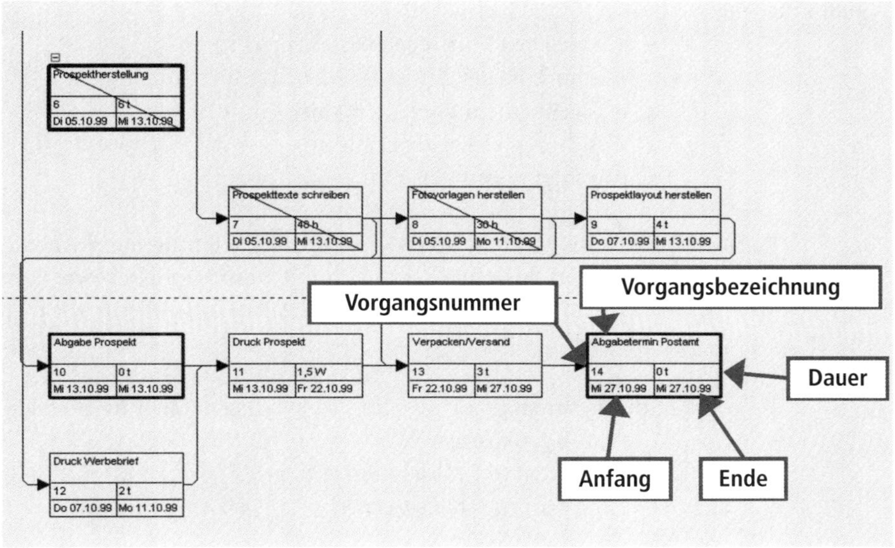

- die *Metra Potential Method*: Die Knoten stellen hier Projektvorgänge dar (siehe Abbildung zum folgenden Beispiel).

Metra Potential Method

Durch die Verbreitung der Software „Microsoft Project“ hat die PERT-Methode an Boden gewonnen. Doch die Unterschiede in der Darstellung ändern nichts am Charakter der Netzplantechnik.

3.2 Ein Anwendungsbeispiel

Die Netzplantechnik besteht im Kern aus der Analyse der Projektstrukturen und der Zeitplanung.

Strukturanalyse

Vorgänge erfassen

In diesem ersten Schritt werden alle zur Durchführung des Projektes erforderlichen Arbeitsgänge, Tätigkeiten oder Aktivitäten (das heißt die Vorgänge) einzeln und in ihrer zeitlichen und logischen Abfolge erfasst. Das Gesamtprojekt wird in Einzelschritte zerlegt, die Dauer der Vorgänge geschätzt und in einer so genannten Vorgangsliste eingetragen.

Hilfreiche Fragen

Dabei helfen die folgenden Fragen:

- Aus welchen Vorgängen besteht das Projekt?
- Wie hoch ist der Zeitbedarf der einzelnen Vorgänge?
- Was geht einem Vorgang voraus?
- Was kann gleichzeitig erfolgen?
- Was folgt unmittelbar auf einen Vorgang?

Beispiel: Abendessen

Betrachten wir beispielsweise die Zubereitung eines Abendessens, das aus gegrilltem Fisch mit Bratkartoffeln sowie Salat und Getränken besteht. Die Vorgangsliste dazu könnte wie folgt aussehen:

Schritt	Vorgang	Dauer (Min.)	Reihenfolge
1	Fisch vorbereiten	5	1
2	Kartoffeln schälen und schneiden	5	2
3	Fisch und Kartoffeln braten	15	3
4	Salat waschen	2	6
5	Teller und Besteck bereitlegen	1	7
6	Salat anmachen	6	8
7	Port. auf Teller füllen u. servieren	1	10
8	Getränke holen	1	4
9	Gläser holen	1	5
10	Getränke einschenken	1	9

Zeitanalyse

Zeiten ermitteln

In nächsten Schritt erfolgen die Zeitplanung, die Zeitberechnung sowie die Erstellung des Netzplans. Früheste und späteste Anfangs- und Endzeitpunkte sowie Zeitreserven (Puffer) werden ermittelt.

Ein Vorgangsknoten sieht gemäß DIN-Norm 69900 wie folgt aus:

Darstellung eines Vorgangsknotens

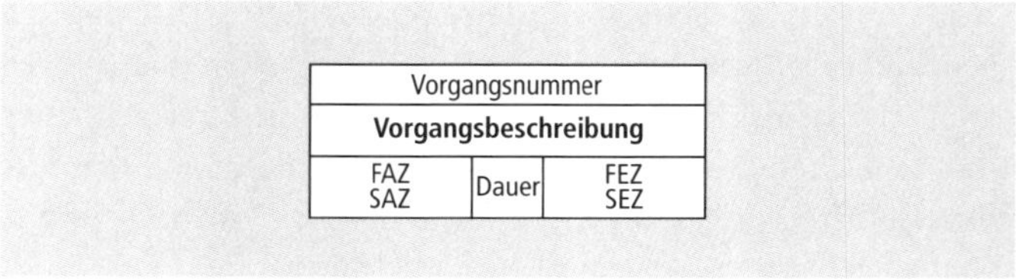

Bedeutung der Abkürzungen

Die Abkürzungen stehen für folgende Sachverhalte:

- FAZ = frühester möglicher Anfangszeitpunkt
- SAZ = spätester möglicher Anfangszeitpunkt
- FEZ = frühester möglicher Endzeitpunkt
- SEZ = spätester möglicher Endzeitpunkt

Kritische Vorgänge

Die Ermittlung so genannter kritischer Vorgänge ist ein weiteres Ziel der Zeitanalyse. Ein Vorgang ist kritisch, falls er keine Zeitreserven (Puffer) besitzt, das heißt, wenn durch eine Verzögerung oder Verschiebung nachfolgende Vorgänge oder sogar das Projektende gefährdet werden.

Im Beispiel wird eine gegenüber der DIN-Norm leicht veränderte Form des Knotens benutzt:

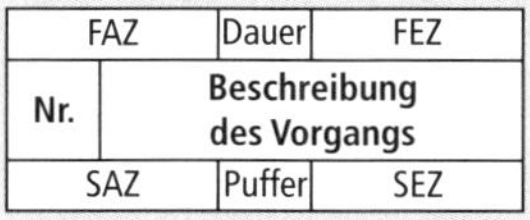

Modifizierte Darstellung eines Vorgangsknotens

Damit Sie die folgenden Schritte leichter nachvollziehen können, sehen Sie hier einen Auszug aus dem vollständigen Netzplan:

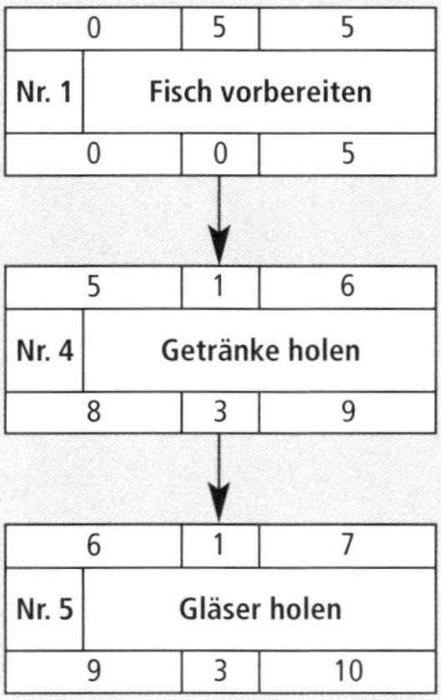

Auszug aus dem Netzplan

Vorwärtsrechnung

Früheste Zeitpunkte ermitteln

Mit Hilfe der Vorwärtsrechnung werden die frühesten Anfangs- und Endzeitpunkte ermittelt. Der früheste Anfangszeitpunkt des Startknotens wird gleich null gesetzt. Diese Rechnung erlaubt Aussagen darüber, wann ein Projekt frühestens beendet ist. Es gilt:

FEZ = FAZ + Dauer
FAZ = max. Wert der FEZ der Vorgänger

Erläuterung am Vorgang Nr.4 (Getränke holen):
FEZ = 5 + 1 = 6   FAZ = 5

Rückwärtsrechnung

Späteste Zeitpunkte ermitteln

Die Errechnung der spätesten Anfangs- und Endzeitpunkte der einzelnen Vorgänge erfolgt mittels der Rückwärtsrechnung. Dabei gilt:

SAZ = SEZ – Dauer
SEZ = min. Wert der SAZ der Nachfolger

Bei mehreren Nachfolgern mit unterschiedlichen SAZ wird der kleinere Wert genommen.

Erläuterung am Vorgang Nr.4 (Getränke holen):
SEZ = 9   SAZ = 9 – 1 = 8

Pufferberechnung

Mögliche Verzögerung

Die Pufferzeit eines Vorgangs gibt an, um wie viele Zeiteinheiten ein Vorgang verzögert werden kann, ohne dass dies Auswirkungen auf das geplante Projektende hat.

P = SAZ – FAZ

Erläuterung am Vorgang Nr.4 (Getränke holen):
P = 8 – 5 = 3

Kritischer Pfad

Anhand der Pufferzeit kann der kritische Pfad eines Projekts ermittelt werden, welcher sich aus Vorgängen zusammensetzt, die den Puffer Null haben. Der kritische Pfad ist der zeitlich längste Weg durch ein Projekt und bestimmt die Gesamtdauer.

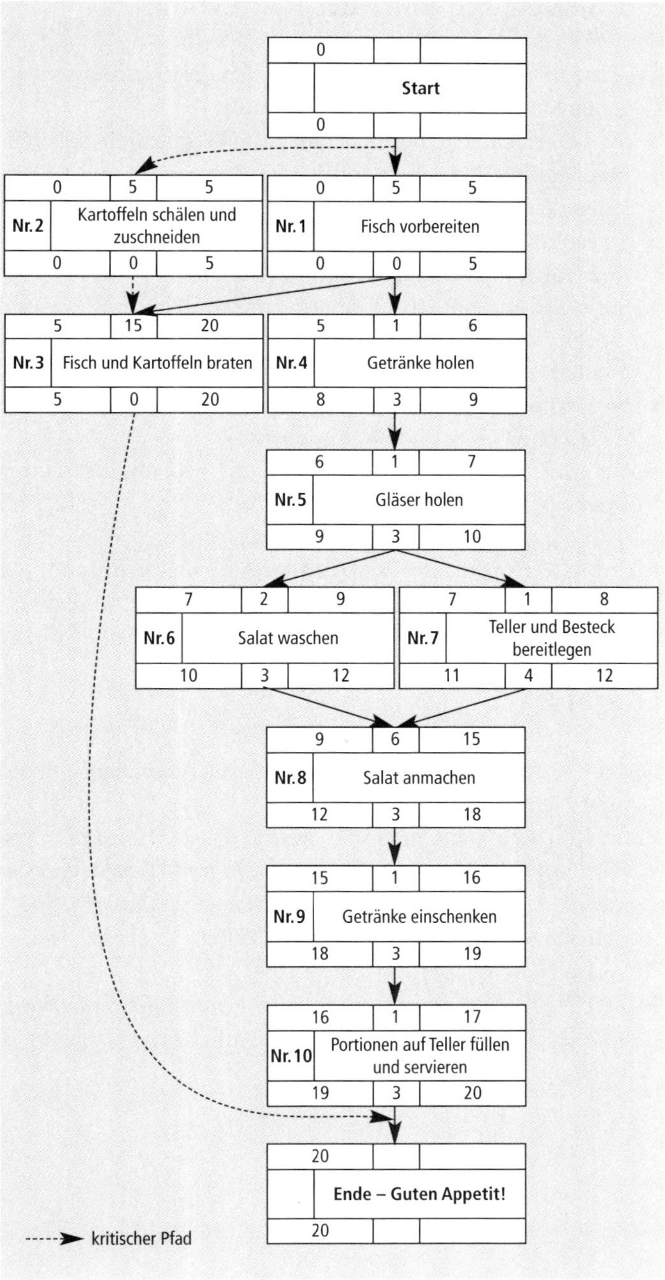

Beispiel eines vollständigen Netzplans

3.3 Bewertung der Netzplantechnik

Vorteile

Die Netzplantechnik weist als Werkzeug des Projektmanagements folgende Möglichkeiten bzw. Vorteile auf:

- Sie liefert einen Überblick über die Gesamtheit der Teilvorgänge eines Projekts und zeigt deren gegenseitige Abhängigkeiten.
- Sie hält dazu an, das gesamte Projekt genau zu durchdenken und frühzeitig Entscheidungen zu treffen.
- Sie weist auf zeitliche Engpässe und Spielräume hin und macht es damit leichter, durch gezielte Maßnahmen die geplante Projektdauer einzuhalten.
- Sie ermöglicht eine relativ exakte Vorhersage wichtiger Zwischentermine und des Endtermins.
- Sie erleichtert den Vergleich alternativ geplanter Varianten eines Ablaufs.

Nachteil

Allerdings erfordert die Netzplantechnik einen Aufwand, der vor allem bei kleinen Projekten wirtschaftlich nicht sinnvoll ist.

Literatur

Günter Altrogge: *Netzplantechnik.* 3. Aufl. München: Oldenbourg 1996.

Bodo Runzheimer: *Operations Research – Lineare Planungsrechnung, Netzplantechnik, Simulation und Warteschlangentheorie.* 7., akutal. und erw. Aufl. Wiesbaden: Gabler 1999.

Jochen Schwarze: *Übungen zur Netzplantechnik.* 3. Aufl. Herne: Verlag Neue Wirtschafts-Briefe 1999.

Jochen Schwarze: *Projektmanagement mit Netzplantechnik.* 8., vollst. überarb. und wesentl. erw. Aufl. Herne: Verlag Neue Wirtschafts-Briefe 2001.

4. Simultaneous Engineering

Herkömmlich: sequenzielle Entwicklung

Der herkömmliche Weg der Entwicklung neuer Produkte führt über die sequenzielle Produktentwicklung. Hier werden die Phasen Konzeptvorbereitung, Forschung, Entwicklung, Konstruktion, Prototypenbau und Fertigungsvorbereitung nacheinander bearbeitet. Das bedeutet, dass erst nach dem vollständigen Abschluss einer Phase mit der Arbeit in der nachfolgenden Einheit begonnen wird.

Zahlreiche Nachteile

Dieses Vorgehen ist mit Nachteilen verbunden:

- Da die Ergebnisse einer Phase erst mit deren Abschluss in die nächste Phase übergehen, besteht die Gefahr von *Verzögerungen.*
- Ein weiteres großes Problem ist die *mangelnde Abstimmung* zwischen den einzelnen Phasen.
- Da die Mitarbeiter der unterschiedlichen Bereiche erst sehr spät oder gar nicht in einem Team kooperieren, sind *Zeitverzögerungen* zu erwarten.
- Insbesondere das so genannte *Over-the-Wall-Syndrom* wird durch die generelle Arbeitsteilung begünstigt. Over-the-wall-Syndrom bedeutet, dass die Ergebnisse einer Abteilung ohne vorherige Abstimmung in die nächste Abteilung gelangen, also quasi über die „Wand“ der Abteilungsgrenze „geworfen“ werden.
- Ebenso ist es möglich, dass in den frühen Phasen Funktionen, Komponenten oder Teile des zukünftigen Produktes festgelegt werden, die sich später *als fertigungstechnisch ungünstig oder nicht realisierbar* erweisen.
- Zudem besteht die Gefahr, dass an Produkten oder Produktprogrammen gearbeitet wird, die *den Anforderungen des Marktes nur ungenügend entsprechen.*

Over-the-Wall-Syndrom

Trotz dieser Probleme und Gefahren war die sequenzielle Produktentwicklung lange Zeit die führende Methode zur Entwicklung neuer Produkte.

4.1 Sinn und Zweck von Simultaneous Engineering

Kosten, Qualität und Zeit

In der Zeit nach dem Zweiten Weltkrieg wurden große Marktanteile bis hin zur Marktbeherrschung allein durch Kostenführerschaft erobert. Später gesellte sich die Qualitätsführerschaft hinzu. Nachdem viele Unternehmen gleichgezogen hatten, gewann die Zeit an Bedeutung.

Heute ist es für ein Unternehmen entscheidend, das Dreieck der Wettbewerbsfaktoren Kosten, Qualität und Zeit gekonnt auszubalancieren, um sich mittel- bis langfristig erfolgreich am Markt zu behaupten.

Das Dreieick der Wettbewerbsfaktoren

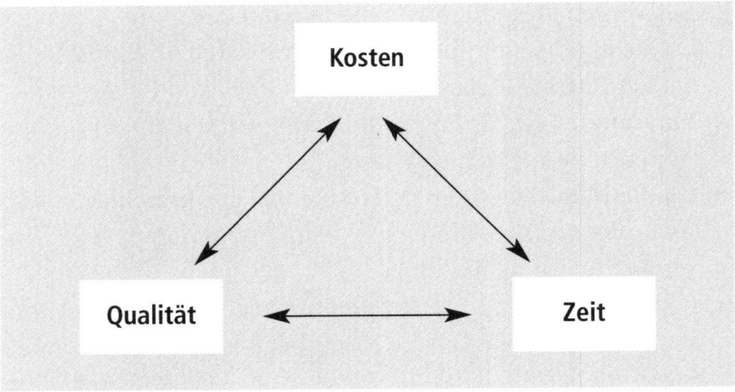

Steigender Innovationsdruck

Zunehmend dynamischer werdende Märkte hatten einen steigenden Innovationsdruck zur Folge. Dieser veranlasste Unternehmen, ihre Anstrengungen zur Erhaltung der Wettbewerbsfähigkeit in steigendem Maße auf den Entwicklungsbereich zu verlagern. Die Produktentwicklungszeit rückt dabei als Zielgröße immer mehr in den Vordergrund strategischer Überlegungen.

Unternehmen im Zeitwettbewerb

Die Fähigkeit von Unternehmen, ihre Entwicklungszeiten zu verkürzen, wird dementsprechend zu einem immer bedeutenderen Wettbewerbsvorteil. Für die langfristige Sicherstellung ihrer Wettbewerbsposition müssen Unternehmen zunehmend als Zeitwettbewerber auftreten. Das verschafft einen früheren

Markteintritt, der wiederum höhere Einstiegspreise und größere Marktanteile ermöglicht.

Abschied vom sequenziellen Vorgehen

Um den veränderten Anforderungen des Marktes gerecht zu werden und die geforderten Produkte rechtzeitig bereitzustellen, bietet sich die Abkehr von der sequenziellen Produktentwicklung hin zum Simultaneous Engineering an. Darunter versteht man die überlappende, also nahezu gleichzeitige (simultane) Bearbeitung von Aufgaben in interdisziplinären Teams. Absicht ist es, unter Berücksichtigung der Wettbewerbsfaktoren Kosten, Zeit, Qualität und Flexibilität eine Verkürzung der Zeitspanne von der Produktentwicklung bis zur Markteinführung zu erreichen.

4.2 Zum Konzept des Simultaneous Engineering

Phasen der Produktentwicklung

Simultaneous Engineering beinhaltet die gleichen Phasen der Produktentwicklung wie der sequenzielle Ansatz:

- Konzeptvorbereitung
- Forschung
- Entwicklung
- Konstruktion
- Prototypenbau
- Fertigungsvorbereitung

Phasen parallelisieren

Diese Phasen werden so weit wie möglich parallelisiert. Das bedeutet, dass für den Beginn einer Phase nicht mehr länger der vollständige Abschluss der vorherigen Phase abgewartet wird. Es geht um eine möglichst zeitparallele und integrierte Planung des Produktes und der Fertigungsmittel.

Vorteil: Zeitgewinn

Durch die weitgehend parallele Bearbeitung der verschiedenen Phasen wird ein erheblicher *Zeitgewinn* realisiert. Dies verkürzt die Zeit bis zur Markteinführung.

Die frühzeitige Einbeziehung der späteren Phasen wie Konstruktion, Prototypenbau und Fertigungsvorbereitung hilft, die größte Anzahl notwendiger Änderungen am Produkt zeitlich nach vorne zu verlagern.

Höhere Qualität Die frühere „Reife“ des Produktes impliziert eine *höhere Produktqualität* gleich zu Beginn der Serienfertigung, da erforderliche Nachbesserungen am Produkt in weitaus geringerem Maße vorkommen als bei der sequenziellen Produktentwicklung.

Geringere Kosten Eine *Senkung der Entwicklungskosten* wird durch die kürzere Produktentwicklungszeit erreicht, da die eingesetzten Mitarbeiter früher wieder für andere Aufgaben frei werden. Zudem können Änderungskosten erheblich gesenkt werden. Auch werden Änderungen kurz vor Fertigungsbeginn weitgehend vermieden.

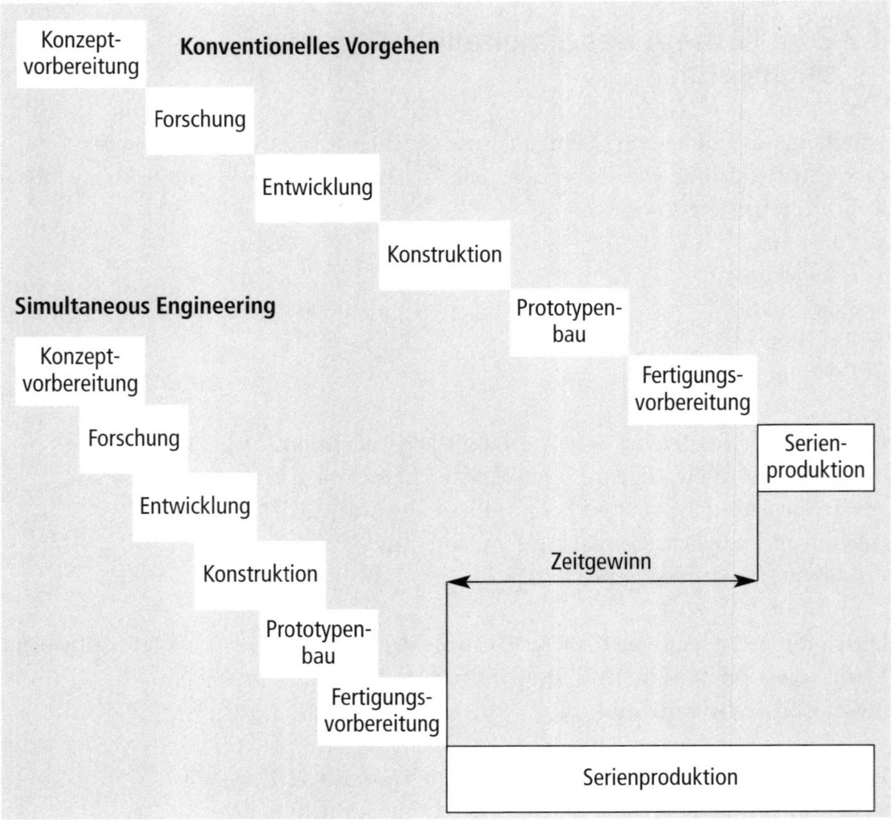

4.3 Das Simultaneous Engineering-Team

Vorteile der Teamarbeit

Wesentliches Merkmal des Simultaneous Engineering ist die Teamarbeit. Sie bietet gegenüber der Einzelarbeit einige für die Produktentwicklung entscheidende Vorteile wie zum Beispiel:

- Gegenseitige Ergänzung von Kenntnissen, Fähigkeiten und Fertigkeiten
- Förderung des problemorientierten, systembezogenen und interdisziplinären Denkens
- Befriedigung sozialer Bedürfnisse nach Kommunikation, Kooperation, gegenseitiger Anerkennung und Gleichberechtigung

Weniger Reibungsverluste

Die Teamarbeit innerhalb des Simultaneous Engineering verfolgt das Ziel, Reibungsverluste so weit wie möglich zu reduzieren, indem sie die Kluft zwischen den unterschiedlichen Funktionsbereichen überwindet.

Bessere Koordination

Durch die Abstimmung wird die Koordination voneinander abhängiger oder sich gegenseitig beeinflussender Arbeitsgänge verbessert. Stellt beispielsweise ein Entwicklungsingenieur dem Team ein neues Produkt vor, kann der Fertigungsingenieur frühzeitig auf fertigungstechnische Probleme hinweisen. Dem Entwicklungsingenieur ist es somit möglich, rechtzeitig vor Fertigungsbeginn Verbesserungen an seinem ursprünglichen Entwurf vorzunehmen, was die Folgekosten reduziert.

Lieferanten einbinden

Für die Entwicklung eines neuen Produktes mittels Simultaneous Engineering kann es deshalb sinnvoll sein, die Zulieferfirmen frühzeitig in den Entwicklungsprozess zu integrieren. Je spezieller die benötigten Produktkomponenten beschaffen sind, desto wichtiger ist es, die Lieferanten der Unternehmung an der Produkt- und Verfahrensentwicklung zu beteiligen.

4.4 Instrumente für die Durchführung von Simultaneous Engineering

Es gibt viele Instrumente, die bei der Durchführung von Simultaneous Engineering zum Einsatz kommen. Zu nennen sind hier insbesondere Quality Function Deployment (QFD), Fehlermöglichkeiten- und -einflussanalyse (FMEA), Design for Manufacturing and Assembly (DFMA) und Rapid Prototyping.

Quality Function Deployment

QFD ist eine Methode der Qualitäts- und Entwicklungsplanung, bei der die „Stimme des Kunden" bis in die Produktion vordringen soll. Die Kundenanforderungen stellen die Basis des Produktentwicklungsprozesses dar und werden in jeder Phase der Produktentwicklung in die „Sprache des Unternehmens" (Designanforderungen) übersetzt. Im Ergebnis soll ein Produkt entstehen, das die Erwartungen und Anforderungen der Kunden bestmöglich erfüllt.

Fehlermöglichkeiten- und Einflussanalyse

Im Rahmen einer *FMEA* werden potenzielle Fehler bei der Entwicklung neuer Produkte sowie bei der Planung von Montage- und Herstellprozessen systematisch erfasst und nach Möglichkeit vermieden. Neben den potenziell auftretenden Fehlern erfolgt die Bestimmung

- der möglichen Folgen dieser Fehler für den Kunden sowie
- der potenziellen Fehlerursachen und
- der Wahrscheinlichkeit der Fehlererkennung vor der Auslieferung an den Kunden.

Auf Basis dieser Untersuchung und Bewertung werden Maßnahmen zur Vermeidung der potenziellen Fehler festgelegt. Die FMEA ist ein wirksames Hilfsmittel, gerade bei der Produktentwicklung mögliche Gefahren zu erkennen. Sie bietet die Aussicht, diesen Gefahren durch gezielte Maßnahmen entgegenzuwirken.

→ Ergänzende und vertiefende Informationen zur Fehlermöglichkeiten- und Einflussanalyse finden Sie im Kapitel G 3 dieses Buches.

Design for Manufacturing and Assembly

Das *Design for Manufacturing* (= Fertigung) *and Assembly* (= Montage) unterstützt eine fertigungs- und montagegerechte Entwicklung neuer Produkte. Ziel des DFMA ist, die für die Fertigung und Montage wichtigen Aspekte bereits in den frühen Phasen der Produktentwicklung zu berücksichtigen. Neben der

Analyse der möglichen Vereinfachung am Produkt wird versucht, Fertigung und Montage zu optimieren, um eine Standardisierung von Teilen und Komponenten zu erreichen (Reduzierung der Typenvielfalt).

Für die Herstellung von Prototypen kann *Rapid Prototyping* verwendet werden. Im Gegensatz zur zeitaufwendigen manuellen Fertigung der Prototypen stellt Rapid Prototyping ein CAD (Computer Aided Design)-gestütztes Verfahren dar, das eine vergleichsweise kurze Zeitspanne für die Herstellung eines Prototypen benötigt.

Rapid Prototyping

Neben der Zeitersparnis bietet Rapid Prototyping dem Simultaneous Engineering-Team weitaus früher eine „greifbare" Diskussionsgrundlage, als es beim herkömmlichen Prototypenbau möglich ist. Insbesondere Mitarbeitern aus den Bereichen Finanzen oder Marketing, denen es schwer fällt, Konstruktionszeichnungen zu lesen, können so an schwierige technische Problemstellungen herangeführt werden.

4.5 Fazit

Simultaneous Engineering verschafft Unternehmen die Möglichkeit, neben einer Senkung der Entwicklungszeit die damit verbundenen Kosten zu reduzieren und gleichzeitig die Produktqualität zu steigern. Das Konzept kann also für jeden der drei Wettbewerbsfaktoren Zeit, Kosten und Qualität von Vorteil sein. Somit trägt das Konzept des Simultaneous Engineering dazu bei, den Anforderungen des heutigen Wettbewerbs besser gerecht zu werden.

Vorteile bei allen drei Faktoren

Literatur

Hans-Jörg Bullinger und Joachim Warschat: *Forschungs- und Entwicklungsmanagement. Simultaneous Engineering, Projektmanagement, Produktplanung, Rapid Product Development.* Wiesbaden: Teubner 1997.

Dieter Dixius: *Simultane Projektorganisation. Ein Leitfaden für die Projektarbeit im Simultaneous Engineering.* Berlin: Springer 1998.

Wolfgang Holle: *Rechnerunterstützte Montageplanung. Montageplanung und Simultaneous Engineering. Mit Demo- und Berechnungsprogrammen auf CD-ROM.* München: Hanser 2002.

Johannes Krottmaier: *Leitfaden Simultaneous Engineering – Kurze Entwicklungszeiten, niedrige Kosten, hohe Qualität.* Berlin: Springer 1995.

TEIL C

Entscheidungs-unterstützende Managementtechniken

1. Managementfunktion Entscheidung

Das Treffen von Entscheidungen ist eine der Kernaufgaben des Managements. Für manche ist sie das wesentliche Merkmal leitender Tätigkeit.

Vorläufiger Charakter

In einem zunehmend komplexer werdenden Unternehmensumfeld müssen ständig hinzukommende Einflüsse verarbeitet und nutzbar gemacht werden. Deshalb ist eine Entscheidungsgrundlage immer vorläufig. Sie basiert auf den derzeit erkennbaren Einflussgrößen.

Selbst Ziele ändern sich

Aus diesem Grund ist es normal, dass eine Entscheidung nicht alle wichtigen Aspekte in ihrer endgültigen Tragweite erfassen kann. Selbst die zur Entscheidung wichtigen Zielsetzungen sind einer gewissen Evolution unterworfen: „Time is moving your targets.“

Leitlinien schaffen Orientierung

In diesem Prozess ist es daher umso wichtiger, Richtwerte und Leitlinien aufzustellen, an denen sich Entscheidungen orientieren können. Von einer Entscheidung muss man erwarten können, dass sie für die Betroffenen nachvollziehbar ist; sie muss mit der Darstellung der wichtigsten Argumente begründbar sein; sie sollte dokumentiert werden.

1.1 Phasen des Entscheidungsprozesses

Entscheiden ist ein Prozess

Eine Entscheidung erschöpft sich nicht allein in der Auswahl der optimalen Möglichkeit. Entscheiden ist ein Prozess, der in mehreren Phasen abläuft. Jede Phase steht in enger Beziehung zu der vorangegangenen Zielsetzung und Planung sowie zu der nachfolgenden Realisation.

Sechs Phasen

Die Phasen eines Entscheidungsprozesses sind:
1. Problemdefinition und -analyse
2. Festlegung von Entscheidungskriterien
3. Finden verschiedener Lösungsmöglichkeiten
4. Gewichtung der Entscheidungskriterien
5. Bewertung der Möglichkeiten anhand der Kriterien
6. Entschluss bzw. Auswahl der optimalen Möglichkeit

Merkmale von Entscheidungen

Diese Phasen sind für alle Arten von Entscheidungen charakteristisch. Die Bedeutung, Gestaltung und Intensität der einzelnen Phasen hängt natürlich von der jeweiligen Entscheidungssituation ab, die durch folgende Merkmale gekennzeichnet ist:
- Zahl der möglichen Wege
- Zahl der beteiligten Personen in den einzelnen Phasen
- Unsicherheitsgrad der Information
- Wiederholungshäufigkeit der Entscheidung
- Risikograd der Konsequenzen

Entscheidungen formalisieren

Die Phasen des Entscheidungsprozesses sollten möglichst formalisiert und systematisiert werden. Als Vorgehensmodelle eignen sich die in diesem Teil vorgestellten Techniken sowie die Kepner-Tregoe-Methode, welche in Teil F „Funktionsintegrierende Managementtechniken" beschrieben wird (Kapitel F 6).

1.2 Alternativen finden und Entschluss fassen

Blickwinkel erweitern

Ist das Problem definiert und wurden die Entscheidungskriterien festgelegt, sind Entscheidungsalternativen zu suchen oder gegebenenfalls zu erarbeiten. Das engt den Entscheidungsspielraum nicht von vornherein ein. Mit unterschiedlichen Möglichkeiten hat der Entscheider ein Mittel in der Hand, um das Problem und mögliche Lösungswege von unterschiedlichen Blickwinkeln aus zu durchdenken. So wird vermieden, dass nicht nur Beweise für schon vorgefasste Meinungen gesucht werden.

Vorsicht bei „Patentlösungen"

„Patentlösungen" sind kritisch zu betrachten, vor allem dann, wenn es zu ihnen keine Alternativen gibt. Meist ist es der Mangel an Fantasie, der die Suche nach Alternativen beeinträchtigt.

Alternative: Gar nichts tun

Dabei ist auch stets die Möglichkeit zu bedenken, gar nichts zu tun. Diese Möglichkeit muss als echte Alternative angesehen und behandelt werden. Sie darf nicht als vorläufiges Zurückstellen verharmlost werden; denn auch diese Möglichkeit hat Konsequenzen.

Am Ende der Alternativenbildung sollten mehrere Möglichkeiten zur Auswahl stehen, die jede für sich eine anwendbare Lösung darstellt.

Die beste Alternative auswählen

Im nächsten Schritt wird die beste Alternative ausgewählt. Dieser Vorgang des Abwägens wird erst durch die Gewichtung der bereits bestehenden Entscheidungskriterien möglich und für alle Beteiligten durchschaubar. Kennen die Betroffenen die zugrunde gelegten Parameter, dann ist eine Entscheidung nachvollziehbar und punktuell korrigierbar. Eine Korrektur kann beispielsweise durch neue Informationen erforderlich werden.

Eine Entscheidung ist umso besser, je mehr Alternativen sie überzeugend auszuschließen vermag. Richtschnur ist das zu erreichende Ziel. Das Ergebnis der Entscheidung ist der Entschluss.

Vergangenheitsorientierte Entscheidungen

Ein richterliches Urteil ist beispielsweise dadurch gekennzeichnet, dass die richtige Antwort aus jenen Antworten gefunden werden muss, welche die streitenden Parteien gegeben haben. Die bedeutsamste Phase ist die letzte: das Urteil. Die richterliche Entscheidung erweist sich dabei als vergangenheitsorientiert. Sie sucht den Abschluss eines Vorganges.

Zukunftsorientierte Entscheidungen

Ein Manager dagegen will neue Aktionen, neue Handlungen einleiten. Seine Entscheidungen versuchen nicht die Vergangenheit abzuschließen, sondern die Zukunft zu gestalten.

1.3 Entscheidungsprobleme und -risiken

In vielen Entscheidungssituationen lohnt es sich, folgende Überlegungen anzustellen:

Wichtige Fragen

- Haben wir zu rasch eine Antwort gefunden?
- Haben wir zu viel Energie für nur eine Antwort eingesetzt?
- Ist die Fragestellung tatsächlich richtig?
- Ist das Problem richtig definiert?

Die meisten betrieblichen Entscheidungen sind in der Regel zukunftsorientiert. Das erklärt das Merkmal der Unsicherheit. Zum Problem der Unsicherheit gesellt sich die Subjektivität des Bewerters.

Jede Entscheidung enthält ein mehr oder weniger großes Risiko. Das Risiko ergibt sich aus unvollständigen Informationen. Entscheidungen vor dem Hintergrund *vollständiger* Informationen sind Schlussfolgerungen.

Risiko versus Informationsstand

Risiko und Informationsstand sind im Entscheidungsprozess gegenläufige Kräfte: Je vollständiger die Information ist, umso geringer ist das Risiko. In der Praxis kann keine Führungskraft warten, bis alle für die Entscheidung irgendwie verwendbaren Informationen vollständig vorliegen. Schließlich ist jede wichtige Entscheidung in einem Unternehmen oder in einer Abteilung des Unternehmens abhängig von der Zeit: Jede Entscheidung unterliegt einer optimalen Fälligkeit. In der Praxis beobachten wir seltener die zu früh gefällten Entscheidungen, häufiger dagegen die allzu sehr aufgeschobenen Entscheidungen.

Das Problem der Subjektivität

Plan statt Improvisation

Mit methodisch geleiteten Entscheidungen sollen improvisierende Entschlüsse vermieden werden. An ihre Stelle tritt planvolles Vorgehen. Trotzdem gehen in Entscheidungen nicht nur Fakten, sondern auch persönliche Meinungen und Wertungen mit ein. Bei jeder Entscheidung spielen die Persönlichkeit des Entscheidungsträgers sowie gegebenenfalls die subjektiven Meinungen der entscheidenden Gruppenmitglieder eine Rolle.

Wertungen einbeziehen

Moderne Entscheidungsfindungstechniken beziehen bewusst die quantifizierbaren Fakten und die subjektiv gefärbten Meinungen und Wertungen ein. Sie berücksichtigen, dass Objektivität im strengen Sinne nicht erreichbar ist. Sie stellen den bescheideneren, aber realistischeren Anspruch, Einflussgrößen unterschiedlicher Herkunft zu verobjektivieren.

Einzelentscheidung oder Gruppenentscheidung?

Vorteile von Gruppen

Eine große Aufgabe kann in der Regel nur durch Zusammenwirken mehrerer Spezialisten einer Entscheidung zugeführt werden. Grundsätzlich ist die Mitwirkung mehrerer Mitarbeiter an einer Entscheidung zu begrüßen. Ein positiv verlaufender Gruppenprozess erweitert und verbessert die Ideenfindung.

Nachteile von Abstimmungen

Vor einer Entscheidungsfindung auf dem Wege von Abstimmungen und demokratischen Mehrheitsbildungen ist sehr zu warnen. Die Qualität einer Entscheidung ist prinzipiell nicht abhängig von der Zahl der Zustimmungen oder von einer etwa gegebenen Einstimmigkeit des Beschlusses. Die Praxis beweist immer wieder, dass in einer Gruppe die Bereitschaft zur Verantwortung weniger stark vorhanden ist als bei einer einzelnen Person. Kompromisse werden zumeist auf der Verständigungsstufe der schwächsten Gruppenmitglieder getroffen. Hinzu kommt, dass Entscheidungsfindungen in Gruppen sehr zeitaufwendig sind.

Beteiligung schafft Engagement

Die Frage: „Einzelentscheidung oder Gruppenentscheidung?" erscheint jedoch sofort in einem anderen Licht, wenn es um die Zustimmung zu der getroffenen Entscheidung und um die Verwirklichung der Entscheidung geht. Wer mit entscheiden konnte, fühlt sich der gefällten Entscheidung verpflichteter. Er setzt sich meistens stärker für die Verwirklichung ein.

Problem der Dezentralisierung

Eine Entscheidung wird umso kostenaufwendiger, je weiter der Entscheidungsberechtigte von der Stelle entfernt sitzt, an der das Problem entsteht. Damit stellt sich das Problem der Dezentralisierung von Entscheidungen.

1.4 Die Lösung hinterfragen

Ein Rezept für die so genannte einzige richtige Lösung für die Praxis gibt es nicht. Die in den beiden Techniken dieses Teils beschriebenen Vorgehensweisen schließen persönliche Meinungen und hohe Risikograde mit ein. Es geht auch nicht um eine Patentlösung. Es geht vielmehr darum, die jeweiligen Argumente methodisch aufzuschlüsseln und zuzuordnen.

Techniken minimieren Risiken

Die im folgenden Kapitel erläuterte Entscheidungsbaumtechnik und der Papiercomputer minimieren Entscheidungsrisiken. Sie stellen die wechselseitigen Beziehungen zwischen den verschiedenen Einflussgrößen dar und machen so die entscheidungsbedingende Vernetzung der vorhandenen Vorgaben und Informationen einsichtig. Dennoch liefern sie keine absolute Sicherheit. Sie grenzen aber zuverlässig das Unwahrscheinliche bzw. die weniger sinnvollen Alternativen aus.

Die relativ beste Lösung

Man sollte nie vergessen, dass eine Entscheidung aufgrund von aufgestellten Alternativen gefällt wurde. Die gefundene Lösung ist also nicht die beste aller denkbaren (oder vorhandenen) überhaupt, sondern nur die *relativ* beste. Was liegt näher, als die Lösung dahingehend zu hinterfragen, ob sie neben der Tatsache, dass sie die verhältnismäßig beste ist, auch ihre Probleme hat? Diese Suche nach möglicherweise auftauchenden Realisierungsschwierigkeiten nennt man auch die Analyse potenzieller Probleme. Sie soll die Entscheidung absichern.

Negative Effekte bedenken

Dieses letzte Stadium der Entscheidung soll möglichst verhindern, dass negative Auswirkungen der Entscheidung überhaupt auftreten. Man kann vorbeugende Maßnahmen treffen oder Eventualmaßnahmen festlegen, die einsetzen, wenn das Problem tatsächlich auftritt, sich also nicht mehr verhindern ließ.

Potenzielle Probleme

Man sollte nicht die Augen verschließen und sich über die endlich gefundene Entscheidung freuen, sondern eine Liste mit potenziellen Problemfeldern aufstellen. Sie können gewichtet werden, wenn man danach fragt, welche Tragweite ihr tatsächliches Auftreten hätte und auch, welche Wahrscheinlichkeit dafür spricht, dass sie auftreten.

Die Analyse potenzieller Probleme ist nichts anderes als ein systematisch institutionalisierter Weitblick. Wenn man sich dagegen auf die Analyse bereits bestehender Probleme beschränkt, hinkt man immer einen Schritt hinter den Ereignissen her.

Literatur

Michael Dembski: *Entscheidungstechniken, die weiterhelfen.* Renningen: Expert-Verlag 2004.

Charles H. Kepner und Benjamin B. Tregoe: *Entscheidungen vorbereiten und richtig treffen.* 6. Aufl. Landsberg/Lech: Moderne Industrie 1992.

Günter Lehmann: *Führungs- und Entscheidungstechniken für das Team. Der Teamführer als Moderator.* Renningen: Expert-Verlag 2002.

Quinn Spitzer und Ron Evans: *Denken macht den Unterschied. Wie die besten Unternehmen Probleme lösen und Entscheidungen treffen.* Frankfurt/M.: Campus 1998.

2. Entscheidungsbaumtechnik

Komplexe Probleme lösen

Mit der Entscheidungsbaumtechnik werden Handlungsalternativen miteinander verglichen. Bei diesem Vergleich werden nicht-beeinflussbare Entwicklungen berücksichtigt. Das bedeutet, dass sich mittels der Entscheidungsbaumtechnik komplexe Probleme unter unsicheren Bedingungen lösen lassen. Durch die klare und übersichtliche Darstellungsweise erhält der Anwender eine Übersicht der möglichen Risiken und Ergebnisse der Handlungsalternativen.

Strukturelemente

Entscheidungsbäume bestehen aus unterschiedlichen Strukturelementen:

Entscheidungsknoten (Verzweigung, bei der die Wahl zwischen Alternativen besteht)

Zufallsknoten (Verzweigung, die den Eintritt eines zufälligen, nicht beeinflussbaren Ereignisses darstellt)

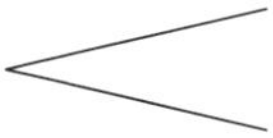

Äste (Entscheidungswege)

Anhand eines Beispiels wird nachfolgend die Entscheidungsbaumtechnik dargestellt.

2.1 Zeichnen des Entscheidungsbaums

Beispiel: Produktentwicklung

Ausgangspunkt ist eine zu treffende Entscheidung. In unserem Beispiel steht die Frage im Raum, ob ein Unternehmen ein neues Produkt auf den Markt bringen oder ein bestehendes Produkt verbessern soll. Es besteht also zunächst die Wahl zwischen zwei Möglichkeiten. Die Entscheidung wird durch ein rechteckiges Kästchen (Entscheidungsknoten) in der Darstellung symbolisiert.

Wahlmöglichkeiten oder ungewisse Ereignisse

Von diesem Kästchen gehen zwei Äste aus: jeweils ein Ast für jede Entscheidungsalternative. Anschließend wird das Ergebnis jeder Wahlmöglichkeit betrachtet. Handelt es sich um eine weitere Entscheidung (Entscheidungsknoten) oder um ein ungewisses Ereignis (Zufallsknoten)? Sind weitere Entscheidungen zu treffen, sind die Enden der ersten beiden Äste (Entscheidungswege) weitere Wahlmöglichkeiten. Sie werden deshalb als Kästchen in den Entscheidungsbaum eingezeichnet.

Neues oder bisheriges Produkt

Mögliche Alternativen innerhalb unseres Beispiels sind:

- Neues Produkt (schnelle oder sorgfältige Entwicklung)
- Bisheriges Produkt (weiterentwickeln oder „melken")

Diese Vorgehensweise wird so lange wiederholt, bis alle möglichen Ereignisse und Entscheidungen erfasst sind.

Entscheidungsbaum Stufe 1

Quelle: www.mindtools.com

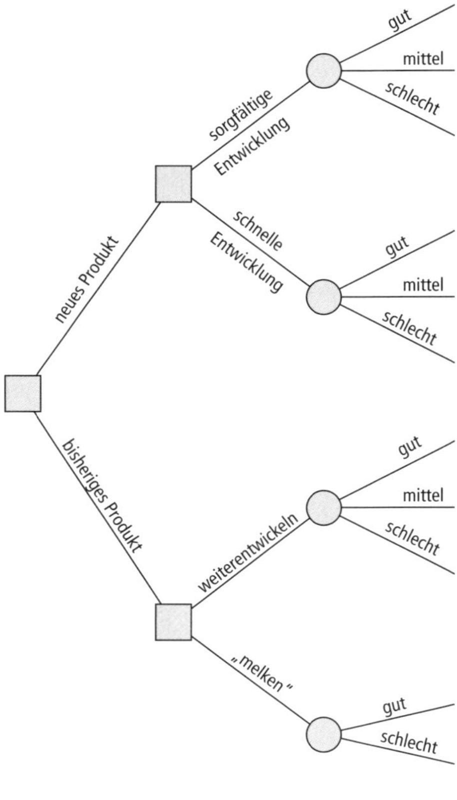

Nach der ersten Zeichnung des Baums sollte er auf seine Vollständigkeit hin überprüft und eventuell ergänzt werden. Durch die grafische Darstellung hat man sich zu diesem Zeitpunkt bereits intensiv mit der Problematik beschäftigt und erhält eine sehr gute Übersicht über mögliche Alternativen.

Gute Übersicht

2.2 Quantifizieren des Entscheidungsbaums

Alternativen bewerten

Nachdem der Entscheidungsbaum im Schritt zuvor erstellt wurde, erfolgt nun seine Bewertung:

- Zunächst wird für jeden Endzweig ein mögliches Ergebnis geschätzt. In unserem Fall bedeutet dies beispielsweise: Ein neues, sorgfältig entwickeltes Produkt, das sehr gut am Markt ankommt, erwirtschaftet einen Gewinn von 1 000 000 Euro.

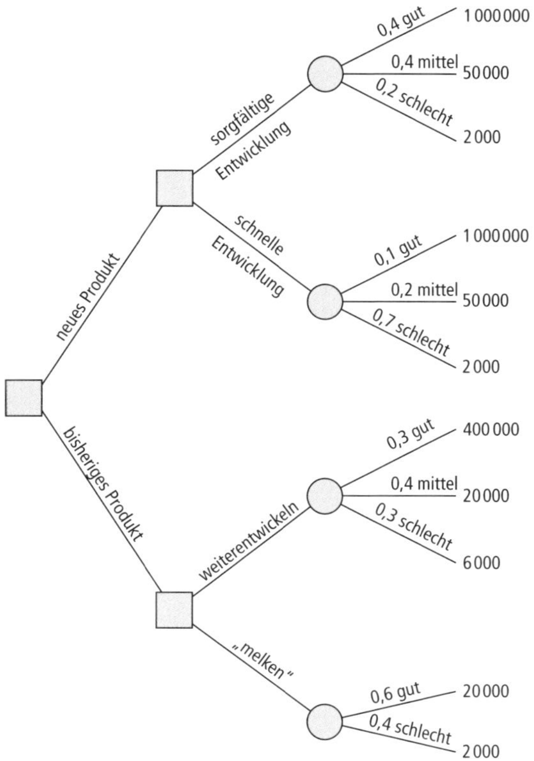

Entscheidungsbaum Stufe 2

Wahrscheinlichkeiten abschätzen

- Anschließend wird an jedem Zufallsknoten die Wahrscheinlichkeit für das Eintreten der verschiedenen Möglichkeiten abgeschätzt. Zum Beispiel beträgt die Wahrscheinlichkeit, dass ein neues, sorgfältig entwickeltes Produkt schlecht am Markt ankommt, 20 Prozent. Um die spätere Berechnung einfacher zu machen, wird dieser Wert auf 1 bezogen, das heißt, 20 Prozent entsprechen dann einem Faktor von 0,2.

2.3 Berechnen der optimalen Entscheidung

Die beste Wahlmöglichkeit ermitteln

Mittels der Roll-back-Analyse wird nun die optimale Entscheidung aus den Wahlmöglichkeiten ermittelt. Das wesentliche Merkmal des Verfahrens besteht darin, von den Endknoten her auf den einzelnen Ästen von rechts nach links zu rechnen.

Berechnung der Zufallsknoten

Multiplikation und Addition

Um den Wert eines Zufallsknotens zu errechnen, werden die Wahrscheinlichkeitsfaktoren mit dem zugehörigen erwarteten Ergebnis multipliziert. So wird mit jedem Ast verfahren; danach werden die Werte addiert. Im Beispiel sieht das wie folgt aus:

Berechnung für den Ast „neues Produkt, sorgfältige Entwicklung"

0,4 (gut)	x	1 000 000 Euro	=	400 000 Euro
0,4 (mittel)	x	50 000 Euro	=	20 000 Euro
0,2 (schlecht)	x	2 000 Euro	=	400 Euro
		Summe	=	420 400 Euro

Berechnung für den Ast „neues Produkt, schnelle Entwicklung"

0,1 (gut)	x	1 000 000 Euro	=	100 000 Euro
0,2 (mittel)	x	50 000 Euro	=	10 000 Euro
0,7 (schlecht)	x	2 000 Euro	=	1 400 Euro
		Summe	=	111 400 Euro

Berechnung für den Ast „bisheriges Produkt, weiterentwickeln"

0,3 (gut)	x	400 000 Euro	=	120 000 Euro
0,4 (mittel)	x	20 000 Euro	=	8 000 Euro
0,3 (schlecht)	x	6 000 Euro	=	1 800 Euro
		Summe	=	129 800 Euro

Berechnung für den Ast „bisheriges Produkt, melken“

0,6 (gut)	x	20000 Euro	=	12000 Euro
0,4 (schlecht)	x	2000 Euro	=	800 Euro
		Summe	=	12800 Euro

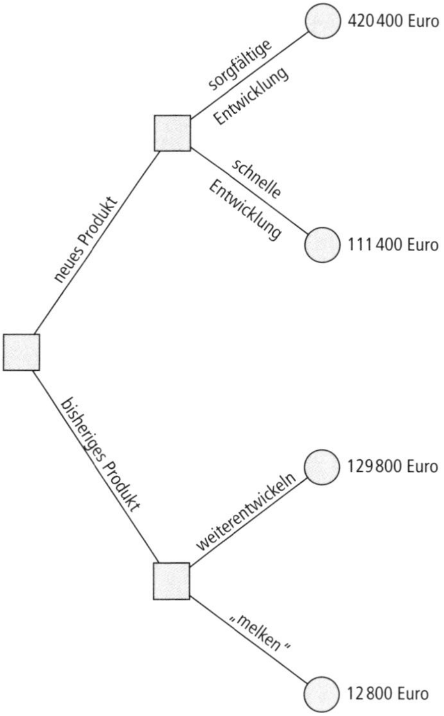

Entscheidungsbaum Stufe 2

Berechnung der Entscheidungsknoten

Kosten abziehen

Zunächst erfolgt eine Kosteneinschätzung der verschiedenen Alternativen. Diese Kosten werden im nächsten Schritt von den bereits errechneten Werten der Zufallsknoten subtrahiert. Die Ergebnisse stellen die Basis für die zu treffende Entscheidung dar:

Ast	Zufallsknoten – Kosten	= Ergebnis
neues Produkt, sorgf. Entw.	420400 Euro – 150000 Euro	=270400 Euro
neues Produkt, schnelle Entw.	111400 Euro – 80000 Euro	= 31400 Euro
bisheriges P., weiterentwickeln	129800 Euro – 30000 Euro	= 99800 Euro
bisheriges Produkt, melken	12800 Euro – 0 Euro	= 12800 Euro

Das Ergebnis

Im Beispiel wird die Alternative „neues Produkt, sorgfältige Entwicklung“ gewählt, da diese den größten Gewinn erwarten lässt. Die Berechnung zeigt auf, dass es mehr Erfolg verspricht, ein neues Produkt sorgfältig zu entwickeln oder ein bestehendes weiterzuentwickeln, als ein neues Produkt vorschnell und nicht ausgereift auf den Markt zu bringen bzw. ein bestehendes Produkt zu „melken“.

2.4 Bewertung der Entscheidungsbaumtechnik

Zusammenfassend kann man sagen, dass die Entscheidungsbaumtechnik eine effektive Methode zur Entscheidungsfindung darstellt.

Vorteile

Die Vorteile im Einzelnen:

- Das Problem wird durch die grafische Darstellung übersichtlich veranschaulicht.
- Alle möglichen Konsequenzen werden aufgezeigt.
- Die Methode gibt einen Rahmen vor, um Ergebnisse und deren Wahrscheinlichkeit zu quantifizieren.

Nachteile

In der betrieblichen Praxis wird das Entscheidungsbaumverfahren allerdings nur in geringem Umfang eingesetzt, und wenn, dann eher in großen Unternehmen. Dies könnte in der Tatsache begründet liegen, dass das Verfahren wenig bekannt ist. Zudem gestaltet sich eine Anwendung vor allem bei komplexen Entscheidungen aufwendig und unübersichtlich. Außerdem bereitet die Bestimmung der Wahrscheinlichkeiten oftmals Schwierigkeiten.

Literatur

Michael Dembski: *Entscheidungstechniken, die weiterhelfen.* Renningen: Expert-Verlag 2004.

Rudolf Grünig und Richard Kühn: *Entscheidungsverfahren für komplexe Probleme. Ein heuristischer Ansatz.* Berlin: Springer 2004.

Rüdiger von Nitzsch: *Entscheidungslehre. Wie Menschen entscheiden und wie sie entscheiden sollten.* Stuttgart: Schäffer-Poeschel 2002.

Matthias Nöllke: *Entscheidungen treffen – Schnell, sicher, richtig.* 3., durchges. Aufl. Freiburg: Haufe 2004.

Bernd Schiemenz und Olaf Schönert: *Entscheidung und Produktion.* München: Oldenbourg 2005.

3. Papiercomputer

Grenzen linearen Denkens

Wer bei den heutigen Aufgabenstellungen mit sehr dynamischen, untereinander vernetzten Einflussfaktoren in traditioneller Weise mit linearem Ursache-Wirkungs-Denken an Problemlösungen herangeht, stößt rasch an seine Grenzen. Der inzwischen verstorbene Systemwissenschaftler Frederic Vester hat das erkannt und im Rahmen seiner Arbeiten zum Thema ganzheitliches Denken und Handeln den Papiercomputer entwickelt.

Wechselwirkungen bewerten

Mithilfe des Papiercomputers (auch „Cross Impact Analysis") werden die Einflussfaktoren einer Situation bzw. eines Problems erfasst und hinsichtlich ihrer Wechselwirkungen untereinander bewertet.

3.1 Das Vorgehen

Elemente in Beziehung setzen

Zuerst werden in einer Situationsanalyse die verschiedenen Einflussfaktoren ermittelt. Diese werden in einer Matrix einander gegenübergestellt, das heißt, jedes Element der Handlungs- (oder Problem-)situation wird mit jedem anderen beteiligten Element in Beziehung gesetzt.

Nun erfolgt eine Bewertung der Stärke der Beeinflussung zwischen jeweils zwei Faktoren: „Wie groß ist der Einfluss von … auf …?" Die Antwort wird in die Matrix eingetragen.

Wirkungsskala

Dabei hat sich folgende Skala bewährt:

- keine Wirkung: 0
- geringe Wirkung: 1
- starke Wirkung: 2
- sehr starke Wirkung: 3

Nach der vergleichenden Bewertung der Beeinflussung werden nun die Zeilensummen (= Aktivsumme AS) und die Spalten-

summen (= Passivsumme PS) gebildet. Sie geben Auskunft darüber, wie
- ein Faktor andere beeinflusst und
- ein Faktor von anderen beeinflusst wird.

Index errechnen

Eine einfache Kalkulation mit Hilfe von Division und Multiplikation ergibt dann einen Index, der unmittelbar zeigt, welches die aktiven, passiven, kritischen und puffernden Faktoren in einer Situation sind:

$$\textbf{Quotient } Q = \frac{AS}{PS}$$

$$\textbf{Produkt } P = AS \times PS$$

Aktive Faktoren

Die Faktoren lassen sich folgendermaßen unterschieden:
- *aktive Faktoren:*
  - beeinflussen stark
  - werden kaum beeinflusst
  - hoher Q-Wert

Passive Faktoren

- *passive Faktoren:*
  - beeinflussen kaum
  - werden stark beeinflusst
  - niedriger Q-Wert

Kritische Faktoren

- *kritische Faktoren:*
  - beeinflussen stark
  - werden stark beeinflusst
  - hoher P-Wert

Puffernde Faktoren

- *puffernde Faktoren:*
  - beeinflussen kaum
  - werden kaum beeinflusst
  - niedriger P-Wert

3.2 Ein Beispiel

Beispiel: Studierverhalten

Angenommen, es sind die Faktoren, die das Studierverhalten beeinflussen, mit ihren gegenseitigen Beziehungen darzustellen. Zunächst werden die relevanten Faktoren bestimmt. Dazu zählen in unserem Beispiel:

Faktorenliste

- Betreuung durch die Hochschule
- Vorkenntnisse der Studenten
- Notengebung
- Spaß am Studium
- Karriereaussichten
- Hochschulausstattung

Berechnungen durchführen

Diese Faktoren werden nun in eine Matrix eingetragen. Im nächsten Schritt wird das Verhältnis eines Faktors zu den anderen Faktoren bewertet. Dazu wird – je nach Wirkungsstärke – ein Punktwert zwischen 0 und 3 vergeben. Dann werden die Werte addiert und wie im abgebildeten Beispiel multipliziert sowie dividiert.

Wirkung von ▼ auf ➤	Betreuung	Vorkenntnisse	Notengebung	Spaß im Studium	Karriereaussichten	Ausstattung	AS	AS/PS
Betreuung	X	1	0	2	2	1	6	(150)
Vorkenntnisse	1	X	2	0	1	2	6	86
Notengebung	0	2	X	0	0	0	2	67
Spaß im Studium	2	1	0	X	1	0	4	133
Karriereaussichten	1	2	1	1	X	1	6	120
Austattung	0	1	0	0	1	X	2	(50)
PS	4	7	3	3	5	4		
AS x PS	24	(42)	(6)	12	30	8		

AS = Aktivsumme

PS = Passivsumme

Ergebnisse analysieren

Schaut man sich die Ergebnisse an, ist zu erkennen, dass „Betreuung" das *aktive* Instrument mit den meisten Einwirkungsmöglichkeiten ist. Dem steht die „Ausstattung" als *passives* Instrument mit wenig Einwirkungsmöglichkeiten gegenüber.

Als *kritische* Größe gelten die Vorkenntnisse, da sie andere Faktoren stark beeinflussen, aber selbst auch stark beeinflusst werden. *Pufferndes* Element ist die Notengebung: Dieser Faktor beeinflusst kaum andere Elemente und wird seinerseits auch kaum beeinflusst.

3.3 Fazit

Zusammenhänge werden klarer

Mit der Klassifikation der Einflussfaktoren liegen wichtige Anhaltspunkte für erfolgversprechende Lösungseingriffe in die Problemsituation vor. Denn erst nach der Analyse ist bekannt, wo in eine Situation eingegriffen werden muss, um etwas effektiv zu bewirken. Schon das intensive Beschäftigen mit einer Situation – meist in einem Team – und die Suche nach den Einflussfaktoren schärfen den Blick für Zusammenhänge.

Vor- und Nachteile

Der Papiercomputer ist sehr einfach anzuwenden – Hilfsmittel sind nur Papier und Stift. Es ist aber zu beachten, dass das Verfahren bei einer großen Anzahl Faktoren schnell unübersichtlich wird und sich die notwendige Diskussionszeit exponentiell mit der Zahl der zu untersuchenden Faktoren erhöht.

Präzise Analyse per Software

Die Methode in der hier beschriebenen Form reicht aus, um Zusammenhänge, Abhängigkeiten und gegenseitige Wirkungen grob darzustellen. Wer an einer präzisen Systemanalyse interessiert ist, dem sei das GAMMA-Programm der Firma Unicon empfohlen (http://www.unicon-management.de).

→ Ergänzende und vertiefende Informationen zur ganzheitlichen Sicht auf Wechselwirkungen finden Sie im Kapitel C 4 „Systemisches Denken" im zweiten Band dieser Buchreihe.

Literatur

Frederic Vester: *Die Kunst vernetzt zu denken – Ideen und Werkzeuge für einen neuen Umgang mit Komplexität. Der neue Bericht an den Club of Rome.* 3. Aufl. München: dtv 2003.

Frederic Vester: *Ballungsgebiete in der Krise. Vom Verstehen und Planen menschlicher Lebensräume.* München: dtv 1983. Dieses Buch enthält ab S. 130 Erläuterungen zur Entwicklung eines Papiercomputers.

TEIL D

Realisations-unterstützende Managementtechniken

Managementfunktion Realisation

Vom Plan zum Ergebnis

Planungen und Entscheidungen sollen in Handlungen bzw. Aktionen münden, sonst wären sie reiner Selbstzweck. Diese Handlungen konkretisieren sich in Produktions- und Dienstleistungsprozessen. Organisation, Koordination, Delegation und Einzelanweisungen, insbesondere aber Information und Kommunikation sind die konkreten Werkzeuge, mit denen der Manager unter Zuhilfenahme menschlicher Arbeit seinen Plan in ein konkretes Ergebnis umsetzt.

Große Ergebnisverantwortung

Die Realisationsphase hat viele Gesichter, je nach Branche und Hierarchieebene. Je weiter eine Führungskraft oben in der Organisationspyramide arbeitet, umso größer ist der Anteil der Führungsaufgaben gegenüber den Sachaufgaben. Die Ergebnisverantwortung ist entsprechend größer.

Was die Branche angeht, so sieht die Realisation von Managementplänen in einem Kaufhaus anders aus als auf einer Schiffswerft oder in einem Zirkus. Die Planungsergebnisse eines Bankdirektors sind anderer Art als die eines Hoteliers oder Braumeisters.

Branchenübergreifende Gemeinsamkeiten

Dennoch gibt es situationsübergreifende Gemeinsamkeiten, denn Management ist weder institutional noch funktional an Branchen gebunden. Manager, egal welcher Branche und Hierarchieebene, gestalten Prozesse, die in Ergebnisse münden. Der Beruf des Managers besteht darin, Resultate zu erzielen.

„Realisation" als Aktionssystem

Will man den Teil des Management-Regelkreises beschreiben, welcher der erfolgreichen Realisation dient, so ist einerseits auf die Aspekte zu verweisen, die im Band 2 dieser Buchreihe (Methodenkoffer Arbeitsorganisation) im Kapitel A 5 über Erfolgsprinzipien dargestellt sind. Will man aber die Realisationsphase in einen Gesamtzusammenhang stellen, so bietet sich das von Fredmund Malik in Anlehnung an Peter F. Drucker entwickelte integrierte Managementmodell an. Hier wird die Managementphase „Realisation“ nicht auf eine thematisch eingegrenzte Operation beschränkt, sondern als Aktionssystem betrachtet, das aus diesen drei Hauptsäulen besteht:

1. Grundsätze
2. Aufgaben
3. Werkzeuge

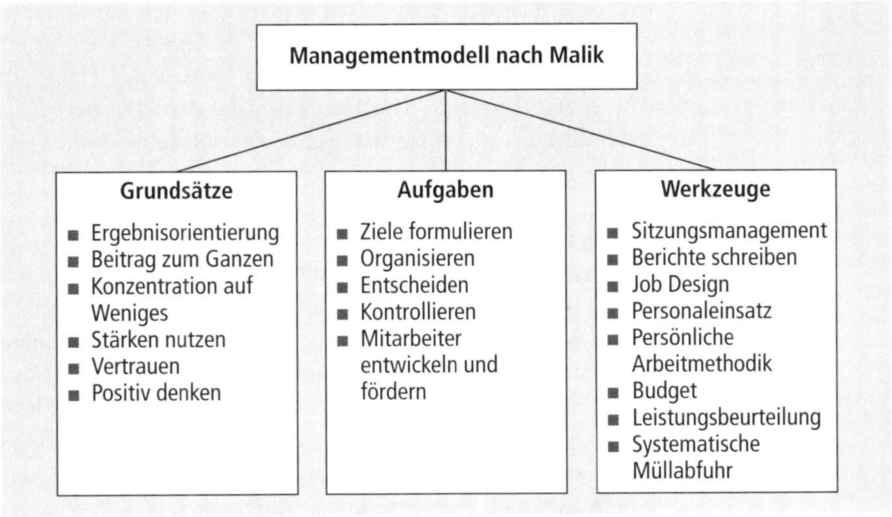

Gefüllter Instrumentenkoffer

Maliks Modell integriert viele der in dieser Buchreihe vorgestellten Techniken und Methoden. Das ist sinnvoll, denn erfolgreiches Realisieren setzt einen gut gefüllten Instrumentenkoffer voraus. Insofern wird in diesem Kapitel ein Großteil der Inhalte dieser Buchreihe angesprochen.

1. Grundsätze erfolgreichen Managements

Sechs Grundsätze

Zu den Grundsätzen erfolgreichen Managements zähle ich in Übereinstimmung mit Peter F. Drucker und Fredmund Malik

- die Ergebnisorientierung,
- den Beitrag für das Ganze,

- die Konzentration auf Weniges und Wichtiges,
- das Nutzen von Stärken,
- Vertrauen
- und Optimismus.

Ergebnisorientierung

Starke Ergebnisorientierung

Profit gilt für viele Menschen immer noch als etwas Unanständiges. Aber er ist der Ausdruck für Erfolg oder Misserfolg unternehmerischen Handelns. Zugleich ist er Voraussetzung dafür, dass „damit in der Folge etwas gemacht werden kann, damit überhaupt gemacht werden kann, und damit es immer besser und reichlicher gemacht werden kann", so Charles Handy in „Die Fortschrittsfalle". Die Hauptaufgabe des Managerberufs besteht darin, Ergebnisse zu erzielen. Das setzt eine starke Outputorientierung voraus.

Beitrag für das Ganze

Beziehungen herstellen

Der kreative Manager überspringt Grenzen eines Systems, um sich in anderen Revieren nach Brauchbarem umzuschauen. Er bringt Systemelemente zusammen und formt diese zu einem neuen System. Gute Manager kennen nicht nur die Realität ihrer Abteilung, sondern interessieren sich auch für die Realität ihrer Organisation. Die Fähigkeit, Beziehungen zwischen Systemen und Teilsystemen bzw. Systemelementen herzustellen, ist eine der Grundvoraussetzungen kreativen Denkens.

Konzentration auf Weniges und Wichtiges

Kräfte bündeln

Der Erfolg im Berufs- und Geschäftsleben hängt entscheidend davon ab, ob es gelingt, sich von anderen abzuheben. Wer auf vielen Gebieten aktiv ist, bleibt allenfalls durchschnittlich und unterscheidet sich kaum vom Wettbewerb. Darum ist es sinnvoll, sich zu spezialisieren bzw. Kräfte zu bündeln, und zwar möglichst auf den kybernetisch wirkungsvollsten Punkt. Das ist der Punkt, der viele andere Vorgänge in Gang bringt. Nicht nur wie, sondern auch wo gehandelt wird, ist entscheidend.

Nutzen von Stärken

Konzentration auf den größten Nutzen

Ein Unternehmen, das erfolgreich arbeiten will, muss sich auf seine Stärken konzentrieren. Dabei darf Stärke nicht mit Größe verwechselt werden. Dort, wo man stark ist, sollte man noch stärker werden, also Stärken verstärken. In allen strategietheoretischen Modellen wird die Konzentration der Kräfte auf *das* empfohlen, was ein Unternehmen am besten kann, womit es seinen Kunden den größten Nutzen bietet. Stärken sollten der Eckpunkt der unternehmerischen Aktivitäten sein. Eine alte Erfolgsweisheit besagt: „Der Starke, der seine Kraft zersplittert, erreicht weniger als der Schwache, der seine Kraft konzentriert."

Vertrauen

Ohne Vertrauen keine Führung

Führen ist ohne Vertrauen nicht möglich. Vertrauen ist die notwendige Orientierungshilfe in einer unübersichtlichen Welt. Es reduziert Komplexität und ist Kontrollverzicht. Wenn wir uns auf die Umstände nicht verlassen können, unter denen wir unsere Ziele erreichen, dann müssen es wenigstens unsere Mitarbeiter sein, die diese Ungewissheit ausgleichen. Die Maxime lautet: So viel Führung wie nötig, so wenig Kontrolle wie möglich.

Optimismus

Sein Ziel erreichen

Optimismus bzw. positives Denken muss sich auf realistische Ziele beziehen und die eigenen Möglichkeiten berücksichtigen. Es ist kein Selbstvertrauen, wenn jemand mit Leichtsinn eine schwere Aufgabe zu bewältigen versucht. Positives Denken zeigt sich, wenn man die Schwierigkeiten einer Aufgabe anerkennt und sich im Bewusstsein dieser Schwierigkeit sagt: „Das werde ich schaffen." Selbstbewusst ist jemand, der die in ihm schlummernden Kräfte richtig einschätzt und überzeugt ist, „mit Geduld und Spucke" sein Ziel zu erreichen.

2. Aufgaben erfolgreichen Führens

Fünf Führungsaufgaben

Die Aufgaben wirksamer Führung umfassen
- die Zielformulierung und -vereinbarung,
- das Organisieren,
- das Treffen von Entscheidungen,
- Kontrollieren
- sowie die Mitarbeiterentwicklung.

Diese Aufgaben sind der zentrale Gegenstand von Führungstrainings.

Zielvereinbarungen

Absichten sind keine Ziele

Die Qualität eines Managers erkennt man an seinen Zielen. Viele Manager verwechseln noch immer Ziele mit Aufgaben, Absichten oder Maßnahmen.

Organisieren

Zwei wichtige Fragen

Veränderungen im Umfeld des Unternehmens zwingen dieses, Strukturen in immer kürzer werdenden Abständen zu überdenken. Zwei Fragen sind hierbei wichtig:

1. Ist das Unternehmen so organisiert, dass das, was der Kunde will, im Zentrum der Organisationsaktivität steht?
2. Ist das Unternehmen so organisiert, dass das, wofür Mitarbeiter und Manager bezahlt werden, von diesen wirklich getan wird?

Entscheidungen treffen

Abwägen und entscheiden

Das Herbeiführen und Treffen verantwortungsbewusster Entscheidungen ist ein Merkmal der Führungsqualifikation. Die Lösung von Problemen nach sorgfältiger Abwägung aller Aspekte und die aktive Einflussnahme beim Entscheidungsprozess sind weitere Kenngrößen dieses Merkmals. Doch die Unentschlossenheit ist das Problem vieler Führungskräfte. Sie ist einer der größten Zeitkiller. Viele Manager zögern Entscheidungen hinaus, weil sie unsicher sind.

Kontrollieren

Nicht hinter dem Rücken der Mitarbeiter

Kontrolle ist die eigentliche Führungsaufgabe eines Managers und zugleich auch die schwierigste. Seine Kontrollpflicht bezieht sich auf die sachliche Leistung und auf das Verhalten des Mitarbeiters. Da sich niemand gern kontrollieren lässt, wird oft auf Kontrolle verzichtet oder hinter dem Rücken der Mitarbeiter kontrolliert. Wo dies geschieht, besteht erheblicher Entwicklungsbedarf.

Mitarbeiter entwickeln und fördern

Selbst das beste Human-Resources-Management kann die Mitarbeiterentwicklung nicht ersetzen. Personalentwicklung muss nämlich höchst individuell geschehen, und zwar durch den Vorgesetzten als Mentor konkret für jeden Mitarbeiter. Sie muss sich auf Aufgaben beziehen, denn der Mensch entwickelt sich nicht in Seminaren, sondern mit und an seinen Aufgaben.

Drei Aspekte

Drei Aspekte muss die Führungskraft hierbei beachten:
1. Die Aufgabe des Mitarbeiters
2. Die vorhandenen Stärken des Mitarbeiters
3. Die Platzierung bzw. Positionierung des Mitarbeiters

Motivieren, Informieren, Kommunizieren

Die „Klassiker" unter den Führungsaufgaben – das Motivieren und Informieren sowie Kommunizieren – bleiben hier ausgeklammert, denn sie sind anderer Art als die beschriebenen Führungsaufgaben. So handelt es sich bei der Information und der Kommunikation streng genommen um die „Trägermedien", mit denen die oben genannten Aufgaben wahrgenommen werden. Sie sind kein Selbstzweck, sondern Mittel zum Zweck.

Kritikgespräche

Natürlich sind Information und Kommunikation wichtige Trainingsthemen, denn sie geben dem Inhalt die Form. Das gilt insbesondere für das Kritikgespräch. Hier werden die meisten Fehler begangen. So gleichen Kritikgespräche oft einem Tribunal, bei dem der Vorgesetzte dem „angeklagten" Mitarbeiter seine Schuld nachweist. Viele Kritikgespräche werden erst gar nicht geführt, weil der Vorgesetzte Angst vor seinem Mitarbeiter und der Auseinandersetzung mit ihm hat. Solche Ängste und Fehler sind vermeidbar, wenn Führungskräfte den Grundmechanismus zwischenmenschlicher Kommunikation kennen und die wichtigsten Werkzeuge zur Gesprächsführung anwenden.

Demotiviation vermeiden

Das Motivieren wird ebenfalls ausgeklammert. Wenn die beschriebenen Managementaufgaben qualifiziert erfüllt werden, resultiert daraus Motivation. Die zentrale Frage lautet: Wie verhindert man die Demotivation von Mitarbeitern? Führen ist vor allem das Vermeiden von Demotivation. Führungskräfte, die mit dem Change-Management beim eigenen Verhalten beginnen und die demotivierenden Faktoren in der eigenen Abteilung beseitigen, schaffen sich so eine motivierende Unternehmenskultur.

Das Innovieren

Vielleicht vermissen Sie in dieser Aufgabenliste das Innovieren. Es wurde hier bewusst nicht aufgeführt, denn das Innovieren ist keine eigene Führungsaufgabe, sondern eine Sachaufgabe. Um zu innovieren, müssen die hier beschriebenen Managementaufgaben erfüllt werden wie bei jeder anderen Tätigkeit auch.

3. Werkzeuge erfolgreichen Führens

Acht Werkzeuge

Um erfolgreich zu arbeiten, benötigen Manager gute Werkzeuge, insbesondere dort, wo sie für das Zusammenwirken von Menschen verantwortlich sind. Mit den folgenden acht Tools muss eine Führungskraft umgehen können:

1. Sitzungsmanagement
2. Verfassen von Berichten und sonstigen Schriftstücken
3. Stellengestaltung
4. Personaleinsatz
5. Persönliche Arbeitsmethodik
6. Budgetmanagement
7. Leistungsbeurteilung
8. Systematische Entsorgung von Organisationsmüll

Sitzungsmanagement

Keine Talkshow

Manche Unternehmen entwickeln sich zur Non-Stop-Talkshow. Besprechungen sind das wichtigste Arbeitsmittel von Managern. Darum ist es wichtig, die Grundlagen eines guten Besprechungsmanagements zu kennen und anzuwenden. Es kommt darauf an zu wissen, bei welchen Gelegenheiten bzw. Aufgabenstellungen Sitzungen zweckmäßig sind und wie Sitzungsergebnisse erzielt und umgesetzt werden.

Verfassen von Berichten und sonstigen Schriftstücken

Probleme mit dem Schreiben

Ohne Berichte, Angebote, Briefe, Stellungnahmen und Ähnliches funktioniert keine Organisation. Aber selbst akademisch gebildete Führungskräfte ertappt man immer wieder bei ihren Problemen mit dem geschriebenem Wort. Wenn der Stil tatsächlich etwas von der Persönlichkeit des Schreibers verrät, dann müsste man vielen Managern Persönlichkeitsdefizite unterstellen.

Stellengestaltung

Auf Ziele hin gestalten

Um Ziele wirksam zu erreichen, müssen die jeweiligen Stellen bzw. Aufgaben passend gestaltet sein. Die Jobs sind richtig zu portionieren und zu positionieren, sodass Ziele, Aufgaben, Organisation, Menschen und Stellen optimal zusammenwirken.

Personaleinsatz

Mitarbeiter wirksam einsetzen

Die Stellengestaltung – der statische Aspekt – wird ergänzt durch den Personaleinsatz oder besser die „Einsatzsteuerung". Sie sorgt für die Effektivität einer Organisation. An *Effizienz* mangelt es meistens nicht, aber an der *Wirksamkeit.* Führungskräfte, die ihre besten Sachbearbeiter sind, arbeiten vielleicht sehr *effizient,* aber *ineffektiv,* weil sie ihre Kraft und Zeit an der falschen Stelle investieren.

Persönliche Arbeitsmethodik

Lösungen finden und anwenden

Von besonderer Bedeutung ist für Manager die Methodenkompetenz. Das ist die Gesamtheit aller Fähigkeiten, Kenntnisse und Fertigkeiten, um für Arbeitsaufgaben und -probleme selbstständig und systematisch Lösungswege zu finden und anzuwenden. Dazu gehört auch die Fähigkeit, sich optimal zu organisieren sowie Handlungen und Hilfsmittel wirksam einzusetzen.

Budgetmanagement

Das Budget und die Natur des Geschäfts

Das Budget ist ein Managementwerkzeug und kein Instrument des Finanz- und Rechnungswesens, so Peter F. Drucker. Das gilt insbesondere für Führungskräfte, die eigenverantwortlich Organisationseinheiten führen. „Es gibt kein besseres Mittel, sich in die Natur des Geschäfts … einzuarbeiten …, als es von Grund auf zu budgetieren" (Fredmund Malik, Führen, Leisten, Leben, S. 348).

Ressourceneinsatz steuern

Wenn das Budget nur als Instrument der Kostenkontrolle verstanden wird, bleibt es unwirksam. Vielmehr geht es darum, die Kostenentstehung und Kostengestaltung zu durchdenken und den Ressourceneinsatz zu steuern. Ergänzend hierzu müssen Führungskräfte lernen, betriebswirtschaftliche Kennzahlen zu definieren und mit ihnen zu arbeiten.

Leistungsbeurteilung

Feedback geben

Mitarbeiter benötigen ein qualifiziertes Feedback. Mithilfe eines guten Beurteilungsgesprächs werden Mitarbeiter zur Selbstbeurteilung befähigt. Das Feedbackgespräch kann auch als Rahmen für das Vereinbaren von Zielen mit dem Mitarbeiter genutzt werden.

Systematische Entsorgung von Organisationsmüll

Ballast abwerfen

Organisationen sind „Gewohnheitstiere". Sie „hamstern" und schleppen vieles mit sich: Regeln, Gewohnheiten, Prozessbeschreibungen, Dienstanweisungen, Mustertexte etc. Darum muss die Führungskraft immer wieder die folgende Frage stellen: „Was von all dem, was wir heute tun, würden wir nicht mehr neu beginnen, wenn wir es nicht schon täten?" Diese Frage kann sich auf Märkte, Technologien, die Organisation, Produkte und Kunden beziehen.

4. Fazit

Realisation umfasst viele Funktionen

Die Managementfunktion Realisation hat viele Facetten. Sie beschränkt sich nicht allein auf das Organisieren, Koordinieren oder Delegieren. Vor allem das Organisieren und Koordinieren sind letztendlich Oberbegriffe für einen bunten Strauß verschiedenartiger Tätigkeiten. Gerade im Realisieren stecken die Einzelfunktionen des Management-Regelkreises, denn vielen konkreten Managementaktionen liegen die Teilfunktionen Zielformulierung, Planung, Entscheidung und Kontrolle zugrunde.

Breite Definition

Der Begriff des Realisierens im Kontext von Management und Führung ist breit zu definieren. An ihm zeigt sich, wie Recht Mintzberg mit seinem Hinweis hat, dass Manager ständig bereit sein müssen, auf die Erfordernisse des Marktes zu reagieren. Den Manager als delegierenden Dirigenten, der die Abläufe so gut organisiert hat, dass alles reibungslos läuft und er nur in Ausnahmefällen eingreifen muss, gibt es nicht.

Die Managementfunktion Realisation hängt ganz entscheidend vom Verständnis der eigenen Arbeit ab, also davon, wie gut ein

Manager die Situation, die Probleme und Sachzwänge seiner Arbeit kennt und entsprechend zu reagieren weiß.

Literatur

Charles B. Handy: *Die Fortschrittsfalle. Der Zukunft neuen Sinn geben.* München: Goldmann 1998.

Fredmund Malik: *Führen, Leisten, Leben. Wirksames Management für eine neue Zeit.* 7. Aufl. München: Heyne 2001.

Henry Mintzberg u. a.: *Strategy Safari. Eine Reise durch die Wildnis des strategischen Managements.* Frankfurt/M.: Ueberreuter 2002.

Henry Mintzberg: *Die Strategische Planung. Aufstieg, Niedergang und Neubestimmung.* München: Hanser 1995.

TEIL E

Kontrollunterstützende Managementtechniken

1. Managementfunktion Kontrolle

Planen und Steuern reicht nicht

In einem jeden Managementprozess sind Störungen zu kompensieren. Das ist durch einfaches Planen und Steuern nicht erreichbar. Die Managementfunktionen müssen darum die Fähigkeit zur *Regelung* besitzen.

Während die Managementfunktionen Zielformulierung, Planung und Entscheidung der Steuerung des Betriebsprozesses dienen, ist für die Regelung die gesonderte Funktion Kontrolle notwendig. Kontrollieren bedeutet, einen Ist-Zustand zu messen und mit den Soll-Zielen zu vergleichen.

Abweichungen gründlich analysieren

Kleine Abweichungen können gegebenenfalls mit sofortigen Entscheidungen korrigiert werden. Überschreitet die Abweichung aber zulässige Toleranzen, so ist eine gründliche Abweichungsanalyse angezeigt. Sie ist immer dann notwendig, wenn die Ursachen der Soll-Ist-Abweichungen unklar sind und keine bekannten Lösungswege existieren.

Veränderte Ziele

Die Abweichungsanalyse kann auch zu veränderten Zielsetzungen führen, also zur Veränderung von Sollwerten und damit zu anderen Plankorrekturen. Durch diese Rückkopplung auf die anderen Managementfunktionen entsteht wieder ein geschlossener Regelkreis.

Vier Phasen des Kontrollprozesses

Das Thema Kontrolle hat einen engen Bezug zum kybernetischen Managementverständnis. Das zeigt der Vergleich mit dem Kontrollprozess, der in diesen vier Phasen verläuft:

1. *Feststellen der Ergebnisse (Ist-Situation)*
2. *Vergleich der Ergebnisse mit dem vereinbarten Ziel (Soll-Situation)*
   Hier wird festgestellt, ob das Ziel quantitativ und qualitativ erreicht wurde. Dieser Soll-Ist-Vergleich ist die eigentliche Kontrolle.

3. *Analyse der Abweichungen vom Ziel*
   Hier geht es um die Ursachen der Abweichungen. Dafür kann es viele Gründe geben: falsch gesetzte Ziele, fehlerhafte Ermittlung der Ergebnisse oder falsche Schlussfolgerungen. Bei der Analyse der Ursachen zeigt es sich, ob der Manager die Qualifikation hat, komplexe Sachverhalte zu erfassen und die richtigen Schlüsse zu ziehen.
4. *Einleitung von Korrekturmaßnahmen*
   Hier geht es darum, die richtigen Entscheidungen zu treffen und entsprechende Maßnahmen einzuleiten.

Je schneller, desto wirksamer

Kontrollen sind umso wirksamer, je schneller Abweichungen festgestellt, die Gründe analysiert und notwendige Maßnahmen eingeleitet werden können.

Sach- und Verhaltensaspekte

Die Kontrolle gehört zu den wichtigsten Aufgaben eines Managers. Dessen Kontrollpflicht bezieht sich auf die sachliche Leistung sowie auf das Verhalten des Mitarbeiters.

1.1 Arten der Kontrolle

Vier Kontrollarten

Ausgehend vom Objekt der Kontrolle lassen sich diese vier Kontrollarten unterscheiden:
1. Ablaufkontrolle
2. Aufgabenkontrolle
3. Verhaltenskontrolle
4. Ergebniskontrolle

Ablaufkontrolle

Arbeitsabläufe im Griff?

Die Ablaufkontrolle bezieht sich auf den Prozess der Aufgabenerfüllung. Mit ihr prüft ein Vorgesetzter, wie ein Mitarbeiter seine Aufgabe erledigt. Sie richtet sich also auf die Art und Weise des Arbeitsablaufes. Für den Vorgesetzten ist dies sehr zeitaufwendig. Trotzdem wird die Ablaufkontrolle vielfach als einzige Kontrollform ausgeübt. Mitarbeiter empfinden sie oft als unangenehm. Darum sollte sie eher als Hilfestellung angeboten werden, ohne den Eindruck der Gängelung aufkommen zu lassen.

Aufgabenkontrolle

Aufgabe erkannt?

Bei der Aufgabenkontrolle prüft der Vorgesetzte, ob der Mitarbeiter seine Aufgaben voll erkannt hat und zielgerichtet daran arbeitet. Sie kann vor allem bei Beginn der Delegation angewendet werden, um das Einpendeln der Entscheidungsspielräume zu gewährleisten.

Verhaltenskontrolle

Verhalten korrekt?

Die Verhaltenskontrolle interessiert sich für die Einstellung des Mitarbeiters gegenüber seinen Aufgaben, gegenüber Kunden und anderen Mitarbeitern bzw. Vorgesetzten. Hier kann es auch um Fragen der Arbeitssicherheit oder der korrekten Mitarbeiterführung gehen, soweit diese nicht schon durch die Ablaufkontrolle geregelt sind, zum Beispiel durch Führungsrichtlinien, Sicherheitsanweisungen usw.

Ergebniskontrolle

Erfolge vorhanden?

Die Ergebniskontrolle konzentriert sich auf den Erfolg der geleisteten Arbeit. Sie ist eine Bilanz der Tätigkeit des Mitarbeiters oder einer Abteilung und fragt beispielsweise danach, ob Termine, Kosten, Mengen oder Qualitätsvorgaben erreicht wurden. Allerdings ist die Ergebniskontrolle nicht so aufzufassen, dass der Vorgesetzte am Ende eines Arbeitsprozesses nur noch entscheidet, ob ein Ziel erreicht wurde oder nicht. Dann käme jede Kontrolle zu spät.

1.2 Kontrollmethoden und -umfang

Direkte und indirekte Kontrollen

Neben den Kontrollarten stehen die Kontrollmethoden. Man kann direkte und indirekte Kontrollen unterscheiden:

- Die *direkte* Kontrolle besteht im Zusehen und Zuhören, in Fragestellungen an den Mitarbeiter, im Lesen von Messwerten, statistischen Ergebnissen, in der Kontrolle des ausgewerteten Basismaterials usw.
- Die *indirekte* Kontrolle kann sich mit Kundenurteilen, Reklamationen, Beschwerden anderer Abteilungen, Korrespondenz und natürlich auch mit Danksagungen befassen. Sie zieht Schlüsse aus diesen Unterlagen auf die Arbeit des Mitarbeiters.

Totalkontrolle meiden

Je umfassender die Kontrolle ist, umso wahrscheinlicher werden Abweichungen erkannt und korrigiert. Bei einer solchen Totalkontrolle wäre aber die Grenze des ökonomisch Vertretbaren erreicht, denn die Kontrollkosten wären wahrscheinlich höher als die gesparten Kosten. Außerdem würden sich die betroffenen Mitarbeiter bespitzelt fühlen.

Stichproben machen

Durch Stichproben lässt sich der Kontrollaufwand sinnvoll beschränken. Jedoch muss die Stichprobe repräsentativ sein, also ein Abbild der Gesamtheit der Ergebnisse oder Tätigkeiten darstellen. Mit der Größe der Stichproben wächst die Zuverlässigkeit.

Kontrollpunkte definieren

Auch durch die richtige Wahl der Kontrollpunkte lässt sich der Kontrollaufwand optimieren. Es geht darum, strategische Kontrollpunkte zu definieren, also jene Stellen mit der größten Gefahr von Störungen.

Auf eine zu ausführliche Betrachtung der Managementfunktion Kontrolle bzw. des Kontrollmanagements wird hier verzichtet. Ein solches Kapitel wäre redundant zu der Abhandlung „Führungsaufgabe Kontrolle“ im vierten Band dieser Buchreihe (Methodenkoffer Führung; erscheint im Frühjahr 2006). Das Thema Kontrolle wird dort behandelt, da sich Kontrollen im Wesentlichen auf Mitarbeiter beziehen. Die Kontrolle maschineller Systeme ist in der Regel problemlos. Ergebniskontrollen dagegen beziehen sich zumeist auf die menschliche Leistung. In der Praxis liegt hier der meiste Konfliktstoff.

Kontrolle und Controlling

Die Kontrolle von Sachverhalten, von Ergebnissen oder Abweichungen ist zwar auch mit der menschlichen Arbeit verknüpft, befindet sich aber eher in der Nähe des Controllings. Das Controlling ist als Lenkungs- und Steuerungsinstrument umfassender zu betrachten als die reine Kontrolle. Letztere ist eine Teilfunktion des Controllings.

→ Ergänzende und vertiefende Informationen zum Thema „Controlling“ finden Sie im Kapitel E 2 dieses Buches.

Literatur

Dieter Brandes: *Alles unter Kontrolle? Die Wiederentdeckung einer Führungsmethode.* Frankfurt/M.: Campus 2004.

Aloys Waltermann, Edgar Sailer und Hermann Speth: *Kaufmännische Steuerung und Kontrolle – Industrie. Ausgabe nach Rahmenlehrplan.* 2., korr. Aufl. Rinteln: Merkur-Verlag 2003.

2. Controlling

Der Begriff „Controlling“ bedeutet so viel wie Beherrschung, Lenkung und Steuerung. Controlling kann sich auf Organisationen, Prozesse oder Projekte beziehen. Indem das Controlling seine Aufmerksamkeit auf die Planerfüllung sowie -abweichungen richtet, werden die Grundlagen für Managemententscheidungen gelegt.

Grundlage für Entscheidungen

Controlling darf also nicht einfach mit Kontrolle gleichgesetzt werden. Controlling ist als Lenkungs- und Steuerungsinstrument umfassender zu betrachten als die Kontrolle. Letztere ist nur eine Teilfunktion des Controllings. Der Kontrolle allein fehlt der Bezug zum Prozess der Unternehmensführung.

Controlling heißt nicht nur Kontrolle

Wenn man die zahlreichen Definitionen zum Begriff „Controlling“ zusammenfasst, kann man es als ergebnis- und liquiditätsorientierte Steuerung mittels Planung und Kontrolle, Reporting, Abweichungsanalyse und Korrekturvorschlägen definieren.

Definition

Das Controlling nutzt mehrere geeignete Instrumente und Methoden, um seine Aufgaben zu erfüllen. Kennzahlen haben in diesem Zusammenhang einen besonderen Stellenwert. Aber auch Methoden wie die Balanced Scorecard oder das Benchmarking fanden Einzug ins Controlling.

Mehrere Methoden

→ Ergänzende und vertiefende Informationen hierzu finden Sie in den Kapiteln E 3 „Kennzahlen“, E 4 „Balanced Scorecard“ und E 5 „Benchmarking“ dieses Buches.

2.1 Die Rolle des Controllers

Zur Rolle des Controllers existieren verschiedene Sichtweisen. Manche sehen ihn als Steuerungsgehilfen für die Aufgaben Planung und Kontrolle, wobei die Steuerung unmittelbar durch das Management erfolgt.

Controller als Gehilfe

Controlling als gleichwertige Funktion

Andere sehen im Controlling eine eigenständige und vollwertige Unternehmensfunktion, die gleichwertig neben der Logistik, dem Einkauf, der Produktion und dem Verkauf steht und über entsprechende Entscheidungskompetenzen verfügt.

Jede Führungskraft als Controller

Eine dritte Gruppe ist der Meinung, dass jede Führungskraft ihr eigener Controller ist. Sie besorgt sich zu diesem Zweck Informationen zur ziel- und situationsgerechten Ausführung ihrer Managementaufgaben.

Diese Sichtweisen widersprechen sich nicht zwangsläufig. Es kommt auf den Kontext an. Für ein Großunternehmen ist eher die erste Sichtweise adäquat, für ein Kleinunternehmen eher die dritte.

2.2 Ebenen des Controllings

Strategisches und operatives Controlling

Entsprechend dem groben Unternehmensaufbau bzw. der Entscheidungsebenen wird zwischen dem *strategischen* und dem *operativen* Controlling unterschieden.

Das *strategische Controlling* untersucht, ob eine Organisation die *richtigen Dinge* tut. Die diesbezüglichen Fragen können sich sowohl auf Produkte, Märkte, Mitarbeiter und Kunden als auch auf Prozesse beziehen.

Zwei Formen des Controllings

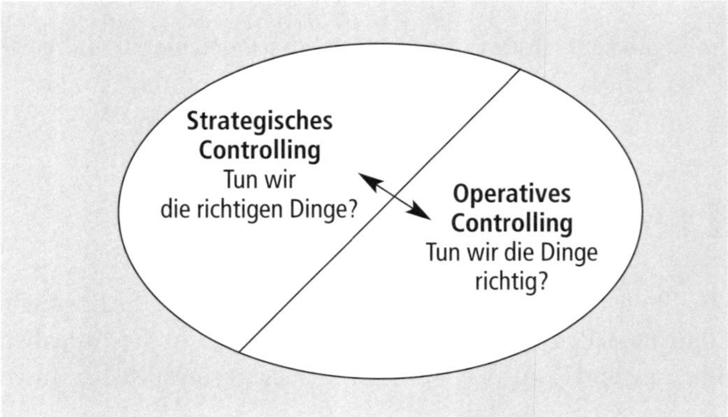

Es unterstützt die Leistungsorgane bei der Formulierung und Überprüfung grundsätzlicher und somit langfristiger Ziele. Hier geht es um die strategische Grundsatzfrage, mit der die *Effektivität* einer Organisation untersucht wird.

Effektivität

Das *operative Controlling* fragt danach, ob eine Organisation die *Dinge richtig* tut. Es untersucht, ob die operative Umsetzung der Strategie wettbewerbsfähig und wertschöpfend ist. Hier wird die *Effizienz* einer Organisation, also die rationelle und rationale Aufgabenerfüllung, hinterfragt. Dazu bedient sich das Controlling vor allem der Daten des Finanz- und Rechnungswesens.

Effizienz

2.3 Aufgaben des Controllings

Transparenz sicherstellen

Der Controller begleitet den Managementprozess mit den Phasen Zielsetzung, Planung, Entscheidung, Realisierung und Kontrolle. Er ist auf diese Weise mitverantwortlich für die Zielerreichung des Unternehmens. Seine Verantwortung bezieht sich insbesondere auf die Bereitstellung von Informationen bzw. die Sicherstellung von Transparenz. In diesem Sinne wird er gern mit dem Navigator auf einem Schiff verglichen, der dem Steuermann die Informationen liefert, die er benötigt, um den gewünschten Hafen anzusteuern.

Funktionsorientiertes Controlling

In der Regel hat das Controlling eine Querschnittsfunktion mit dem Ziel der Wirtschaftlichkeit. Daneben existiert aber auch das funktionsorientierte Controlling, zum Beispiel das Beschaffungs-, Verkaufs-, Bildungs- oder Logistikcontrolling.

Drei Grundfunktionen

Von den vielen Aufgaben des Controllings spielen diese drei Grundfunktionen die größte Rolle:

1. Planungsfunktion
2. Informationsfunktion
3. Steuerungs- und Kontrollfunktion

Planungsfunktion

Das Controlling wirkt am Zielbildungs- und Planungsprozess des Unternehmens mit, indem es Teilziele der Bereiche zu einem ganzheitlichen und abgestimmten Zielsystem zusammenführt. Ziele sind der Anfangs- und Endpunkt der Planung. Mit ihr werden die Wege und Ressourcen festgelegt, terminiert und dokumentiert. Diese Daten werden fixiert und fließen als Planwerte bzw. Sollvorgaben in die Planung ein.

→ Ergänzende und vertiefende Informationen zum Thema „Planung" finden Sie im Teil B dieses Buches.

Informationsfunktion

Regelmäßige und strukturierte Berichte

Das Controlling ist für das betriebswirtschaftliche Berichtswesen zuständig. Es übermittelt regelmäßige Steuerungsdaten in komprimierter und strukturierter Form an das Management. Nur so kann dieses die Wirtschaftlichkeit überwachen und die Geschäftsentwicklung beurteilen. Die Informationen entstammen in der Regel dem Rechnungswesen. Sie werden verdichtet und den Sollwerten aus der Planung gegenübergestellt.

Steuerungs- und Kontrollfunktion

Abweichungen analysieren

Kontrollen dienen der systematischen Überwachung des Geschäftsverlaufs durch den Vergleich der Sollvorgaben mit den Ist-Werten. Die Kontrollaufgaben des Controllings gehen aber über den reinen Soll-Ist-Vergleich hinaus. Das Controlling analysiert Abweichungen, ermittelt Ursachen und Auswirkungen und zeigt somit Handlungsbedarf auf. Es erstellt Prognosen über den zu erwartenden Geschäftsverlauf, damit Abweichungen schon im Vorfeld erkennbar werden. Insofern leistet es einen wichtigen Beitrag zur Frühaufklärung und vorausschauenden Steuerung.

Literatur

Heinz-Joachim Becker: *Controller und Controlling.* 3. Aufl. Renningen: Expert 2005.

Patrick Behr: *Basel II und Controlling.* Wiesbaden: Gabler 2005.

Peter Horvath: *Controlling.* 9., vollst. überarb. Aufl. München: Vahlen 2003.

Bernd Külpmann: *Grundlagen Controlling. Unternehmen erfolgreich steuern.* Berlin: Cornelsen 2005.

3. Kennzahlen

Kennzahlen sind verdichtete Informationen, die große Datenmengen auf eine überschaubare Größe reduzieren. Diese Informationen benötigt das Management, um das Unternehmen zu steuern. Sie sind zugleich das wichtigste Werkzeug des Controllings. Controller entwickeln, pflegen und nutzen Kennzahlen.

Werkzeug des Controllings

Kennzahlen dienen dazu,

- Probleme zu identifizieren,
- Situationen zu bewerten,
- Zusammenhänge und Abhängigkeiten zu verdeutlichen,
- Entscheidungen zu fundieren,
- fundiert zu kontrollieren,
- sich mit anderen Unternehmen oder Branchen zu vergleichen.

Nutzen von Kennzahlen

Um das zu leisten, quantifizieren sie Zustände, Eigenschaften, Leistungen, Wirkungen und Ziele. Damit leisten sie einen wichtigen Beitrag, eine komplexe Realität überschaubar zu machen, um sie so besser zu beherrschen. Das verschafft gegebenenfalls Wettbewerbsvorteile gegenüber anderen Unternehmen.

Realität überschaubar machen

Kennzahlen ersetzen aus dem Bauch heraus getroffene Pauschalurteile. Ihr Datencharakter fordert zur Nachprüfung bei Entscheidungen auf. Da Kennzahlen bezifferbare Größen abbilden, ist es möglich, auf ihrer Basis konkrete und messbare Ziele zu formulieren.

Basis für messbare Ziele

→ Ergänzende und vertiefende Informationen zum Thema „Ziele managen“ finden Sie im Kapitel A 6 des zweiten Bandes dieser Buchreihe (Methodenkoffer Arbeitsorganisation).

Kennzahlen ermöglichen die systematische Kontrolle der Geschäftsentwicklung. Sie bieten die Grundlage für die taktische und strategische Unternehmensplanung und ermöglichen den Vergleich mit den eigenen Zielvorstellungen und der realen Situation. Auch erlauben sie einen Periodenvergleich basierend

Grundlage für die Planung

auf Fragen wie beispielsweise „In welche Richtung weist der Trend?" oder „Welche Veränderungen haben sich zu den Vorjahren ergeben?" Die Grundfunktion ist und bleibt der Soll-Ist-Vergleich.

Anforderungen

Kennzahlen müssen folgenden Anforderungen gerecht werden:

- Vergleichbarkeit
- Verständlichkeit
- Benutzerfreundlichkeit

3.1 Arten von Kennzahlen

Absolute und relative Kennzahlen

Man kann Kennzahlen auf verschiedene Art einteilen. Ein Ansatz ist die Unterscheidung von absoluten und relativen Kennzahlen:

- *Absolute Kennzahlen*
  Hierbei handelt es sich um Einzelzahlen, Summen, Mittelwerte wie beispielsweise Umsatz, Forderungen, Verbindlichkeiten, Gewinn oder Verlust. Sie werden dem betrieblichen Rechnungswesen (Bilanz bzw. Gewinn- und Verlustrechnung) entnommen.
- *Relative Kennzahlen*
  Hier werden absolute Zahlen miteinander in Beziehung gesetzt. So wird zum Beispiel die Umsatzrendite so errechnet:

$$\text{Umsatzrendite} = \frac{\text{Jahresüberschuss}}{\text{Umsatzerlöse}} \times 100$$

Sowohl absolute als auch relative Kennzahlen sind für die Beurteilung des unternehmerischen Erfolges wichtig.

Grad der Allgemeinheit

Eine andere Art der Klassifizierung unterscheidet nach dem Grad der Allgemeinheit. So gibt es *allgemeine Steuerungs- und Beurteilungskennzahlen,* die für alle Unternehmen unabhängig von Branche, Standort und Größe gelten. *Branchenspezifische Kennzahlen* eignen sich über die allgemeinen Steuerungs- und Beurteilungskennzahlen hinaus zur branchenbezogenen Beurteilung und Steuerung, zum Beispiel für das Benchmarking. *Unternehmensspezifische Steuerungs- und Beurteilungskenn-*

zahlen sind auf die Bedürfnisse des eigenen Unternehmens zugeschnitten.

Bestands- und Bewegungszahlen

Denkbar ist auch die Unterscheidung zwischen *Bestandszahlen* und *Bewegungszahlen.* Erstere beschreiben Zustände – beispielsweise Lagerbestände –, letztere zeitraumbezogene Bewegungen – zum Beispiel Umsätze.

Kennzahlen bestehen in der Regel aus dem Kennzahlenwert und dem Zielwert. Der Kennzahlenwert ist die am Ende einer Periode ermittelte Zahl mit der dazugehörenden Maßeinheit wie Euro, Tage oder Kilogramm.

Schwellenwerte definieren

Der Zielwert ist die angestrebte Größe zu einem bestimmten Termin. Er wird mit dem tatsächlichen Kennzahlenwert verglichen. Dabei kann es sinnvoll sein, einen Schwellen- bzw. Einheitswert zu definieren, der, wenn er erreicht wurde, Gefahr signalisiert und zum Eingreifen auffordert.

Zeitvergleiche und Soll-Ist-Vergleiche

Erst der Vergleich verleiht einer Kennzahl Aussagekraft. Es bieten sich Zeitvergleiche an – zum Beispiel Ist-Zahlen zu verschiedenen Zeitpunkten – oder Soll-Ist-Vergleiche mit anderen Unternehmen oder Planzahlen.

3.2 Kennzahlensysteme

Auf wichtige Kennzahlen beschränken

Es ist nicht besonders sinnvoll, mit „Zahlenfriedhöfen" zu arbeiten, auf denen man sich leicht verirrt. Darum beschränken sich Manager auf einige wenige, aber wirklich wichtige Kennzahlen. Der Manager lässt sich in dieser Hinsicht mit einem Arzt vergleichen, der anhand der Körpertemperatur, des Pulsschlages, des Cholesterinspiegels und der Blutfettwerte Rückschlüsse auf den Gesundheitszustand des Patienten ziehen kann.

Für die Beurteilung und Steuerung des Unternehmens reichen zehn bis zwanzig Kennzahlen in der Regel aus. Mehr können, was den Zeitbedarf angeht, nur schwer analysiert und überwacht werden.

Mikrokennzahlen bilden

Aus diesen zehn bis zwanzig Schlüsselkennzahlen wird dann ein Kennzahlensystem gebildet. Dieses leitet sich aus den Zielen des Unternehmens bzw. der Organisation ab. Ausgehend von den Makrokennzahlen werden dann Mikrokennzahlen für die nachgeordneten Bereiche gebildet. Dieses Top-down-Verfahren garantiert einheitliche und durchgängige Kennzahlen.

Branchenspezifische Bedürfnisse

Welche Daten zu Schlüsselkennzahlen definiert werden, hängt von vielen Faktoren ab. Ein Unternehmensleiter benötigt andere Zahlen als der Produktionsleiter. Der Chefarzt eines großen Krankenhauses interessiert sich eher für Mortalitätsraten, Patienten-Verweildauer oder Operationserfolge als für den Return on Investment. Die wichtigste Kennzahl eines Pfarrers ist die Menge der sonntäglichen Kirchgänger, gegebenenfalls noch die Höhe des Kirchensteueraufkommens in seiner Gemeinde. Eine Non-Profit-Organisation orientiert sich eher an nichtmonetären Kennzahlen.

Drei Funktionen

Jeder muss für seinen Zweck die passenden Kennzahlen definieren. Nur dann erfüllen sie ihren Zweck, nämlich:

- *Analysefunktion*
  Das Kennzahlensystem soll den Anwender bei der Urteilsfindung unterstützen. Dazu werden meist mehrere Zahlen zu einer übergeordneten Kennzahl zusammengefasst.
- *Lenkungs- bzw. Steuerungsfunktion*
  Mit Kennzahlensystemen sollen Organisationen gelenkt werden. Voraussetzung hierfür ist, dass bestimmte Kennzahlen – zum Beispiel Kundenzufriedenheit oder Marktanteil – zu „Normen“ erhoben werden, an denen sich alle Akteure orientieren.
- *Dokumentationsfunktion*
  Hier geht es um die Dokumentation bzw. Speicherung von Plan- oder Ist-Größen der Vergangenheit. Doch existiert diese Funktion nicht zum Selbstzweck, sondern unterstützt zumeist die Analyse- und Steuerungsfunktion.

Die meisten Kennzahlensysteme erfüllen – allerdings mit unterschiedlichem Gewicht – alle drei benannten Funktionen gleichzeitig.

3.3 Einsatz von betriebswirtschaftlichen Kennzahlen

Betriebswirtschaftliche Kennzahlen

Im betriebswirtschaftlichen Zusammenhang dienen Kennzahlen bzw. Kennzahlengruppen in der Regel der Bewertung von

- Vermögen und Kapital,
- Gewinn,
- Cashflow,
- Rentabilität und der
- Wertschöpfung.

Datenquellen

Als wichtigste Quelle dienen die Bilanz, die Gewinn- und Verlustrechnung sowie gegebenenfalls eigene Datenerfassungssysteme.

Vermögensstruktur

Anteile am Gesamtvermögen

Bei der Vermögensstruktur kommt es auf die Art der Vermögensgegenstände und deren Anteil am Gesamtvermögen an. Zum Vermögen zählen das Anlagevermögen sowie das Umlaufvermögen (Vorräte, Forderungen, flüssige Mittel). Aus den Kennzahlen Anlagevermögen und Gesamtvermögen ergeben sich Aufschlüsse über die Anlageintensität des Anlagevermögens:

$$\text{Anlageintensität des Anlagevermögens} = \frac{\text{Anlagevermögen}}{\text{Gesamtvermögen}} \times 100$$

Eigenkapitalquote

Kreditwürdigkeit

Diese Kennzahl informiert über die Kreditwürdigkeit des Unternehmens. Eine hohe Eigenkapitalquote signalisiert Unabhängigkeit und Sicherheit eines Unternehmens. Die Eigenkapitalquote deutscher Unternehmen geht insgesamt gesehen zurück und liegt heute bei 15 bis 30 Prozent.

$$\text{Eigenkapitalquote} = \frac{\text{Eigenkapital}}{\text{Gesamtkapital}} \times 100$$

Verschuldungsgrad

Risikoindikator

Je geringer die Eigenkapitalquote, umso nötiger sind Kredite. Ein erhöhter Verschuldungsgrad birgt Risiken. Unter dem Vorzeichen von „Basel II" wird es immer schwieriger, neue Darlehen aufzunehmen.

$$\text{Verschuldungsgrad} = \frac{\text{Fremdkapital}}{\text{Eigenkapital}} \times 100$$

Umschlaghäufigkeit des Kapitals

Je höher, desto besser

Diese Kennzahl zeigt, wie oft sich das Gesamtkapital im Jahr umschlägt. Ist die Umschlaghäufigkeit hoch, dann fließen die Finanzmittel schneller wieder in das Unternehmen zurück. Es muss dann weniger Eigen- oder Fremdkapital für neue Geschäfte einsetzen.

$$\text{Umschlaghäufigkeit des Kapitals} = \frac{\text{Umsatzerlös}}{\text{Durchschnittl. Gesamtkapital}}$$

Eine Umschlagshäufigkeit von 2 besagt, dass mit 1 Euro Kapital im Jahr 2 Euro Umsatz erwirtschaftet wurden.

Kurzfristige Liquidität

Drei Liquiditätsgrade

Innerhalb der Bilanz unterscheidet man drei Liquiditätsgrade. Je nach Liquiditätsgrad werden die flüssigen Mittel, die kurzfristigen Forderungen und die Vorräte mit den kurzfristigen Verbindlichkeiten in Beziehung gesetzt. Bei der Liquidität ersten Grades werden nur die flüssigen Mittel und bei der des dritten Grades noch die Vorräte mit berücksichtigt.

$$\text{Liquidität 1. Grades} = \frac{\text{Flüssige Mittel}}{\text{Kurzfristige Verbindlichkeiten}} \times 100$$

$$\text{Liquidität 2. Grades} = \frac{\text{Flüssige Mittel + kurzfr. Forderungen}}{\text{Kurzfristige Verbindlichkeiten}} \times 100$$

$$\text{Liquidität 3. Grades} = \frac{\text{Fl. Mittel + kurzfr. Forder. + Vorräte}}{\text{Kurzfristige Verbindlichkeiten}} \times 100$$

Sinnvolle Werte

Die Liquidität ersten Grades sollte bei 5 bis 10 Prozent, die des zweiten Grades bei 100 bis 120 Prozent und die des dritten Grades bei 120 bis 150 Prozent liegen, um Liquiditätsprobleme zu vermeiden.

Langfristige Liquidität

Langfristige Perspektive

Ein Unternehmen will natürlich langfristig überleben. Dazu benötigt es langfristige Liquidität. Fehlt diese, könnten Kapitalgeber ihre Mittel abziehen. Daher wird sich ein Unternehmen bemühen, zumindest das Anlagevermögen durch Eigenkapital oder langfristiges Fremdkapital zu finanzieren.

Drei Deckungsgrade

Auch hier existieren drei Grade. Der Deckungsgrad ersten Grades lässt erkennen, inwieweit das Anlagevermögen durch das Eigenkapital gedeckt ist.

$$\text{Deckungsgrad 1} = \frac{\text{Eigenkapital}}{\text{Anlagevermögen}} \times 100$$

Der Deckungsgrad 2 zeigt auf, inwieweit das Anlagevermögen durch das Eigenkapital und das langfristige Fremdkapital gedeckt ist.

$$\text{Deckungsgrad 2} = \frac{\text{Eigenkapital + langfr. Fremdkapital}}{\text{Anlagevermögen}} \times 100$$

Der Deckungsgrad dritten Grades gibt Auskunft darüber, inwieweit das Anlagevermögen und die Vorräte durch das Eigenkapital und das langfristige Fremdkapital finanziert werden.

$$\text{Deckungsgrad 3} = \frac{\text{Eigenkapital + langfr. Fremdkapital}}{\text{Anlagevermögen + Vorräte}} \times 100$$

Sinnvolle Werte

Der Deckungsgrad ersten Grades sollte bei 80 bis 100 Prozent, der des zweiten Grades bei 100 bis 120 Prozent und der des dritten Grades bei 100 Prozent liegen, um Liquiditätsprobleme zu vermeiden.

Cashflow

Hohe Aussagekraft

Wegen der sinkenden Eigenkapitalquote wird mehr und mehr der Cashflow herangezogen, um die Kreditwürdigkeit eines Unternehmens zu beurteilen. Da der Gewinn dank der Möglichkeiten der Bilanzgestaltung nur ein unzureichendes Bild über den Zustand eines Unternehmens vermittelt, interessieren sich die Banken dafür, ob das Unternehmen einen ausreichenden Cashflow erwirtschaftet, um Zinsen und Tilgungen zahlen zu können. Der Cashflow erlaubt eine objektivere Beurteilung des

Unternehmens als die Bilanz. Insofern übernimmt der Cashflow die Haftungsfunktion des Eigenkapitals.

Definition „Cashflow"

Der Cashflow ist jener Teil der Einnahmen einer Periode, der dem Unternehmer nach Abzug aller Ausgaben für neue Geschäfte zur Verfügung steht. Er lässt sich leicht nach dieser Formel berechnen:

	Zahlungsbedingte Erträge (Einnahmen)
–	**Zahlungsbedingte Aufwendungen (Ausgaben)**
=	**Cashflow**

Eigenkapitalrentabilität

Höheres Risiko, mehr Zinsen

Ein Investor erwartet eine angemessene Verzinsung seines eingesetzten Kapitals. Dieses muss auf jeden Fall über dem marktüblichen Bankzins liegen, denn seine Investition ist mit mehr Risiken behaftet als eine alltägliche Bankeinlage. Eine Zielerwartung von 25 Prozent gilt vielerorts als angemessen.

$$\text{Eigenkapitalrendite} = \frac{\text{Bilanzgewinn}}{\text{Eigenkapital}} \times 100$$

Gesamtkapitalrentabilität

Höhere Aussagekraft

Die sich aus dem Eigen- und Fremdkapital zusammensetzende Gesamtkapitalrentabilität ist aussagefähiger als die alleinige Betrachtung der Eigenkapitalrentabilität. In vielen Unternehmen wird eine Gesamtkapitalrentabilität von 10 bis 12 Prozent angestrebt.

$$\text{Gesamtkapitalrentabilität} = \frac{\text{Gewinn + Fremdkapitalzinsen}}{\text{Eigenkapital}} \times 100$$

Umsatzrentabilität

Erfolg mit Blick auf den Umsatz

An der Umsatzrentabilität wird die Verzinsung des Umsatzes ablesbar. Hier wird erkennbar, wie erfolgreich ein Unternehmen in Bezug auf den Umsatz gearbeitet hat und welche Preise es am Markt erzielen konnte. Kleine und mittlere Unternehmen erwirtschaften durchschnittlich 5 bis 6 Prozent Umsatzrendite. Bei größeren Unternehmen liegt sie eher noch darunter.

Die Umsatzrentabilität wird mit folgender Formel berechnet:

$$\text{Umsatzrentabilität} = \frac{\text{Bilanzgewinn} + \text{Fremdkapitalzinsen}}{\text{Umsatz}} \times 100$$

Return on Investment (ROI)

Rückschlüsse auf die Ertragskraft

Der ROI ist dank seiner hohen Aussagekraft eine der wichtigsten Kennzahlen der Bilanzanalyse. Aus dieser Kennzahl lassen sich Rückschlüsse auf die Ertragskraft eines Unternehmens ziehen.

$$\text{ROI} = \frac{\text{Jahresüberschuss (vor Steuern)}}{\text{Gesamtkapital}} \times 100$$

Weitere Einsichten

Die ROI-Analyse ermöglicht weitergehende Einsichten. Das wird erreicht, weil zwei Erfolgskennzahlen in die Berechnung einfließen, und zwar die Umsatzrentabilität und die Kapitalumschlaghäufigkeit. Die Formel wird ergänzt, indem zusätzlich im Zähler und Nenner der Umsatz berücksichtigt wird:

$$\text{ROI} = \frac{\text{Bilanzgewinn} + \text{Fremdkapitalzinsen}}{\text{Umsatz}} \times 100 \times \frac{\text{Umsatz}}{\text{Gesamtkapital}}$$

Werden die Umsatzrentabilität und/oder die Kapitalumschlaghäufigkeit angehoben, steigert dieses den ROI. Dieser sollte in kleinen und mittleren Unternehmen bei 10 bis 12 Prozent liegen.

Literatur

Nils Olaf Lewe und Klaus-Jörg Schneider: *Kennzahlen für die Unternehmenspraxis.* Würzburg: Lexika 2004.

Claudia Ossola-Haring (Hg.): *Das große Handbuch Kennzahlen zur Unternehmensführung. Kennzahlen richtig verstehen, verknüpfen und interpretieren.* Mit CD-ROM. 2., überarb. Aufl. Landsberg am Lech: Redline Wirtschaft bei Verlag Moderne Industrie 2003.

Hans-Jürgen Probst: *Kennzahlen leicht gemacht. Welche Zahlen zählen wirklich?* Frankfurt/M.: Redline Wirtschaft 2004.

Hans Siegwart: *Kennzahlen für die Unternehmensführung.* 6., aktual. und erw. Aufl. Bern: Haupt 2003.

Hilmar J. Vollmuth: *Kennzahlen.* 3. Aufl. Planegg: Haufe 2004.

4. Balanced Scorecard

Strategisches Gesamtkonzept

In Zeiten des globalen Turbokapitalismus wird der Ruf nach Strategierezepten lauter. Managementautoren und Berater unterbreiten je nach Mode ihre Offerten – zum Beispiel zu den Themen Qualitäts-, Prozess- und Wissensmanagement, Kunden- und Kernkompetenzorientierung oder Empowerment. Diese Konzepte sind zwar wirksam, aber sie könnten noch viel wirksamer sein, wenn man sie in ein strategisches Gesamtkonzept einbinden und sie mit finanzwirtschaftlichen Zielen koppeln würde.

Neues Kennzahlenverständnis

Hier setzt die Balanced Scorecard (dt. etwa: „ausgewogene Anzeigentafel") an. Dieses Instrument entstand aus dem Bedürfnis nach einem neuen Kennzahlenverständnis, bei dem neben monetären auch nicht-monetäre Aspekte berücksichtigt werden. Die Wirtschaft suchte nach einem Steuerungssystem, das schnelles und flexibles Handeln ermöglicht, indem strategische Ziele mit Kennzahlen und Maßnahmen verknüpft und kommuniziert werden.

4.1 Die Grundgedanken der Balanced Scorecard (BSC)

Die aktuelle Situation im Blick

Um ein Unternehmen in die Zukunft zu führen, reicht es nicht, finanzielle Größen und Kennzahlen zu nutzen, die sich auf vergangene Leistungen beziehen. Finanzielle Kennzahlen sagen nichts darüber aus, was *jetzt* getan werden muss. Darum interessiert sich die BSC für die treibenden Faktoren zukünftiger Leistungen.

Leistungstreiber

Diese Leistungstreiber sind Zahlen, die Bewegung auslösen. Sie sind Voraussetzung für die Ergebnis-Kennzahlen. Bei Ergebniszahlen ohne Nennung der Leistungstreiber bleibt unklar, wie man zu dem Ergebnis kommt. Andererseits geben Leistungstreiber für sich allein stehend keine Auskunft über die Wirkung der Maßnahmen auf das Unternehmensergebnis.

Gleichgewicht herstellen

Eine gute BSC besteht aus diagnostischen Ergebniszahlen und strategischen Zielzahlen. Aufgrund ihres Anspruches der Ausgewogenheit zwingt sie den Anwender, ein Gleichgewicht zwischen finanziellen und nichtfinanziellen Kennzahlen, kurzfristigen und langfristigen Zielen, Früh- und Spätindikatoren sowie interner und externer Sichtweise herzustellen.

Hilfe zur Umsetzung von Strategien

Die BSC bietet dem Management ein Handlungs- und Steuerungsinstrument, mit dem die Unternehmensvision in ein geschlossenes Strategie-, Ziele- und Maßnahmebündel gegossen wird. Damit füllt sie eine Lücke, die in den meisten Managementsystemen klafft. Diese besteht im Mangel an Systematik bei der Realisierung von Strategien. Die BSC ist dabei in erster Linie als Mechanismus zur Strategie*umsetzung* zu verstehen und weniger als Hilfe bei der Strategie*formulierung*.

Vier Stoßrichtungen

Die Balanced Scorecard hat vier strategische Stoßrichtungen:

1. Finanzen
2. Kunden
3. Prozesse
4. Innovationen

Von der Vision zu den Maßnahmen

Diese vier Richtungen können je nach Unternehmenssituation erweitert oder auch reduziert werden. Zu jeder Strategieperspektive werden maximal vier bis sieben Haupt- und Nebenziele mit Kennzahlen sowie die dazugehörigen konkreten Maßnahmen beschlossen. Vision, Strategie, Ziele und Maßnahmen sind hier fest miteinander verknüpft.

Kausalbeziehungen

In einer Ursache-Wirkungsbeziehung werden auch die vier Strategiefelder verbunden. Das Konzept der BSC geht von einem Kausalzusammenhang zwischen Mitarbeiterzufriedenheit, Kundenzufriedenheit, Kundentreue, Marktanteil und wirtschaftlichem Erfolg aus.

Beispiel: Mehr Kapitalrendite

Will ein Unternehmen beispielsweise seine Kapitalrendite steigern, dann setzt dieser Effekt eine Reihe von Maßnahmen mit Blick auf die Kunden voraus. Diese Maßnahmen sind aber an vorgelagerte Aktionen im Bereich der Prozesse gebunden, die sich ihrerseits aus Verbesserungen im Human-Resources-Bereich ergeben. So entsteht eine kettenähnliche Wenn-dann-Struktur, die in Ziele und Maßnahmen aufgegliedert ist. Maßnahmen und Zahlen, die nichts darüber aussagen, ob ein Ziel erreicht wird, sind aus dem Kennzahlenprofil zu streichen.

Die vier Perspektiven der Balanced Scorecard

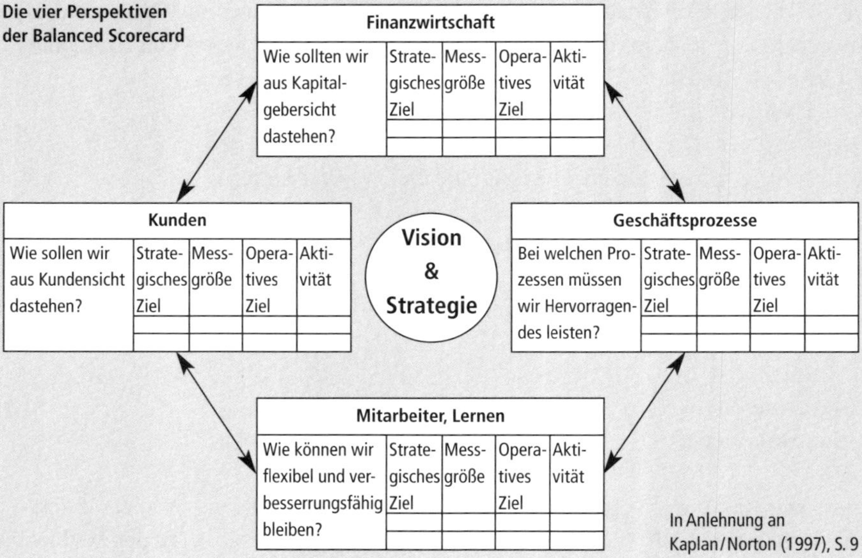

In Anlehnung an Kaplan/Norton (1997), S. 9

4.2 Die vier Handlungsfelder der Balanced Scorecard

Die oben bereits angesprochenen vier Hauptrichtungen bzw. Perspektiven sollen nun etwas genauer skiziert werden.

Finanzwirtschaftliche Perspektive

Bezugspunkt für die anderen Perspektiven

Im BSC-Konzept spielen die finanzwirtschaftlichen Ziele eine Doppelrolle. Sie definieren einerseits die finanzielle Leistung, die von der Unternehmensstrategie erwartet wird. Andererseits dienen sie als Fokus für die Ziele und Kennzahlen aller anderen Scorecard-Perspektiven.

Finanzziele

Die finanzwirtschaftlichen Ziele orientieren sich in der Regel an den Interessen der Kapitalgeber. Die wichtigsten Bezugsgrößen sind ROI, Kostensenkung, Unternehmenswert oder Cashflow, Aktienkurs, Deckungsbeitrag.

Mögliche *Leistungstreiber* wären: Zahlungsausfälle abbauen, Lagerdauer und Bezahlungslänge verkürzen.

Künftiges Wachstum im Blick behalten

Finanzielle *Kennzahlen* für sich allein sagen wenig darüber aus, was jetzt oder in Zukunft für die Wertschöpfung getan werden muss. Unter dem Druck, kurzfristige Finanzleistungen zu erbringen, vernachlässigen viele Unternehmen die Förderung der immateriellen bzw. intellektuellen Vermögenswerte, die zukünftiges Wachstum ermöglichen.

Kundenperspektive

Gute Produkte, rentable Beziehungen

In der Kundenperspektive geht es darum, jene Kunden- und Marktsegmente zu identifizieren, in denen das Unternehmen wettbewerbsfähig sein will. Die Kundenzufriedenheit gilt dabei als Voraussetzung rentabler Beziehungen zu den Geschäftspartnern. Das setzt gute Produkte und Dienstleistungen voraus.

→ Ergänzende und vertiefende Informationen zum Thema „Kundenmanagement“ finden Sie im Kapitel H 6 dieses Buches.

Kennzahlen und Leistungstreiber

Mögliche *Kennzahlen* sind Marktanteil, Kundentreue, Kundenakquisition, Kundenzufriedenheit und Kundenrentabilität. Diese entwickeln sich aber nur dann positiv, wenn u. a. diese *Leistungstreiber* genutzt werden: Qualität, Service, Image, Geschwindigkeit.

Lern- und Entwicklungsperspektive

Ideenproduktion an der Basis

Will ein Unternehmen sein heutiges Leistungsvermögen steigern, muss es sich entwickeln. Dabei orientiert sich das Konzept der BSC an der Idee der lernenden Organisation. Vor allem will die BSC die Ideenproduktion an der Basis ankurbeln, weil man dort viel direkter mit internen Prozessen und den Kunden zu tun hat. Die BSC-„Apostel“ sehen in diesen drei Bereichen die treibenden Faktoren: Weiterbildung, IT-Nutzung und Motivation / Empowerment / Zielausrichtung.

→ Ergänzende und vertiefende Informationen zum Thema „Lernende Organisation" finden Sie im Kapitel H 7 dieses Buches.

Kennzahlen und Leistungstreiber

Einige der möglichen *Kennzahlen* im Rahmen dieser Perspektive sind Mitarbeiterzufriedenheit, Mitarbeitertreue, Mitarbeiterproduktivität. Die *Leistungstreiber* hierzu sind u. a. Weiterbildung, IT-Nutzung, Verbesserungsvorschläge, Motivation.

Interne Prozessperspektive

Kritische Punkte fokussieren

Die Prozessperspektive soll kritische Punkte identifizieren, die verbessert werden müssen. Dabei sollten diejenigen Prozesse fokussiert werden, die den größten Einfluss auf die Kundenzufriedenheit und die Zielerreichung haben. Denkbar ist aber auch, dass völlig neue Prozesse identifiziert werden, die optimale Kundenzufriedenheit erzeugen.

→ Ergänzende und vertiefende Informationen zum Thema „Prozessmanagement" finden Sie im Kapitel H 8 dieses Buches.

Den Gesamtprozess optimieren

In diesem Handlungsfeld geht es also um die Verbesserung von Abläufen. Die BSC will in Anlehnung an das moderne Prozessmanagement den Gesamtprozess optimieren, nicht aber einzelne Abteilungen. Der Gesamtprozess wird unterschieden in Innovationsprozesse, Betriebsprozesse und Kundendienstprozesse.

Mögliche *Kennzahlenbereiche* sind Materialnutzung, Nacharbeit, Reklamationen, Erfindungen. Die relevanten *Leistungstreiber* sind u. a.: Abbau von Fehlern, Umsetzungsdauer von Innovationen.

4.3 Praxisempfehlungen

Akzeptanz herstellen

Die Erarbeitung und Einführung der BSC erfolgt so, wie dies bei Organisationsentwicklungs- bzw. Change-Management-Prozessen üblich ist, also diskussionsaktiv, kooperativ bzw. partizipial. Ziel ist es, den „Unternehmens-IQ" voll zu nutzen und Akzeptanz herzustellen.

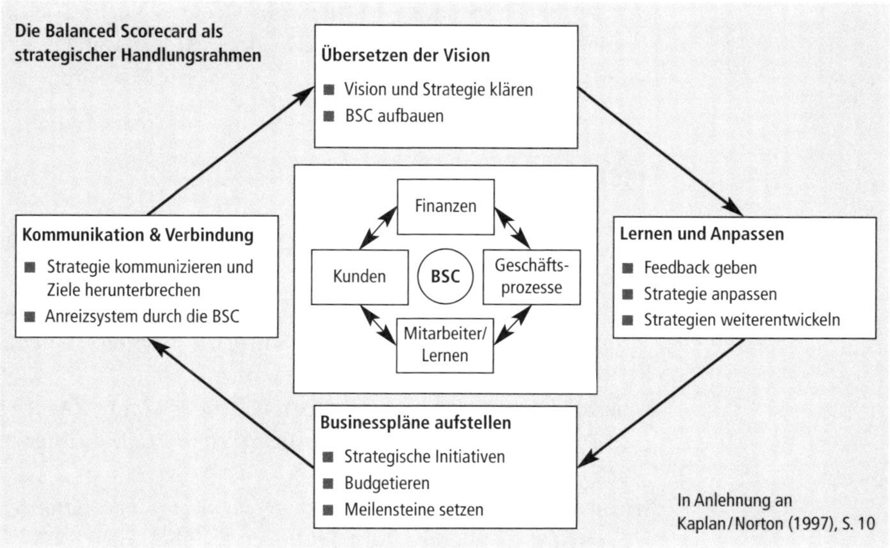

Langfristige Konzepte in kurzatmiger Zeit

Es stellt sich abschließend die Frage, ob Strategiemodelle der verschiedensten Provenienz heutzutage noch brauchbar sind. Schließlich leben wir in einer Zeit, in der die Produktentwicklung und die Produktlebenszyklen kürzer und kürzer werden, in der neue Technologien im Monats- und Wochentakt entstehen, in der Markt- und Ländergrenzen verschwimmen, in der Branchen verschmelzen (beispielsweise Supermarkt und Tankstelle) und in der sich Manager schon mit Samuraiprinzipien beschäftigen. In einer solchen Zeit können es sich Unternehmen immer weniger leisten, Fünf- bis Zehnjahrespläne mit akribisch beschriebenen Meilensteinen aufzustellen.

Das Handlungsrepertoire hinterfragen

Für die BSC folgt hieraus, sie im Sinne eines Double-Loop-Lernens flexibel anzuwenden. Double-Loop-Lernen bedeutet, dass man bei entsprechenden Anlässen das bisherige Selbstkonzept des Unternehmens, das das Handlungsrepertoire bestimmt, hinterfragt und nicht innerhalb des bisherigen Handlungsrepertoires agiert.

Unternehmen brauchen eine dynamische Strategie, bei der die Feinabstimmung der Reflexe sowie die Suche und der Aufbau temporärer Chancen im Mittelpunkt stehen. Die BSC kann hierbei helfen, aber nur dann, wenn sie nicht als strategisches Dogma, sondern als Navigationsinstrument genutzt wird.

Literatur

Herwig R. Friedag und Walter Schmidt: *Balanced Scorecard.* 2. Aufl. Planegg: Haufe 2004.

Robert S. Kaplan und David P. Norton: *Balanced Scorecard. Strategien erfolgreich umsetzen.* Stuttgart: Schäffer-Poeschel 1997.

Robert S. Kaplan und David P. Norton: *Strategy Maps. Der Weg von immateriellen Werten zum materiellen Erfolg.* Stuttgart: Schäffer-Poeschel 2004.

Armin Müller: *Strategisches Management mit der Balanced Scorecard.* 2., überarb. Aufl. Stuttgart: Kohlhammer 2005.

5. Benchmarking

Beispiele aus der Geschichte

Der Begriff „Benchmarking“ in Sinne von „Vergleich“ tauchte 1979 erstmals in den USA auf. Doch schon vorher gab es rudimentäre Benchmarkansätze. So revolutionierte Henry Ford 1912 die Fertigungstechnik des Automobilbaus, indem er das Fließband einführte. Dieses Verfahren hatte er bei Schlachthöfen abgeschaut. Auch die japanischen Wirtschaftserfolge der 1970er- und 1980er-Jahre beruhten auf einer Art Benchmarking. Das Vorgehen wurde allerdings oft als „billige Kopiererei“ belächelt.

Canon und Xerox

In diesem Zusammenhang ist der Canon-Konzern zu erwähnen. Dieser erkämpfte sich in weniger als einem Jahrzehnt im Bereich der Kopiertechnik bedeutende Marktanteile auf Kosten der bis in die 1970er-Jahre hinein dominierenden Rank Xerox Company. Deren Weltmarktanteil verringerte sich binnen fünf Jahren von 80 auf 10 Prozent. Ein Kennzahlenvergleich mit den Besten ergab, dass Xerox hoffnungslos im Rückstand lag, also nicht mehr wettbewerbsfähig war. Spätestens Ende der 1970er-Jahre hätte Xerox Konkurs anmelden müssen bzw. wäre für eine Übernahme reif gewesen.

Bessere Wettbewerbsfähigkeit

Darum beschloss das Unternehmen 1980, die Arbeitsabläufe seines japanischen Wettbewerbers Canon zu benchmarken. Das löste die Benchmarking-Welle in den USA aus. Xerox entwickelte Benchmarking zu einem ganzheitlichen Ansatz einschließlich aller Funktionen und Prozesse und praktiziert es als permanenten Prozess. Heute hat Xerox seine starke Wettbewerbsposition wiedererlangt und betreibt weiterhin Benchmarking, um seine Wettbewerbsfähigkeit zu steigern.

5.1 Begriffsklärung

Begriffliches Wirrwarr

In der Literatur herrscht Wirrwarr zum Begriff „Benchmarking“. Es mangelt auch an einem Konsens darüber, welches die Grundbestandteile dieser Methode sind. Infolgedessen waltet im

Zusammenhang mit diesem Thema in der einschlägigen Literatur eine begriffliche Vielfalt und Beliebigkeit.

Leistungen vergleichen

„Benchmarks" bezeichnen ursprünglich Bezugspunkte bei der Landvermessung. Heute bedeutet Benchmarking etwa so viel wie „Leistungen vergleichen". Durch das Setzen eines Benchmarks wird demnach ein externer Maßstab für die eigene Leistung definiert. Dabei kann die Leistung von Funktionen, Tätigkeiten und Geschäften im Vergleich zu anderen beurteilt werden. Das Ergebnis ist meist das Aufdecken einer Leistungslücke zwischen den eigenen Leistungen und den „best practices".

Fehler aufdecken und beseitigen

Man kann also das Benchmarking als eine Methode zur Aufdeckung eigener Schwächen durch den systematischen Vergleich mit Bestleistungen anderer Abteilungen oder Unternehmen definieren. Mittels der gewonnenen Erkenntnisse werden Fehlerquellen beseitigt und fortlaufende Verbesserungen ermöglicht. Hier liegt die Schnittstelle zur Idee der Lernenden Organisation.

Benchmarking sollte auch mit anderen Managementinstrumenten verknüpft werden, um optimal zu wirken. Zu diesen Instrumenten zählen zum Beispiel die Wettbewerbsanalyse, die Balanced Scorecard, das Prozessmanagement und das Total Quality Management.

Durch TQM ergänzen

Insbesondere das TQM, das alle Bereiche, Abteilungen, Mitarbeiter, Produkte und Dienstleistungen eines Unternehmens einbezieht, ergänzt das Benchmarking sinnvoll. Es stellt nicht nur die Philosophie dar, in der das Benchmarking eingebettet ist, sondern liefert auch konkrete Ansätze bezüglich der Prozessorientierung und der damit verbundenen umfassenden Kunden- bzw. Wettbewerbsorientierung.

5.2 Die Gegenstände und Ansätze des Benchmarkings

Was man benchmarken kann

Prinzipiell gesehen, kann man *alles* benchmarken, zum Beispiel Personalkosten, Forschungsaufwendungen, Durchlaufzeiten,

Logistikabläufe, Verwaltungstätigkeiten, Produktionsarbeiten, aber auch Mitarbeiter- und Führungsverhalten, Führungskräfteentwicklung, Vergütungs- bzw. Gehaltsabrechnungssysteme oder das Betriebsklima. Dies geschieht, in dem man sich mit Blick auf ein besseres Unternehmen eine Messlatte setzt. Die bessere Praxis wird dann als Auftrag und als Zielsetzung für das eigene Unternehmen definiert.

Benchmarking-ansätze

Die Objekte des Benchmarkings werden in synonymer Verwendung auch als Untersuchungsobjekte, Vergleichsobjekte, Betrachtungsobjekte oder Analyseobjekte bezeichnet. Außerdem findet man in der Literatur eine Menge begrifflicher Zuordnungen für mögliche Ansätze des Benchmarkings – je nachdem, wie man das System Unternehmen strukturiert. Hier einige Beispiele:

Gegenstandsorientierter Ansatz

Produkte, Prozesse und Strukturen

Dieser Ansatz geht von unterschiedlichen Objekten aus, die im Mittelpunkt des Benchmarkingprozesses stehen können, zum Beispiel Personalkosten, Durchlaufzeiten oder Forschungsaufwendungen. Die Objekte können die Produkte selbst sein (produktorientiertes Benchmarking), die Prozesse, mittels derer sie hergestellt werden (prozessorientiertes Benchmarking), oder aber die Aufbau- und Ablauforganisation des Unternehmens (strukturorientiertes Benchmarking).

Ebenenorientiertes Benchmarking

Strategisches und operationales Benchmarking

Hier wird unterschieden zwischen einem *strategischen* Benchmarking, womit die übergeordneten Führungs- und Steuerungsprozesse eines Unternehmens gemeint sind, und dem *operationalen* Benchmarking, bei dem man sich für jene Aktivitäten interessiert, die sich direkt auf die physische Entwicklung, Erstellung und marktorientierte Verwertung des Endproduktes richten.

Administratives Benchmarking

Auch das *administrative* Benchmarking gehört in diese Gruppe. Hier stehen Strukturen, Aufgaben und Funktionen von Stabsstellen oder anderen Stellen mit Führungs- oder Lenkungsfunktion im Mittelpunkt.

Beziehungsorientierte Ansätze

Zu dieser Gruppe gehören folgende Benchmarkingansätze:

- *Internes Benchmarking*

  In der Organisation

  Hier werden innerhalb der Organisation ähnliche Tätigkeiten oder Funktionen zwischen gleichartigen Suborganisationen verglichen, zum Beispiel die Leistungsfähigkeit von Geschäftsbereichen, Sparten oder Verkaufsgruppen innerhalb eines Unternehmens. Wesentlicher Vorteil des internen Benchmarkings gegenüber dem externen ist die einfache Datenbeschaffung und höhere Vertraulichkeit.
- *Wettbewerbsorientiertes Benchmarking*

  Innerhalb des direkten Wettbewerbs

  Das Interesse gilt den Mitteln und Methoden, mit denen Wettbewerbsvorteile gegenüber Mitbewerbern erreichbar sind. Im Idealfall sind die unmittelbaren Mitbewerber Benchmarkingpartner. Das ist wegen der fehlenden Kooperationsbereitschaft der möglichen Partner allerdings nur selten möglich.
- *Branchenbezogenes Benchmarking*

  Innerhalb der Branche

  Bei dieser Methode sucht man innerhalb der Branche nach neuen Leistungsmaßstäben, um zukunftsweisende Trends zu erkennen und zu nutzen.
- *Branchenübergreifendes bzw. funktionales Benchmarking*

  Außerhalb der Branche

  Wenn das Vergleichsobjekt betriebliche Funktionsbereiche sind, stehen potenzielle Vergleichspartner auch außerhalb der gleichen Branche zur Verfügung.

5.3 Durchführung des Benchmarking-Prozesses

Der Benchmarking-Prozessablauf könnte ähnlich wie bei Xerox gestaltet werden:

Schritt 1: Bestimmung des Benchmarking-Objekts

Objekt definieren

Der erste Schritt befasst sich mit der Bestimmung des Untersuchungsobjekts. Bei der Definition sollte ein Bezug zu den strategischen Zielen des Unternehmens hergestellt werden. Dadurch können Probleme identifiziert und ihre Bedeutung eingeschätzt werden.

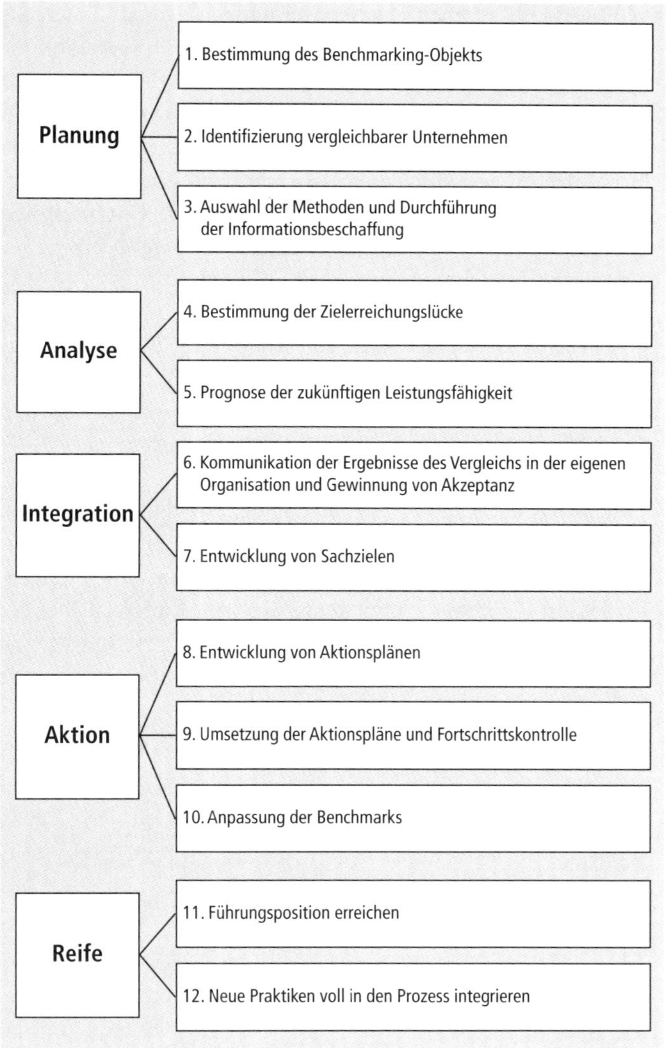

Der Benchmarking-Prozess bei Xerox (nach Camp 1989)

Schritt 2: Auffinden vergleichbarer Unternehmen

Vergleichspartner wählen

Im zweiten Schritt geht es um die Identifizierung des Vergleichspartners. Ausgangspunkt für die Wahl eines Vergleichspartners ist das Benchmarking-Objekt. Zumeist kann aus dem Benchmarking-Objekt gefolgert werden, welche Vergleichspartner infrage kommen.

Zwei Probleme

An dieser Stelle ergeben sich oft zwei Schwierigkeiten: Einerseits gibt es das Problem, dass sich der Betrachtungshorizont zumindest für einige Geschäftsprozesse auf die gleiche Branche beschränkt und sich die Konkurrenten meist nicht in die Karten schauen lassen. Andererseits besteht das Ziel, die jeweils besten Unternehmen bezüglich der Beherrschung eines Geschäftsprozesses ausfindig zu machen, gleich wo diese Unternehmen beheimatet sind und welcher Branche sie angehören. Unter Umständen entstehen dadurch hohe Kosten.

Benchmarking-Wettbewerbe

Diese Kosten lassen sich durch Teilnahme an Benchmarking-Wettbewerben vermeiden. Ein solcher Wettbewerb ist beispielsweise der Kampf um den „Best Factory Award" bzw. den „Best Service Award" (vgl. www.benchmarking.de).

Interner oder externer Vergleich

Beim Benchmarking wird unterschieden, ob es sich dabei um interne vergleichbare Funktionen innerhalb eines Konzerns bzw. Großunternehmens handelt, oder ob externe Vergleichspartner am Benchmarking beteiligt werden. Anders als bei der klassischen Konkurrenzanalyse endet Benchmarking nicht an Branchengrenzen. Benchmarking kann auch branchenfremde Unternehmen einbeziehen.

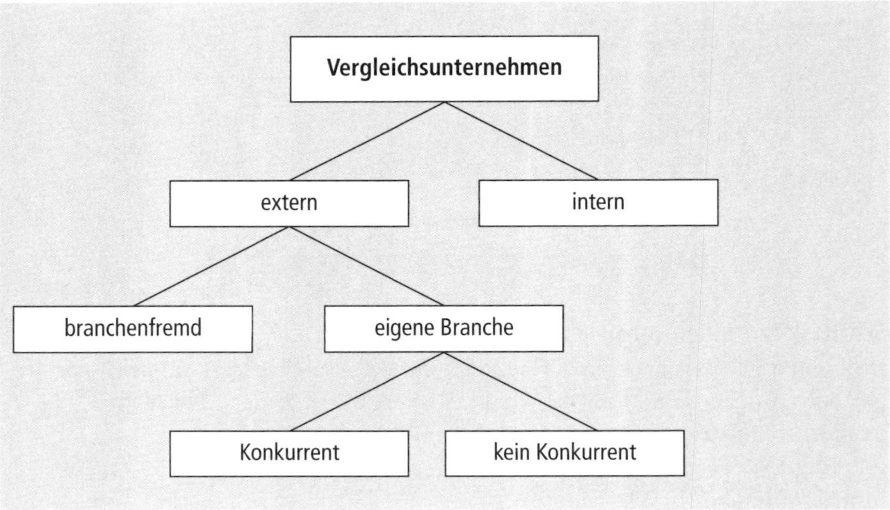

Schritt 3: Auswahl der Methoden und Durchführung der Informationsbeschaffung

Informationen beschaffen

Der dritte Schritt umfasst die Auswahl der Informationsquellen und die Festlegung der Methode der Informationsbeschaffung. Grundsätzlich ist bei der Erschließung von Informationsquellen die Kostenseite zu beachten. Demzufolge ergibt sich folgende Rangfolge:

- Intern verfügbare Informationen (Datenbanken, interne Studien und Veröffentlichungen)
- Öffentlich verfügbare Sekundärquellen (Berufsverbände, Fachmagazine, Branchenstatistiken, Zeitungen, Internet, Fragebögen etc.)
- Durchführung eigener Primärforschung (Kundenbefragung, Telefonumfrage, Unternehmensberater, Personalberater)

Schritt 4: Bestimmung der Zielerreichungslücke

Der eigentliche Vergleich

Im Anschluss erfolgt als vierter Schritt die Identifizierung, Beschreibung und Bewertung der Zielerreichungslücke. Hier findet der eigentliche Vergleich innerhalb des Benchmarking-Prozesses statt.

Schritt 5: Prognose der zukünftigen Leistungsfähigkeit

Künftige Entwicklung berücksichtigen

Die Prognose ist in Bezug auf die Entwicklung des Leistungsniveaus sowohl beim eigenen Unternehmen als auch beim Vergleichspartner zu treffen. Wichtig ist hier die Bestimmung der zukünftigen Leistungslücke, weil sich die Praktiken verändern und sich die Lücke in eine Richtung entwickeln wird.

Schritt 6: Gewinnung von Akzeptanz im Unternehmen

Mitarbeiter einbeziehen

Der Schritt Nr. 6 ist heikel. Viele Mitarbeiter stehen neuen Methoden tendenziell kritisch bis ablehnend gegenüber. Um die nötige Akzeptanz zu gewinnen und die Erkenntnisse im Unternehmen umzusetzen, müssen die Mitarbeiter mit einbezogen und die Ergebnisse innerhalb des Unternehmens kommuniziert werden.

Schritte 7 bis 10

Die Schritte 7 bis 10 des Benchmarking-Prozesses lehnen sich an den allgemein bekannten Planungsprozess an. Dabei geht es im

Kern um die Entwicklung von Sachzielen und Aktionsplänen sowie deren Umsetzung und Kontrolle. Wegen ihres allgemeinen Charakters sollen diese Schritte hier allerdings nicht beschrieben werden.

Literatur

Robert C. Camp: *Benchmarking. The search for industry best practices that lead to superior performance.* Milwaukee: Quality Press 1989.

Robert C. Camp: *Benchmarking.* München: Hanser 1994.

Peter Kairies: *So analysieren Sie Ihre Konkurrenz. Konkurrenzanalyse und Benchmarking in der Praxis.* 5., neu bearb. Aufl. Renningen: Expert 2004.

Kai Mertins (Hg.): *Benchmarking. Leitfaden für den Vergleich mit den Besten.* Mit CD-ROM. Düsseldorf: Symposion Publishing 2004.

Gunnar Siebert und Stefan Kempf: *Benchmarking. Leitfaden für die Praxis.* 2. Aufl. München: Hanser 2002.

Armin Töpfer (Hg.): *Benchmarking. Der Weg zu Best Practice.* Berlin: Springer 1997.

Norbert Zdrowomyslaw und Robert Kasch: *Betriebsvergleiche und Benchmarking für die Managementpraxis. Unternehmensanalyse, Unternehmenstransparenz und Motivation durch Kenn- und Vergleichsgrößen.* München: Oldenbourg 2002.

TEIL F

Funktionsintegrierende Managementtechniken

1. Die integrative Perspektive

Funktionsintegrierender Charakter

In den vorherigen Teilen wurden Techniken und Methoden behandelt, die den einzelnen Grundfunktionen des Managements zuzuordnen sind: Ziele setzen, Planen, Entscheiden, Realisieren und Kontrollieren. In diesem Teil geht es nun um solche Konzepte, die funktionsübergreifenden bzw. -integrierenden Charakter haben.

Ermöglichen systematisches Vorgehen

Es handelt sich also um jene Managementansätze, welche die einzelnen Funktionen gebündelt in sich aufnehmen, um Systematik in der Vorgehensweise zu ermöglichen. Dieses Vorgehen kann sich auf Projekte (Projektmanagement), auf die Fehlervermeidung (Six Sigma) oder auf das Managementhandeln ganz allgemein beziehen.

Die Bandbreite möglicher Themen, die hier behandelt werden könnten, ist fast unendlich groß. Denkbar wäre es, die Themen des Bereichsmanagements – zum Beispiel das Finanzmanagement, das Personalmanagement oder das Produktionsmanagement – an dieser Stelle vorzustellen.

Allgemein und unabhängig

Das würde aber den Rahmen dieses Buches sprengen, das als Kompendium zwischen Lexikon und Fachbuch angesiedelt ist. Die hier vorgenommene Auswahl beschränkt sich daher auf jene Themen, die einen hohen Allgemeinheitsgrad haben und unabhängig von einzelnen Unternehmensbereichen wie Fertigung oder Vertrieb sind.

Auch das im Teil G „Qualitätsoptimierende Managementtechniken“ behandelte Qualitätsmanagement gehört natürlich zur Gruppe der funktionsintegrierenden Konzepte. Es wurde aber aus Gründen der thematischen Geschlossenheit im Abschnitt über Qualitätskonzepte belassen.

2. Projektmanagement

Komplexe Aufgabenstellungen im Wirtschaftsleben erfordern ein systematisches, fach- und bereichsübergreifendes Vorgehen mit Zukunftsorientierung. Um das zu leisten, wird Projektmanagement betrieben. Typische Anwendungsgebiete für das Projektmanagement sind beispielsweise die Entwicklung neuer Produkte, die Erschließung neuer Absatzmärkte oder die Installation eines neuen DV-Netzwerkes.

Neue Methode für neue Vorhaben

Die Ursprünge des Projektmanagements liegen in den USA der 1950er-Jahre. Ausgangspunkt war die Erkenntnis, dass die Durchführung komplexer Vorhaben wie zum Beispiel die Entwicklung von Waffensystemen und die Realisierung von Raumfahrtprogrammen mit einer größeren Zahl spezialisierter Fachleute aus unterschiedlichen Bereichen neue Organisationsstrukturen und Managementmethoden erfordert.

2.1 Begriffsklärung

Merkmale eines Projekts

Man kann von einem Projekt sprechen, wenn die folgenden Merkmale gemäß der DIN 69901 vorliegen:

- *Bedeutung*
  Ein Projekt muss eine gewisse Gewichtigkeit haben.
- *Komplexität*
  Es sollte ein hoher Schwierigkeitsgrad gegeben sein.
- *Umfang*
  Das Projekt sollte durch einen erheblichen Umfang gekennzeichnet sein.
- *Interdisziplinarität*
  Verschiedene Fachgebiete sind an der Durchführung beteiligt.
- *Einmaligkeit*
  Eine Projektaufgabe kehrt in der anstehenden Festlegung nicht wieder. Routineaufgaben sind daher keine Projekte.
- *Endlichkeit*
  In zeitlicher Hinsicht ist ein Projekt immer begrenzt.

- *Risiko*
  Die Erreichung des angestrebten Projektergebnisses ist unsicher.

Zielorientierter Prozess

Der zweite Wortteil „-management“ bezeichnet einen eindeutig identifizierbaren Prozess, der aus den Phasen Planung, Organisation, Durchführung und Kontrolle besteht und auf ein Projektziel hinführt.

2.2 Projektvorbereitung

Vier Schritte

Die Vorbereitung eines Projekts besteht aus folgenden Schritten:
- Projektorganisation
- Projektziele
- Projektdokumentation
- Projekt-Kick-off

Projektorganisation

Bestandteile der Projektorganisation

Projekte erfordern wegen ihrer Komplexität meist das Zusammenwirken verschiedener Abteilungen eines Unternehmens. Daher wird zuerst für jedes Projekt eine eigene Projektorganisation aufgebaut, die für die Dauer eines Projekts existiert. Sie besteht aus:
- *Auftraggeber bzw. Objektträger*
  Der Auftraggeber gibt den Projektanstoß. Er definiert die Zielsetzung und ist die höchste Instanz innerhalb des Projekts.
- *Projektleiter*
  Der Projektleiter ist hauptverantwortlich für die Umsetzung und fungiert als Ansprechpartner für den Auftraggeber. Er koordiniert die Arbeit im Team.
- *Projektteam*
  Das Projektteam setzt sich aus Spezialisten zusammen, die aus allen relevanten Unternehmensbereichen kommen. Zusammen mit dem Projektleiter sind sie für die Projektdurchführung verantwortlich.

Projektziele

Ziele und Teilziele

Sind die Aspekte der Projektorganisation geklärt, erfolgt die Festlegung von Projektzielen sowie die entsprechende Differenzierung bzw. Ableitung von Teilzielen. Die Projektziele geben die Richtung vor, in die geplant werden muss, und dienen gleichzeitig als Kriterien für die Erfolgskontrolle.

Das „magische Dreieck"

Ohne Projektziele ist eine Beurteilung der Ergebnisse nicht möglich. Daher müssen die Ziele erreichbar, vollständig, widerspruchsfrei, terminiert und überprüfbar formuliert sein. Die drei Zielbereiche, die in jedem Projekt formuliert werden müssen und in direktem Zusammenhang zueinander stehen, werden gern im „magischen Dreieck der Projektziele" dargestellt.

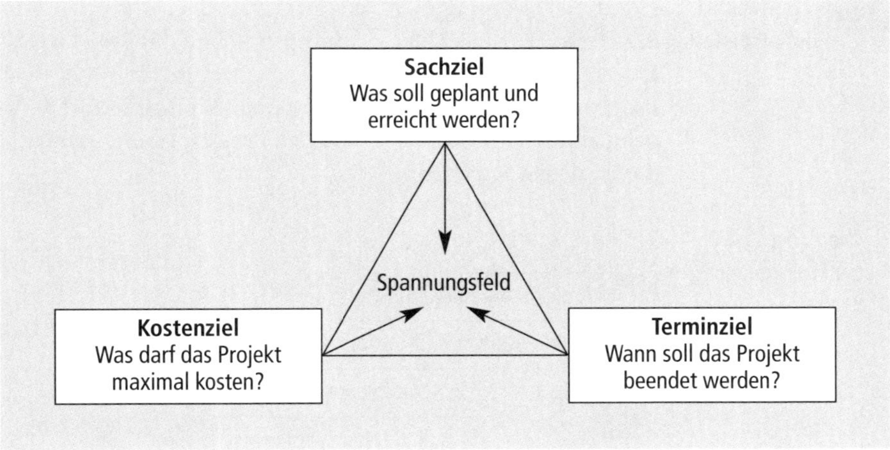

Projektdokumentation

Aktuell und nachvollziehbar

Die Projektdokumentation besteht aus Texten, Dateien, Zeichnungen und sonstigen Dokumenten, mit denen der Projektverlauf nachvollziehbar gemacht wird. Die Projektakte, in der sich alle relevanten Dokumente befinden, stellt sicher, dass immer ein aktueller Stand der Projektplanung existiert. Sie dokumentiert den Prozess, der zum Erreichen des Projektziels führt, und dient bei der Erstellung des Abschlussberichtes als wichtiges Hilfsmittel.

Projekt-Kick-off

Die erste Sitzung

Der Projekt-Kick-off ist die erste offizielle Sitzung des Projektteams. Hier geht es noch nicht um die inhaltliche Arbeit am

Projekt, sondern um das gegenseitige Kennenlernen der Teammitglieder und um den Informationsaustausch bezüglich des Projektziels. Die einzelnen Personen werden vorgestellt und deren Rollen im Team (fachlich und organisatorisch) geklärt. Es werden die Regeln zur Zusammenarbeit festgelegt (Organisation, Kommunikation, Verhaltenskodex) und ein gemeinsamer Informationsstand hergestellt.

2.3 Projektplanung

Projekt gedanklich durchspielen

Die Projektplanung dient der systematischen Informationsgewinnung bezüglich des zukünftigen Ablauf des Projekts. Das Projekt wird gedanklich durchgespielt. Dies ist nötig, weil Projekte immer komplexer und deren Einflussfaktoren zunehmend dynamischer werden. Die Projektplanung erfolgt in diesen sieben Schritten:

Die sieben Schritte der Projektplanung

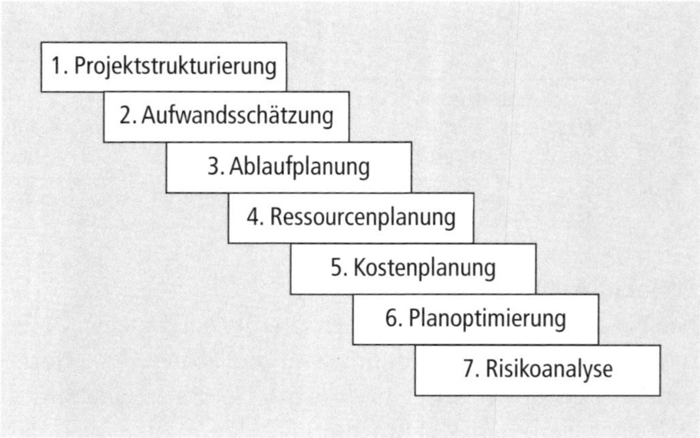

Projektstrukturierung

Teilaufgaben und Arbeitspakete definieren

Aufgrund seiner Komplexität und Unübersichtlichkeit wird das Projekt in überschaubare, klar abgegrenzte Teilziele aufgespalten und in Gestalt eines Projektstrukturplans dargestellt. Es wird geklärt, welche Tätigkeiten notwendig sind, um das Ziel zu erreichen. Diese Teilaufgaben bzw. -ziele bestehen wiederum aus Arbeitspaketen. Diese bilden eine in sich geschlossene Einheit und werden einem Verantwortlichen zugeordnet, der dann für die Einhaltung der zugesagten Termine und Kosten und die Erbringung der vereinbarten Ergebnisse sorgt.

Darstellung ist ein Arbeitsfundament

Eine grafische Darstellung ist hierfür hilfreich. Sie erlaubt die schnelle Prüfung hinsichtlich der Vollständigkeit der Teilaufgaben und ist ein erstes Arbeitsfundament.

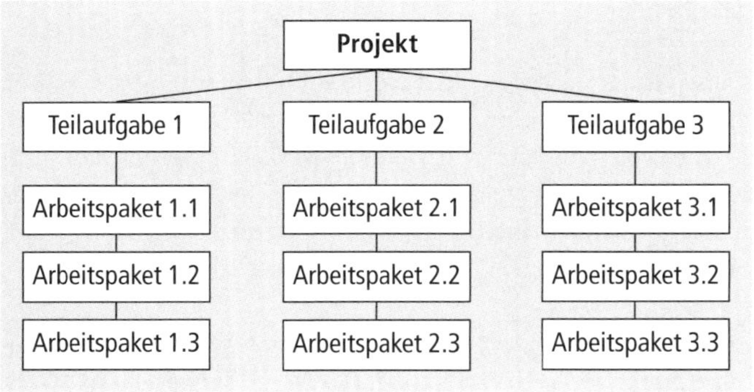

Grafische Darstellung der Aufgaben eines Projekts

Meilensteine festlegen

Nach der Aufspaltung des Projekts in kleine Einheiten erfolgt nun die Festlegung so genannter Meilensteine. Hierbei handelt es sich um wesentliche Projektetappen, die genau beschrieben und definiert sind. Diese Meilensteine sind Zwischenergebnisse, die ein Projekt kontrollierbar machen. Teilaufgaben eines Projekts oder Projektphasen werden durch Meilensteine abgeschlossen. Pro Projekt sollten etwa fünf bis sieben Meilensteine festgelegt werden.

Aufwandsschätzung

Zeitbedarf ermitteln

Jedes Arbeitspaket wird hinsichtlich seines Arbeitsaufwands einzeln in Stunden oder Tagen eingeschätzt. Anschließend wird die Intensität abgeschätzt, mit der die Arbeit erledigt werden kann (beispielsweise zwei Personenstunden pro Tag). Aus diesen beiden Größen kann nun der Zeitbedarf ermittelt werden, der für die Durchführung des Arbeitspaketes notwendig ist.

Die Rechnung könnte dann so ausehen: Zeitbedarf = Aufwand (10 Stunden) : Intensität (2 Stunden pro Tag) = 5 Tage

Ablaufplanung

Zusammenhänge ermitteln und darstellen

In der Phase der Ablaufplanung werden die logischen Zusammenhänge der zuvor definierten Arbeitspakete ermittelt und in einem Schaubild dargestellt. Arbeitspakete können nicht immer parallel und völlig unabhängig voneinander bearbeitet werden. Oft bestehen Abhängigkeiten technischer, terminlicher oder kapazitätsmäßiger Art. Beispielsweise muss, bevor das Fundament eines Hauses gegossen werden kann, die Baugrube ausgehoben sein.

Abhängigkeiten analysieren

Diese Abhängigkeiten im Projektablauf werden systematisch analysiert und dokumentiert. Ein geeignetes Instrument dafür ist die Netzplantechnik. In einem Netzplan werden alle notwendigen Teilschritte eines Projekts mit den benötigten Zeiten in der logischen Reihenfolge und mit den Abhängigkeiten untereinander dargestellt.

→ Ergänzende und vertiefende Informationen zur Netzplantechnik finden Sie im Kapitel B 3 dieses Buches.

Ressourcenplanung

Personal und Sachmittel planen

Auf Basis der Arbeitspakete werden die für das gesamte Projekt benötigten Ressourcen ermittelt. Dabei werden sowohl das Personal als auch die Sachmittel berücksichtigt.

Zuerst wird das benötigte Personal eruiert. Die Fragen lauten:

- Wie viele Arbeitskräfte werden in welchem Zeitraum für welche Tätigkeiten benötigt?
- Welchen Anforderungen müssen diese Arbeitskräfte gerecht werden?

Qualität und Quantität

Bei der Planung des für das Projekt verfügbaren Personals sind qualitative und quantitative Aspekte zu beachten. Nun wird ein Personaleinsatzplan erstellt, auf dem erkennbar ist, welche der verfügbaren Mitarbeiter welche der anstehenden Aufgaben bearbeiten sollen. Eine mögliche Art der Darstellung ist das Balkendiagramm, das auch als Gantt-Diagramm bezeichnet wird.

Bei der Sachmittelplanung kann ähnlich verfahren werden.

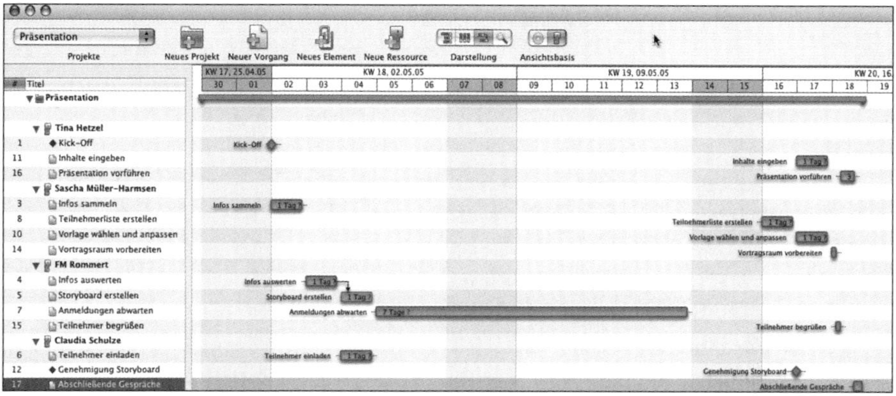

Kostenplanung

Reicht das Budget?

Normalerweise wird zu Beginn eines Projekts vom Auftraggeber ein Projektbudget festgelegt, in dessen Rahmen das vereinbarte Projektziel erreicht werden soll. Ob dieses Budget ausreicht oder nicht, ist in der Kostenplanung zu klären. Daher werden die Kosten der einzelnen Arbeitspakete ermittelt und addiert. Die Summe ergibt die voraussichtlichen Projektkosten. Übersteigen die errechneten Kosten das Projektbudget, so sind die zusätzlichen Aufwendungen durch den Auftraggeber zu bewilligen.

Planoptimierung

Passen Verfügbarkeit und Bedarf zusammen?

Während der Phase der Planoptimierung wird systematisch das Umfeld eines Projekts ausgeleuchtet. Insbesondere wird hier nach Ressourcen und Terminen gefragt. Das Hauptaugenmerk wird auf der Ressourcenauslastung liegen. Dabei wird die Verfügbarkeit dem Bedarf an Ressourcen gegenübergestellt. Aus dieser Gegenüberstellung kann man schließen, ob die geplanten Aufwände (siehe „Aufwandsschätzung“) in der vorgesehenen Zeit erbracht werden können. Wenn beispielsweise der Bedarf die Verfügbarkeit übersteigt, muss eine Anpassung der Planung erfolgen.

Risikoanalyse

Praktisch jedes Projekt beinhaltet Gefahren und Risiken, die den Projektablauf behindern, die Kosten in die Höhe treiben oder das Projekt gänzlich zum Scheitern bringen können. Mit der Risikoanalyse sind diese Gefahren und Risiken zu identifizieren, zu bewerten und Gegenmaßnahmen vorzubereiten bzw. einzuleiten.

Gefahren identifizieren

In einem ersten Schritt werden die Gefahren identifiziert. Dazu bieten sich die Methoden an, die in diesem Buch beschrieben werden – zum Beispiel die Fehlermöglichkeiten- und Einflussanalyse (siehe Kapitel G 3).

Präventive und korrektive Maßnahmen

Als Basis zur Risikofindung kann der Projektstrukturplan dienen, der Ebene für Ebene durchgearbeitet wird. Anschließend bewerten Sie die Risiken anhand ihrer Auftrittswahrscheinlichkeit und ihrer Auswirkungen. Maßnahmen zur Risikoverminderung können *präventiven* (im Vorfeld) als auch *korrektiven* (Notfallplanung) Charakter haben.

Es ist sehr wichtig, dass Sie sich mit möglichen Risiken befassen, denn jedes Projekt ist risikobehaftet. Allein die gedankliche Beschäftigung verkürzt die Reaktionszeit beim tatsächlichen Eintreten eines Problems erheblich.

2.4 Projektsteuerung

Eine kontinuierliche Aufgabe

Die Aufgabe der Projektsteuerung wird auch als Projektcontrolling bezeichnet und besteht darin, den tatsächlichen Projektverlauf mit der Planung in Einklang zu bringen. Es handelt sich dabei um eine kontinuierliche Aufgabe, bei der es darum geht, die vorgegebenen Ergebnisse zu erreichen, die kalkulierten Kosten einzuhalten und die geforderten Termine nicht zu überschreiten.

Drei Schritte

Die Projektsteuerung läuft in drei sich immer wiederholenden Schritten ab:

1. *Erfassung der Ist-Daten*
   Die Basis jedes Projektcontrollings sind Informationen darüber, wie die Abarbeitung der einzelnen Arbeitspakete läuft.

2. *Analyse der Ist-Daten*
   Mithilfe eines Soll-Ist-Vergleichs, das heißt einer Gegenüberstellung von ursprünglicher und aktueller Planung, werden Abweichungen transparent gemacht und ihre Auswirkung auf den weiteren Projektverlauf untersucht.
3. *Definition von Gegenmaßnahmen*
   Wenn Sie bei der Analyse der Ist-Daten Abweichungen erkennen, müssen Sie Gegenmaßnahmen ergreifen. Bei Terminproblemen beispielsweise müssen Sie Kapazitäten erhöhen, Termine verschieben die Reihenfolge von Arbeitspaketen ändern.

2.5 Projektabschluss

Systematik selbst bei Abbruch

Ist das Projektziel erreicht, kann das Projekt abgeschlossen werden. Muss das Projekt abgebrochen werden, ist ebenfalls ein systematischer Abschluss wichtig.

Erfahrungen dokumentieren

In einer Projektabschlusssitzung mit allen Beteiligten wird das Projekt und die Zusammenarbeit nochmals kritisch diskutiert und durchleuchtet. Die so genannten „lessons learned"– also die individuellen Erkenntnisse und Erfahrungen der am Projekt Beteiligten – werden zusammengetragen und dokumentiert.

Abschlussbericht verfassen

Abschließend erfolgt eine Zusammenfassung der während des Projektablaufs gesammelten Informationen zu einem Abschlussbericht. Dieser dient dazu, Außenstehenden einen schnellen Überblick über das Projekt zu geben. Zu guter Letzt kann das Projekt durch eine Abschlussfeier „gekrönt" werden.

Literatur

Franz Xaver Bea und Steffen Scheurer: *Projektmanagement.* Stuttgart: Lucius und Lucius (Uni-Tasschenbücher) 2005.

Jacques Boy, Christian Dudek und Sabine Kuschel: *Projektmanagement. Grundlagen, Methoden und Techniken, Zusammenhänge.* Mit CD-ROM. 11. Aufl. Offenbach: GABAL 2004.

Uwe Braehmer: *Projektmanagement für kleine und mittlere Unternehmen. Schnelle Resultate mit knappen Ressourcen.* München: Hanser 2005.

Bruno Jenny: *Projektmanagement.* Zürich: VDF Hochschulverlag 2003.

Rolf Meier: *Projektmanagement.* Mit Internetworkshop. Offenbach: GABAL 2004.

3. Effizienzmoderation nach dem 6-M-System

Unternehmensberatung in der Kritik

Die konventionelle Form der Unternehmensberatung sieht sich einer immer stärker werdenden Kritik ausgesetzt. Managementzeitschriften berichten ausführlich über Beratungsfehler. Führungskräfte beklagen die Praxisferne von Juniorberatern, die frisch aus dem Hörsaal kommen. Mitarbeiter beschweren sich über das fehlende Einfühlungsvermögen der Consultants in ihre Probleme und Ängste.

Häufig fehlen Umsetzungshilfen

Andere bemängeln die oft nutzlose Produktion langer Berichte („Schrankware"), bei denen die notwendigen Umsetzungshilfen fehlen. Aufwand und Ertrag stehen selten in einem angemessenen Verhältnis.

3.1 Ziele der Effizienzmoderation

Know-how der eigenen Mitarbeiter

In dieser Situation besinnen sich Unternehmen auf die eigene Problemlösungskompetenz. Sie gelangen zu der Erkenntnis, dass man die billigsten und besten Unternehmensberater in der eigenen Organisation hat, vorausgesetzt, es gelingt, den Know-how-Schatz in den Köpfen engagierter Mitarbeiter zu heben.

Induktiver Ansatz

Das wurde in der Vergangenheit wiederholt versucht, beispielsweise im Rahmen von Wissensmanagement, Qualitätszirkel-Projekten oder des betrieblichen Vorschlagswesens. Der Arbeitsansatz war und ist hier zumeist induktiv, das heißt, man arbeitet an einzelnen Themen, die in der Summe einen positiven Gesamteffekt haben, zum Beispiel Innovationszuwachs, Prozessoptimierung, Qualitätssteigerung oder Ertragswachstum. Erst im Nachhinein wird deutlich, worin der Nutzen besteht und wie groß er ist.

Deduktives Vorgehen

Bei der Effizienzmoderation wird der umgekehrte Weg beschritten. Der Ansatz ist deduktiv. Man definiert oder quantifiziert das gewünschte Ergebnis im Voraus, zum Beispiel „Kostenreduzierung um zehn Prozent innerhalb eines Jahres".

Nur was messbar ist, kann Gegenstand der Effizienzsteigerung sein. Dieses präzise formulierte Ziel wird dann systematisch, situationsangepasst und strukturiert in vielen Teilprojekten bearbeitet.

Lösung gemeinsam erarbeiten

Hierbei hilft ein professioneller Effizienzmoderator. Er liefert im Gegensatz zum Unternehmensberater keine Lösungen, sondern erarbeitet diese mit ausgesuchten Mitarbeitern des Unternehmens, indem er sie veranlasst, das Richtige zu sagen und es anschließend zu tun. Damit füllt er die Transferlücke, die der Unternehmensberater nach Abgabe seines Schlussberichtes hinterlässt, denn die Aufgabe des Effizienzmoderators ist erst beendet, wenn das Arbeitsziel erreicht ist.

Ziel: Ergebnis am Ende des Projekts

Mit dieser Arbeitsweise unterscheidet er sich auch vom Moderator üblicher Provenienz, der vor einer Gruppe stehend eine Konferenz oder einen Workshop mit Hilfe von Pinnwänden und Flipcharts moderiert. Die Gruppenmoderation zielt auf Ergebnisse am Ende der Sitzung. Im Gegensatz dazu zielt die Effizienzmoderation auf das quantifizierte Ergebnis am Ende des Projekts.

Der Effizienzmoderator agiert „moderat" (bescheiden) im Hintergrund. Er steuert das Gesamtprojekt der Effizienzsteigerung, indem er coachend auf die Mitarbeiter bzw. Teilprojektleiter einwirkt.

Moderator und Coach

Als Optimierungsspezialist vereinigt er in sich die Rollen des Moderators und des Coaches. Das aber setzt eine hohe Professionalität voraus. Darum sollte ein Effizienzmoderator über langjährige Berufserfahrung verfügen und eine große Palette von Techniken und Methoden beherrschen, so beispielsweise Kreativitätstechniken, das Projektmanagement und Methoden des Qualitäts- und Innovationsmanagements.

Konventionelle Unternehmensberatung	Effizienzmoderation
Ergebnis in Form eines Berichtes	Reale Veränderung
Umsetzung nach Lektüre des Berichtes	Sofortige Umsetzung
Hohe Kosten	Geringe Kosten
Lange Analysephase, um Unternehmen kennen zu lernen und Probleme zu erkennen	Kurze Analysephase, da Unternehmen und Probleme den Mitarbeitern bekannt sind
Eventueller Personalabbau	Kein Personalabbau
Know-how gelangt in andere Unternehmen	Know-how bleibt im eigenen Unternehmen
Große Akzeptanzprobleme bei Mitarbeitern; Vorbehalte gegenüber Unternehmensberatern	Geringe Akzeptanzprobleme bei Mitarbeitern, da Vorschläge von Kollegen kommen
Breite Erfahrungsbasis aus vielen Projekten	Gegebenenfalls Betriebsblindheit
Nutzung externer Ressourcen; Vorschläge von externen Spezialisten	Nutzung interner Ressourcen; Vorschläge von internen Spezialisten

3.2 Der duale Wirkungsmechanismus: Effizienzmoderation + 6-M-System

Elemente des 6-M-Systems

Das vom Autor dieses Buches entwickelte 6-M-System steigert auf der Basis von systematischen Lösungsschritten die Effizienz der wichtigsten Systemelemente eines Unternehmens. Diese wurden der besseren Übersichtlichkeit und Verständlichkeit halber in ein auf dem Buchstaben M basierendes Gerippe eingefügt, das mit vielen Checklisten unterlegt ist:

- M 1: Markt
- M 2: Maschinen
- M 3: Materialien
- M 4: Mittel
- M 5: Menschen
- M 6: Methoden

Schritt für Schritt Effekte erzielen

Dieses System hat sich als logisches Instrumentarium mit normierten Lösungsschritten von der Problemanalyse, den Lösungsvorschlägen, der Zeit- und Umsetzungsplanung, den Wirtschaftlichkeitsberechnungen etc. bewährt. Durch die nachvollziehbar definierte und funktionsorientierte Vorgehensweise werden Effekte wie Kostensenkung, Umsatz- und Wertsteigerung erzielt.

Lösungen ausarbeiten und umsetzen

Die Umsetzung der Effizienzmoderation mithilfe des 6-M-Systems besteht in pragmatischer Durchforstung der operativen Einheiten, Geschäftsbereiche, Problemkreise, Aktivitäten und Funktionen. Ergiebige Effizienzsteigerungspotenziale werden gemeinsam aufgedeckt, gemessen und Lösungsvorschläge erarbeitet. Diese werden von den Mitarbeitern des Unternehmens unter Anleitung des Effizienzmoderators umgesetzt.

3.3 Durchführung der Effizienzmoderation

Nur Sachkosten

Zunächst verpflichtet das interessierte Unternehmen einen professionellen Effizienzmoderator. Mit diesem wird das Effizienzziel in Form einer prozentualen Kostenkürzung besprochen. Diese darf sich aus Gründen der Projektakzeptanz und wegen des Mitwirkens des Betriebsrates nur auf Sachkosten, nicht aber auf Personalkosten beziehen.

Projektleiter aus dem Unternehmen

Um zu betonen, dass es sich bei dem Effizienzprojekt um ein originäres Vorhaben des Unternehmens handelt, stellt dieses einen Projektleiter, dem je nach Projektumfang bis zu 100 Teilprojektleiter zugeordnet werden.

In einem Zeitraum von 10 bis 20 Tagen führt der Effizienzmoderator mit einem ausgesuchten Personenkreis Effizienzoptimierungsgespräche. Die Ergebnisse sind zu analysieren und die Verbesserungsvorschläge hinsichtlich ihrer Wirtschaftlichkeit zu berechnen. Fällt diese Berechnung positiv aus, werden daraus Teilprojekte gebildet.

Einführendes und begleitendes Training

Bei diesen Effizienzoptimierungsgesprächen sind auch Sofortmaßnahmen zu besprechen. Außerdem dienen die Gespräche der Sichtung und Auswahl geeigneter Teilprojektleiter. Diese werden auf die Projektaufgabe hin *einführend* und gegebenenfalls *begleitend* trainiert.

Die angedachten Effizienzprojekte werden dann einem Lenkungsausschuss vorgetragen. Ihm gehören die Geschäftsführung bzw. der Vorstand an sowie der Betriebsrat und die Hauptabteilungsleiter. Gelingt es engagierten Mitarbeitern, den Lenkungsausschuss von den Vorschlägen zu überzeugen, dann sind sie zu beschließen und anschließend umzusetzen. Von diesem Moment an muss sich der Effizienzmoderator als Transfercoach bewähren. Ergebnisse werden monatlich dem Lenkungsausschuss vorgetragen.

3.4 Nutzen der Effizienzmoderation

Gutes Verhältnis von Aufwand und Nutzen

In zahlreichen europäischen Großunternehmen oder staatlichen Großorganisationen wurden Effizienzmoderationen durchgeführt. Die Praxis der Effizienzmoderation zeigt, dass es leichter fällt, Sachkosten um zehn Prozent zu senken, als den Absatz um fünf Prozent zu steigern. In der einschlägigen Fachliteratur wird das Verhältnis von Nutzen zu Aufwand mit mindestens 10 zu 1 angegeben (Michel/Reschke 2000). Der bewertete Nutzen wird mit den notwendigen Vorauskosten – zum Beispiel Investitionen, Personalaufwendungen oder Abschreibungen – ins Verhältnis gesetzt, so dass sich eine entsprechende Rentabilität ergibt.

Das Nutzen-Aufwand-Verhältnis deckt sich mit den Daten aus ähnlichen Projektansätzen, zum Beispiel der Qualitätszirkelarbeit. Hier spricht die Literatur von einem durchschnittlichen Nutzen-Aufwand-Verhältnis von 8 zu 1. In einigen Projekten wurden sogar weit darüber liegende Rückflüsse erwirtschaftet.

„Weiche" Resultate

Beim Versuch, den Erfolg zu beurteilen, müssen auch die „weichen" Resultate berücksichtigt werden, zum Beispiel in Form verbesserter Kooperation und Motivation. Diese Aspekte gehen aber nicht in die Bewertung im engeren Sinne ein. Nur das, was gemessen werden kann, wird bewertet.

Literatur

Reiner M. Michel und Diethelm Frederic Reschke: *Effizienz-Steigerung durch Moderation. Projektmanagement und Sanierungsprojekte professionell durchführen.* 2., durchges. Aufl. Heidelberg: Sauer 2000.

4. Das Plan-Do-Check-Act-Rad

Ursprung in Japan

Das PDCA-Rad ist ein sehr einfacher Management-Regelkreis, der ohne seine Einbettung in das Qualitätsmanagement wohl kaum zur Kenntnis genommen würde. Es stammt von dem US-amerikanischen Statistiker William Edwards Deming, der in den 1950er-Jahren in Japan Qualitätskontrolle lehrte und dort die Qualitätsdiskussion unter Topmanagern mit nachhaltigem Erfolg befruchtete.

Verschiedene Abteilungen sind zu beteiligen

Als absolut notwendig für unternehmerischen Erfolg sah Deming die Zusammenarbeit der Abteilungen Forschung, Design, Produktion und Verkauf an. Diese Abteilungen sind zu unterschiedlichen Zeitpunkten am Management-Regelkreis zu beteiligen. In Übereinstimmung mit der Kaizen-Strategie entwickelte sich hieraus der PDCA-Zyklus.

→ Ergänzende und vertiefende Informationen zum Thema „Kaizen“ finden Sie im Kapitel G 1.2 dieses Buches.

Die vier Bestandteile des Deming-Rads

Vier Komponenten

Bei Deming besteht die Managementsystematik aus diesen vier Komponenten:

1. Design
2. Produktion
3. Verkauf
4. Forschung

Aus dieser Systematik entstand das PDCA-Rad. PDCA steht für

- Plan
- Do
- Check
- Act

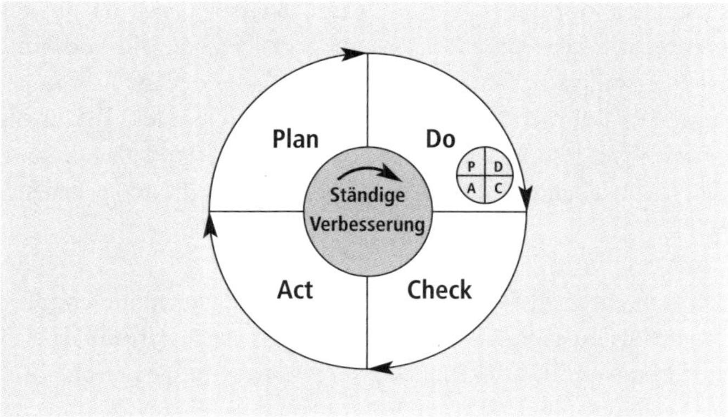

Das PDCA-Rad

Plan

Planung

Dieser Schritt dient der Planung. Dazu gehört die Analyse des Ist-Zustands und die Suche nach Informationen über Probleme und Verbesserungsmöglichkeiten. An die Problemanalyse und -definition schließt sich die Frage nach den Ursachen der Probleme an. Sind die Ursachen geklärt, geht es dann um die konkrete Planung. Bei der P-Phase des PDCA-Zyklus spielt typischerweise das Management die wichtigste Rolle.

Do

Ausführung

Dieser Schritt wird den ausführenden Mitarbeitern zugeordnet. Gegebenfalls wird der Plan zunächst im kleinen Maßstab ausprobiert. Die festgelegten Änderungen werden ausgeführt und Problemlösungen für die nochmalige Planungsphase gesammelt. In diesem Zyklus steckt also wiederum ein zyklusinterner PDCA-Zyklus.

Check

Überprüfung

Gegenstand dieser Phase ist die Überprüfung der durchgeführten Änderungen bzw. der Ergebnisse. Insbesondere wird geprüft, inwieweit die anvisierten Verbesserungsziele tatsächlich erreicht wurden.

Act

Verwerfen oder standardisieren

Diese Phase beinhaltet eine genaue Beobachtung der letzten Änderungen, um feststellen zu können, was an dem neuen Vorgang zusätzlich optimiert werden kann. Ist das Ergebnis positiv, werden die Arbeitsmethoden standardisiert. War die Änderung nicht erfolgreich, so wird sie verworfen oder der Zyklus mit geänderten Rahmenbedingungen erneut durchlaufen. Bei Erfolg muss sichergestellt werden, dass der neue Zustand als Standard festgeschrieben und fortan mit den neuen Methoden gearbeitet wird.

Ständig wiederholen

Da sich ein Zyklus ständig wiederholt, gilt der neue Standard wieder als Ausgangsbasis für die nächsten Verbesserungsschritte unter Anwendung des PDCA-Zyklus. Das ständige Durchlaufen des Zyklus in Form eines fortwährenden Prozesses führt zu einem immer stärkeren Eingrenzen von Problemen und ermöglicht die Verwertung von Erfahrungen aus den vorherigen Zyklen.

Die Nähe des PDCA-Zyklus zum funktionalen Managementverständnis mit den Schritten Ziele setzen, Planen, Entscheiden, Realisieren und Kontrollieren ist evident. Da das PDCA-Rad die einzelnen Funktionen integriert, wird es im Abschnitt funktionsintegrierender Managementmodelle vorgestellt.

Literatur

Gerd F. Kamiske und Jörg-Peter Brauer: *ABC des Qualitätsmanagements.* München: Hanser 2002.

Josef W. Seifert und Rolf Kraus: *Mitarbeiter-Gruppen – Kaizen erfolgreich entwerfen, einführen, umsetzen.* 3. Aufl. Offenbach: GABAL 1996 (vergriffen).

Walter Simon: *Die neue Qualität der Qualität. Grundlagen für den TQM- und Kaizen-Erfolg.* 2. Aufl. Offenbach: GABAL 1996 (vergriffen).

Philipp Theden und Hubertus Colsman: *Qualitätstechniken. Werkzeuge zur Problemlösung und ständigen Verbesserung.* 4. Aufl. München: Hanser 2005.

5. Six Sigma

Fehlerfreie Prozesse

Six Sigma ist ein umfassendes Qualitätsoptimierungskonzept. Es betrifft nicht nur die Produktqualität selbst, sondern schließt die Fehlerfreiheit der direkten und indirekten Prozesse ein.

Strukturiertes Vorgehen

Alle Aspekte – vom Rechnungswesen über interne und externe Kommunikationsverfahren, Informationssysteme, Vertriebsunterstützung bis hin zum Hausmeister können Arbeitsgegenstand von Six Sigma werden. Im Gegensatz zu üblichen Konzepten wie Total Quality Management bietet Six Sigma eine klar strukturierte Vorgehensweise, die bei konsequenter Durchführung zu erheblichen Kosteneinsparungen führen kann.

5.1 Begriffsklärung

Bedeutung des Sigma-Wertes

Der Sigma-Wert beschreibt, mit welcher Wahrscheinlichkeit Produkte innerhalb der Spezifikationsgrenzen des Prozesses produziert werden. Je größer der Sigma-Wert ist, desto geringer ist die Wahrscheinlichkeit, dass der Prozess Fehler generiert. Six Sigma bedeutet 3,4 Ausfälle bei einer Million Möglichkeiten bzw. einen Qualitätsgrad von 99,99966 Prozent.

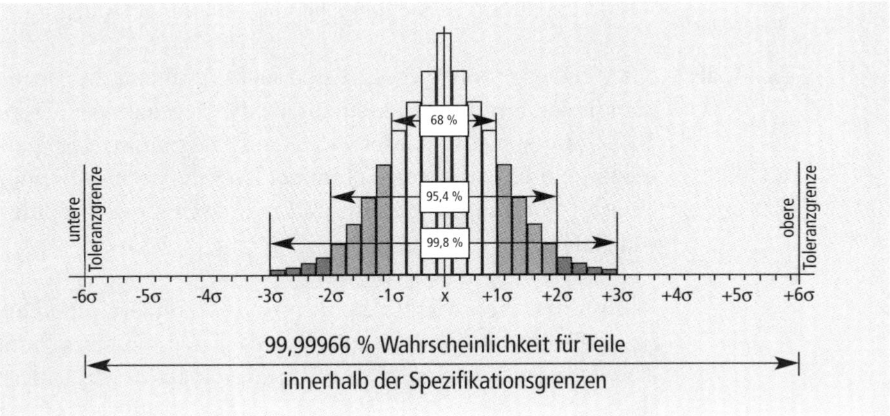

Drei bis vier Sigma Wenn sich die Fertigung eines Unternehmen zwischen drei bis vier Sigma bewegt, bedeutet dies, dass zwischen 6 210 und 66 800 Fehler je Million Fehlermöglichkeiten (nicht Teile!) erzeugt werden. Diese Fehler in den Prozessen verursachen einen Fehlleistungsaufwand von etwa 20 bis 25 Prozent des Umsatzes. Es wird geschätzt, dass die meisten Prozesse in der Industrie gegenwärtig ohne die Six-Sigma-Methoden zwischen drei und vier Sigma liegen.

5.2 Die Einführung von Six Sigma im Unternehmen

Fünf Prinzipien Abgesehen von der Identifikation und der Vorbildwirkung des Managements haben sich folgende fünf fundamentale Prinzipien als Voraussetzung für die erfolgreiche Einführung von Six Sigma herauskristallisiert:

1. Identifizieren der Schlüsselkunden bzw. -branchen und der wichtigsten Prozesse im Unternehmen.
2. Messen und Definieren der Kundenanforderungen und die davon abhängigen kritischen Qualitätskriterien.
3. Messen der jetzigen Situation bei den Prozessen und deren Output-Leistung (Performance).
4. Bilden von Prioritäten und Konzentration auf die Lösung der wichtigsten Probleme.
5. Integration des Six-Sigma-Konzepts in das Unternehmen und Expansion in alle Bereiche und Abteilungen hinein.

Seven-Tools Die Werkzeuge von Six Sigma sind nichts grundlegend Neues. Man findet dort die ganze Bandbreite der so genannten Seven-Tools, also statistische Methoden und Diagramme zur Darstellung und Analyse von Zusammenhängen wie zum Beispiel Ursache-Wirkungsdiagramme und Histogramme (Darstellung von Häufigkeitsverteilungen).

Neu ist, dass diese Methoden nicht isoliert, sondern innerhalb eines Ablaufrahmens eingesetzt werden. Dieser Rahmen stimmt die Methoden aufeinander ab und richtet sie auf das Projektziel aus.

Fünf Schritte

Dieser formalisierte Ablauf des Six-Sigma-Verbesserungsprozesses ist in fünf Schritte unterteilt, die man auch als DMAIC-Prozess bezeichnet:

- Schritt 1: Definition des Prozesses bzw. des Produkts
- Schritt 2: Messen
- Schritt 3: Analysieren
- Schritt 4: Verbessern
- Schritt 5: Überprüfen

Der DMIAC-Prozess

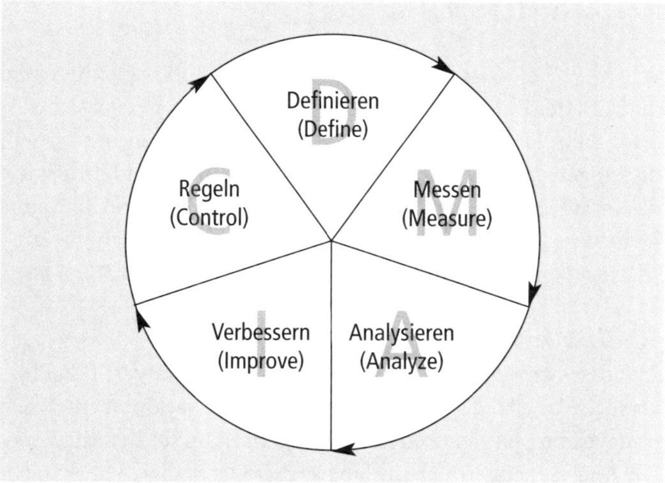

Schritt 1: Definition des Prozesses bzw. des Produkts

Das Pareto-Prinzip nutzen

Im ersten Schritt wird definiert, welche Prozesse oder Produkte Gegenstand des Verbesserungsprojekts werden. Dabei kann das Pareto-Prinzip zugrunde gelegt werden. Hierbei handelt es sich um eine Gewichtungs- und Auswahltechnik, bei der die Fehlerhäufigkeit und die Einzelkosten der Fehler in Relation gesetzt werden. Die Ausgangsfrage lautet: Wo kann mit dem geringsten Aufwand der größtmögliche Erfolg erzielt werden? Die richtige Auswahl der ersten Verbesserungsprojekte ist entscheidend für den anhaltenden Erfolg von Six Sigma.

→ Ergänzende und vertiefende Informationen zum Thema „Pareto-Analyse“ finden Sie im Kapitel B 2 dieses Buches.

Schritt 2: Messen

Eingangs- und Ergebnisgrößen

Das Grundprinzip von Six Sigma ist das Erfassen von Eingangs- und Ergebnisgrößen. Die sich daraus ergebenden Vermutungen, Hypothesen oder Schlussfolgerungen werden durch statistische Messserien überprüft, um die Ursachen für die auftretenden Fehlervariationen zu ergründen. Dem liegt die mathematisch-physikalische Gesetzmäßigkeit zugrunde, wonach die Variation eines Ergebnisses (das heißt des Produkts oder der Dienstleistung) durch die Variationen der Eingangsgrößen und der Prozessschritte bedingt ist.

Variationen reduzieren

Will man die Variationen des Ergebnisses reduzieren, muss man die Zahl der Eingangsvariationen verringern. Da es aussichtslos wäre, alle Variationen gleichzeitig zu eliminieren, muss man diejenigen Eingangsgrößen finden, die den größten Einfluss auf die Variation des Ergebnisses haben. In der Sprache von Six Sigma heißt das: Die „x" (= Eingangsgrößen) identifizieren, die ausschlaggebend für die Variation der „y" (= Ergebnisgrößen) sind.

Schritt 3: Analysieren

Messungen analysieren

Auf der Grundlage von ausreichenden Messungen („Faktorversuche") wird dann analysiert, wie die Variationen entstehen und welche Maßnahmen notwendig sind, um sie zu reduzieren. Die Analyse setzt jedoch umfangreiches Detailwissen über statistische Methoden voraus, denn schließlich sind aus einer relativ kleinen Zahl von Messungen die richtigen Schlüsse zu ziehen.

Schritt 4: Verbessern

Maßnahmen festlegen

Nachdem die Ursachen für die Fehlervariationen erkannt sind, ist zu klären, welche Verbesserungen konkret durchzuführen sind. Oftmals genügen relativ einfache Maßnahmen, um signifikante Verbesserungen in der Qualität des Produkts zu erreichen.

Die Vermutung von Praktikern, dass die Fehlervariationen nur mit großem Aufwand zu reduzieren sind, trifft insofern nicht zu, als der ganze Prozess ja eigentlich auf eine exakte Erfüllung der Spezifikation ausgelegt ist. Die Störgrößen, die in der Praxis auftreten, sind oftmals gar nicht bei der Auslegung des Prozesses berücksichtigt worden. Eine der einfachsten und kostenlosen

Möglichkeiten der Verbesserung kann darin bestehen, gegenüber den Lieferanten die Spezifikation zu präzisieren.

Schritt 5: Überprüfen

Ergebnisse prüfen

Nach erfolgter Implementierung der Verbesserungsmaßnahmen ist zu prüfen, ob sie die erwarteten Effekte erbringen oder ob erneute Ursachenforschung notwendig ist. Die Überprüfung der Ergebnisse ist natürlich auch notwendig, um die mit Six Sigma erzielten Kosteneinsparungen nachzuweisen.

5.3 Mögliche Barrieren

Im Fertigungsprozess ist Six Sigma leicht zu quantifizieren: Entweder liegen die Ausfälle bei 3,4 pro Million oder nicht. Für die Anwendung von Six Sigma in indirekten Bereichen sind Anpassungen nötig.

Anwendung in nichttechnischen Bereichen

Bei Motorola war man zunächst der Meinung, dass nichttechnische Tätigkeiten nicht als sich wiederholende Prozesse beschrieben und analysiert werden könnten. Die Mitarbeiter waren auch der Ansicht, dass die „Units of Work“ bei außertechnischen Tätigkeiten nicht zwingenderweise identisch seien. Schulungsmaßnahmen waren nötig, um diese Missverständnisse auszuräumen. Kaufmännisch orientierte Teams lernten, ihre eigene Arbeit zu beschreiben, zu analysieren und die Fehlermöglichkeiten zu erkennen. In Motorolas Schreibabteilung stieg der allgemeine Qualitätsgrad durch Reduzierung von Tipp- und Übersetzungsfehlern in allen Publikationen von 4,5 auf 5,6 Sigma. Denn obwohl die Publikationen unterschiedlichster Art waren, konnten diese Fehler als gemeinsame Größe quantifiziert werden.

Hohe Kosten

Die Kosten für eine Änderung der Unternehmenskultur und die Einführung von Six Sigma sind enorm. Die jährlichen Ausbildungskosten bei Motorola betragen über 100 Millionen Dollar. Xerox investiert 1,3 Milliarden Dollar, um jeden der 100 000 Mitarbeiter zu schulen. Diese Einstiegskosten mögen abschreckend wirken, aber sie führen zu substanziellen Kostensenkungen und erhöhten Verkäufen.

5.4 Der Nutzen von Six Sigma

Große Einsparungen

Das Six-Sigma-Konzept wurde 1987 bei Motorola eingeführt. Das Unternehmen sparte seitdem bis heute nahezu zwei Milliarden Dollar durch verminderte Fehlerkosten ein. Diese Qualitätsverbesserungen halfen Motorola, seine Marktführerschaft bei Paging-Geräten im Wettbewerb mit den Japanern zu behaupten. Auch in anderen Unternehmen zahlt sich das Six-Sigma-Konzept aus: Hewlett Packard sparte seit der Einführung von Six Sigma etwa 600 Millionen Dollar bei Gewährleistungsfällen und etwa fünfmal so viel bei den Herstellungskosten ein.

Gut gerüstet in die Zukunft

Kunden werden nicht länger Produkte „nach alter Bauart" akzeptieren, wenn es Qualitätsprodukte von einem Mitbewerber gibt. Unternehmen, die Six Sigma bereits zu ihrer Philosophie gemacht haben, werden auf ihre Zulieferer einwirken, dies ebenfalls zu tun. Unternehmen, die für eine neue Firmenkultur in Richtung Six Sigma inklusive aller nötigen Maßnahmen Geld investieren, werden für die kommenden Märkte im Hochtechnologiebereich gut vorbereitet sein.

Literatur

Axel K. Bergbauer: *Six Sigma in der Praxis. Das Programm für nachhaltige Prozessverbesserungen und Ertragssteigerungen.* Renningen: Expert 2004.

Gerd F. Kamiske (Hg.): *Six Sigma. Erfolg durch Breakthrough-Verbesserungen.* Hanser: München 2003.

Kjell Magnusson, Dag Kroslid und Bo Bergmann: *Six Sigma umsetzen. Die neue Qualitätsstrategie für Unternehmen.* 2., vollst. überarb. und erw. Aufl. München: Hanser 2004.

Armin Töpfer (Hg.): *Six Sigma. Konzeption und Erfolgsbeispiele für praktizierte Null-Fehler-Qualität.* 3., überarb. und erw. Aufl. Berlin: Springer 2004.

Zafer Bülent Yurdakul und Rolf Rehbehn: *Mit Six Sigma zu Business Excellence. Strategien, Methoden, Praxisbeispiele.* Erlangen: Publicis Corporate Publication 2003.

6. Die Kepner-Tregoe-Methode

In der Arbeitspraxis und im privaten Leben haben Menschen täglich viele Entscheidungen zu treffen. Menschen entscheiden oftmals intuitiv. Je nach Persönlichkeit handeln manche zu schnell und unüberlegt.

Falsche Entscheidungen vermeiden

Die Kepner-Tregoe-Methode ist ein Hilfsmittel, den Problemlösungs- und Entscheidungsprozess zu systematisieren und zu versachlichen, um falsche Entscheidungen zu vermeiden. Charles H. Kepner und Benjamin B. Tregoe haben diese Vorgehensweise – auch „Rationales Management“ genannt – bereits in den 1950er-Jahren entwickelt und weltweit in vielen Unternehmen eingeführt.

Bewährte Denkmuster

Der Prozess der Problemlösung und Entscheidungsfindung folgt Denkmustern, welche schon seit Jahrtausenden bestehen. Psychologen und Analytiker fassen ihn in vier Phasen zusammen:

1. Betrachtung und Klärung der gegebenen Situation (genaue Standortbestimmung)
2. Analyse des Problems unter Berücksichtigung der Wechselwirkung von Ursache und Wirkung
3. Wahl einer Maßnahme, die es ermöglicht, ein Ziel zu erreichen
4. Erörterung der Risiken der gewählten Maßnahme

Vier Rationale Prozesse

Basierend auf diesen Erkenntnissen haben Kepner und Tregoe eine Methode entwickelt, die diese vier Elemente der Problemlösung und Entscheidungsfindung in Gestalt der „Vier Rationalen Prozesse“ miteinander verknüpft:

1. Situationsanalyse
2. Problemanalyse
3. Entscheidungsanalyse
4. Analyse potenzieller Probleme und Alternativen

6.1 Situationsanalyse

Schritte der Situationsanalyse

Die Analyse der Situation bildet die Basis und gliedert sich in folgende Arbeitsschritte:

- Situationen erkennen
- Zergliedern
- Prioritäten festlegen
- Planen der Lösung

Situationen erkennen

Abweichungen, Bedrohungen und Chancen

Um eine kompetente Entscheidung treffen zu können, muss man die aktuelle Situation genau kennen. Die Situationsanalyse beinhaltet ein Auflisten aller bestehenden Abweichungen, Bedrohungen und Chancen. Eine an den Zielsetzungen orientierte Projektfortschrittskontrolle wird durchgeführt. Damit beginnt bereits hier die Suche nach Verbesserungen.

Zergliedern

Ist die aktuelle Lage sehr komplex, sollte sie in klar definierte Abschnitte zergliedert werden. Zusätzlich auftauchende Probleme werden ebenfalls erfasst.

Prioritäten festlegen

Wichtigkeit, Dringlichkeit, Tendenz

Eine vorhandene Situation wird hinsichtlich ihrer Prioritäten untersucht. Das geschieht mit Fragen nach der Wichtigkeit, der Dringlichkeit und der Tendenz bzw. dem Verlauf.

Planen der Lösung

Die Situationsanalyse beinhaltet bereits das Planen der Lösung. Es gilt zu entscheiden, ob die Problem-, die Entscheidungsanalyse oder die Analyse potenzieller Probleme bzw. eine Kombination anzuwenden ist.

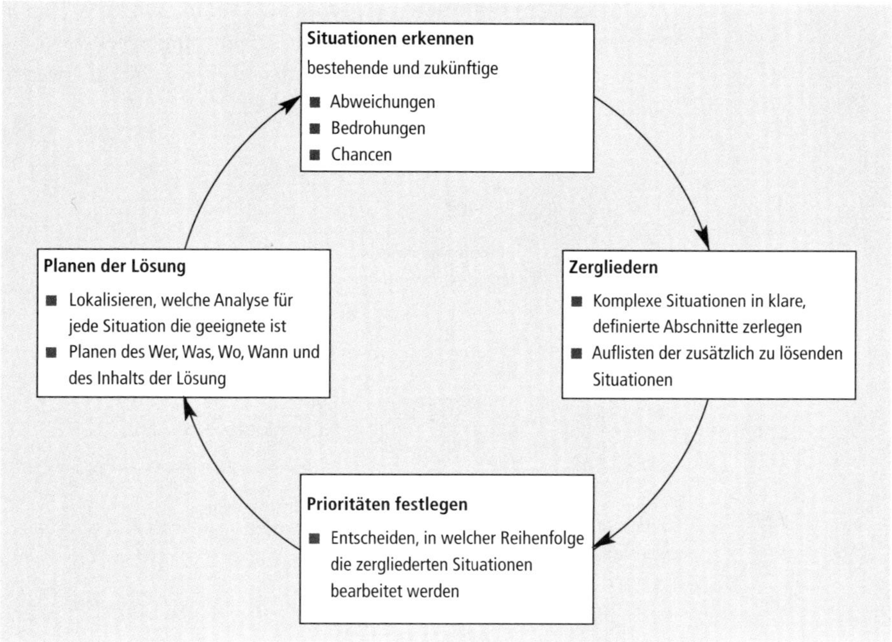

6.2 Problemanalyse

Problem definieren

Ein geeignetes Hilfsmittel zur systematischen Ermittlung von Problemursachen ist die Problemanalyse. Der erste Schritt besteht in der Definition des Problems. Dabei wird ermittelt, inwieweit der Ist-Zustand vom vorgegebenen Soll-Wert abweicht. Das Problem kann man mit den Fragen nach dem Was, Wo, Wann, Wieviel etc. näher beschreiben.

„Ist" und „Ist nicht"

Gestellte Fragen sollten aber nicht nur auf das „Ist" bestimmter Faktoren zielen, sondern auch auf das „Ist nicht". Ein Beispiel dazu: Wo ist der Fehler in der Produktion aufgetreten? Wo ist der Fehler *nicht* aufgetreten? Mit diesen Fragen grenzt man den Bereich eines Fehlers genau ein.

Diese Betrachtung führt zu in einer Vielzahl mehr oder weniger wahrscheinlicher Ursachen, welche einer weiteren Untersuchung bedürfen. Um Irrtümer auszuschließen, sollten die Hypothesen nach dem Muster „Wenn ..., dann ...“ durchgespielt werden. Die wahrscheinlichste Ursache ist diejenige, welche die offenen Fragen bestmöglich beantworten kann.

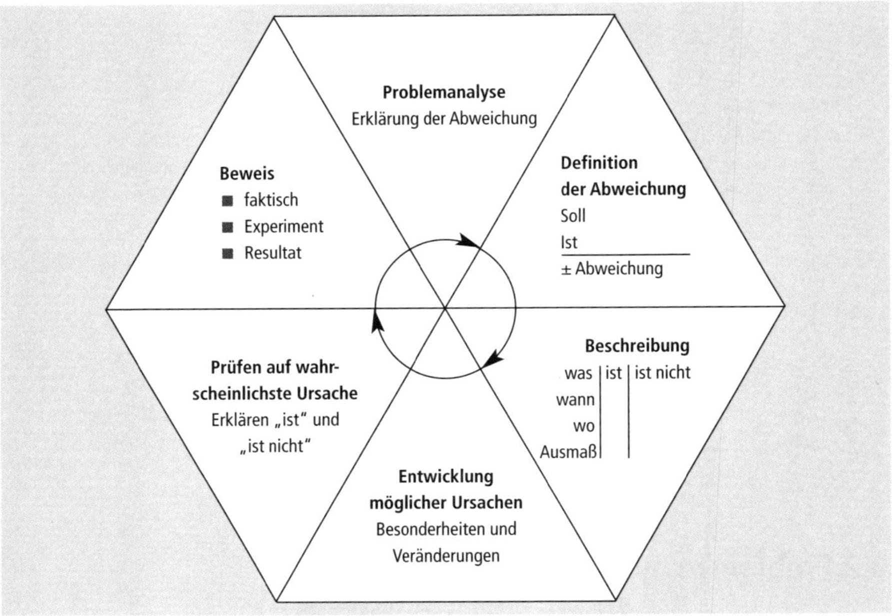

6.3 Entscheidungsanalyse

Umfassende Informationen

Eine Entscheidung sollte auf dem Fundament möglichst umfassender Informationen hinsichtlich der Ziele, der Alternativen und der potenziellen Risiken getroffen werden. Diese Informationen müssen systematisch gesammelt, geprüft und bewertet werden.

Die Grundfragen der Analyse lauten:

- Was ist zu entscheiden?
- Welche Ziele gibt es?
- Welche Alternativen gibt es?
- Welche Alternativen haben Priorität?
- Welche Risiken haben die Alternativen?

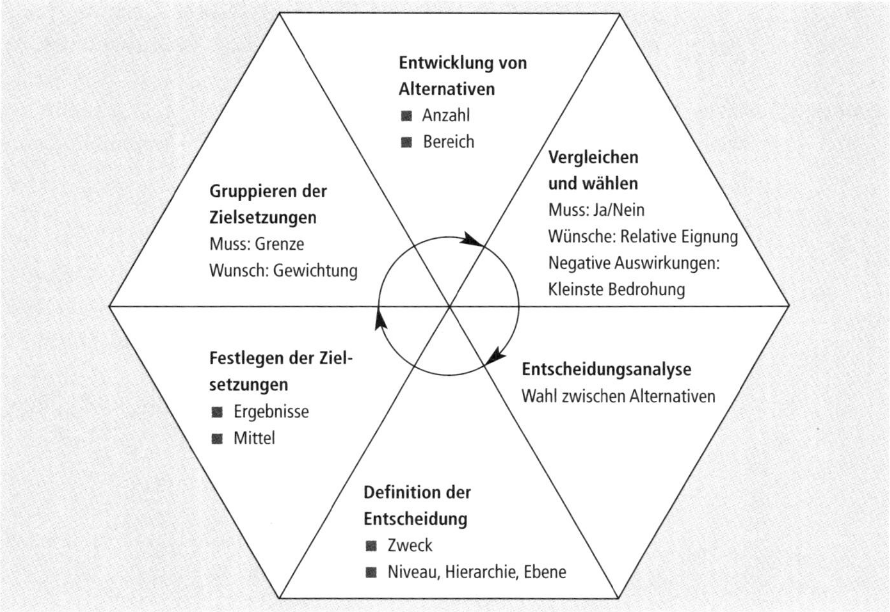

Beispiel: Kopierer

Im Folgenden wird anhand eines Beispiels die Anwendung der Entscheidungsanalyse erklärt. Es handelt sich dabei um die Anschaffung eines Kopierers.

Problem definieren und Ziel setzen

Angenommen, Ihr Kopierer schafft die gewünschte Kopiergeschwindigkeit nicht. Ihre Problemdefinition lautet: Wie bekommen wir mehr Kopierkapazität pro Minute?

Problem klar erkennen

Das Erkennen des Problems ist oft schwieriger als seine Lösung. Wird ein Problem nicht in seinem Kern erkannt, sondern nur in seinen Auswirkungen, dann richtet sich das Ziel auf die Veränderung der Auswirkungen und nicht auf die der Ursachen. Ein klar erkanntes Problem enthält meist schon Ansätze zur Lösung.

Auswahlkriterien bestimmen

Um möglichst objektive Entscheidungen treffen zu können, müssen Sie Auswahlkriterien formulieren, die unabhängig von möglichen konkreten Angebotsalternativen sind. Diese Auswahlkriterien ergeben sich aus den angestrebten Leistungsparametern bzw. Ergebnissen, die gefordert oder gewünscht werden.

Grobziele, Teilziele, Feinziele

Zielsetzungen für Ihre Problemlösung können Sie stufenweise ermitteln. Zunächst können Sie Grobziele (= Hauptziele), dann Teilziele und zum Schluss Feinziele aufstellen.

Um die Auswahlkriterien zu ermitteln, fragen Sie:

- Was will ich wo, wann und in welchem Ausmaß *erreichen?*
- Was will ich wo, wann und in welchem Ausmaß *vermeiden?*
- Welche *Mittel* habe ich wo, wann und in welchem Ausmaß?

Diese Fragen ermöglichen es Ihnen, die Zielsetzung beziehungsweise Ihre Auswahlkriterien klar und deutlich zu definieren.

Entscheidungskriterien festlegen

Sie legen nun fest, welche Anforderungen das Gerät erfüllen soll – und zwar zunächst ohne Gewichtung.

Die Anforderungen an das Gerät

1. Höchstpreis 5.000 Euro
2. Zoomfaktor 200 %
3. Maximalgewicht 20 kg
4. Sofort lieferbar
5. Kopierleistung 30 Kopien pro Minute
6. Stromverbrauch max. 1,5 kW
7. Nachrüstbare Sortiereinheit bis zu 20 Kopien
8. Fünf Jahre Garantiezeit
9. DIN-A3-Kopiermöglichkeit

Die Entscheidungskriterien müssen später mittels einer Skala von Ihnen gewichtet werden. Vorab benötigen Sie Informationen über die möglichen Angebotsalternativen.

Informationen über Angebots- bzw. Entscheidungsalternativen sammeln

Alternativen ermitteln

Jede Entscheidung ist eine Wahl aus einer oder mehreren Alternativen. Gibt es keine Alternativen, dann ist auch keine Entscheidung möglich. Die Phase der Informationsbeschaffung dient der Ermittlung von Alternativen. Zahlreiche Alternativen ermöglichen Ihnen, viele Aspekte eines Problems zu erkennen, ohne den Entscheidungsspielraum von vornherein einzuengen. So verhindern Sie, dass Sie nur Beweise für Ihre schon vorgefasste Meinung suchen.

Auf unser Beispiel bezogen können wir davon ausgehen, dass es mehrere Kopiergeräte gibt, die Ihren Anforderungen entsprechen. Um dies in Erfahrung zu bringen, sammeln Sie Prospekte, unterhalten sich mit Kollegen, die ähnliche Probleme hatten, empfangen Vertreter, um nur einige Möglichkeiten zu nennen.

Mehr Informationen, weniger Risiko

Bedenken Sie: Entscheidungen sind von der Qualität der verfügbaren Informationen abhängig. Risiko und Informationsstand sind im Entscheidungsprozess zwei gegenläufige Kräfte: Je vollständiger die Information ist, umso geringer ist das Risiko.

Haben Sie verschiedene Kopierer zur Auswahl, so müssen Sie diese noch im Hinblick auf die Erfüllung der Anforderungen prüfen. Ein Gerät kann nur dann als mögliche Alternative gelten, wenn es alle Muss-Kriterien erfüllt.

Entscheidungskriterien gewichten

Wichtigkeit berücksichtigen

Die Entscheidungskriterien haben nicht alle die gleiche Wichtigkeit beziehungsweise den gleichen Wert für die zu treffende Entscheidung. Daher werden sie auf einer Skala von 1 bis 10 gewichtet. Die 1 entspricht hierbei einem geringen Wert, 10 steht für die größte Wichtigkeit. Die gleiche Gewichtungsziffer kann auch mehrmals vergeben werden.

Wunschziele auflisten

Um eine möglichst objektive Gewichtung zu erreichen und das Gewichtungsverfahren in einer Gruppe zu vereinfachen, empfiehlt sich die Verwendung einer so genannten Präferenzmatrix. Dazu werden die Wunschziele untereinander aufgelistet (siehe Kasten auf der folgenden Seite).

In unserem Beispiel sollen die Kriterien Kopiergeschwindigkeit und Stromverbrauch höchste Priorität genießen. Beide

Aspekte erhalten daher jeweils 10 Punkte. Der Preis ist das nächstwichtige Kriterium und erhält 9 Punkte. Der Zoomfaktor folgt danach mit 8, das Gerätegewicht mit 7 Punkten und die DIN-A3-Kopiermöglichkeit mit 6. Die Lieferzeit wird mit 5 Punkten gewichtet, die Garantiezeit mit 3 und die Sortiereinheit mit 2.

Kriterien im Vergleich

Wie Sie sehen, können Sie durch die Vergabe der Gewichtungsziffern ausdrücken, wie wichtig Ihnen die Kriterien im Vergleich sind.

Die gewichteten Anforderungen

Kriterium	Gewichtung
1. Kopierleistung mind. 30 pro Min.	10
2. Stromverbrauch max. 1,5 kW	10
3. Preis höchstens 5.000 Euro	9
4. Vergrößern (Zoomfaktor) 200 %	8
5. Gewicht max. 20 kg	7
6. DIN-A3-Kopiermöglichkeit	6
7. Lieferzeit sofort	5
8. Fünf Jahre Garantiezeit	3
9. Nachrüstbare Sortiereinheit	2

Möglichkeiten bewerten

Angebote auf Eignung prüfen

Nun untersuchen Sie die vorliegenden Angebote auf ihre Eignung für Ihre Zwecke. Sie prüfen, welches Angebot Ihren Zielsetzungen am ehesten entspricht und welche Alternativen weniger geeignet sind. Auch hier wird eine Bewertungsziffer von 1 bis 10 vergeben, je nachdem wie gut ein Kopierer Ihre Anforderungen erfüllt.

Vorläufige Entscheidung ermitteln

Diese Bewertungsziffer multiplizieren Sie mit den für die Zielsetzung festgelegten Gewichtszahlen. Die Summen werden dann pro Alternative addiert. Die Alternative mit der höchsten Punktzahl ist die vorläufige Entscheidung (siehe Kasten). Man spricht hier noch von einer vorläufigen Entscheidung, da noch das Risiko der Alternativen abgeschätzt werden muss.

Die beste Alternative ermitteln

G = Gewicht
A, B, C = Alternativen

Anforderungen	Kriterien	G	A	Pkt.	B	Pkt.	C	Pkt.
Preis	<5.000 Euro	*9*	8	72	10	90	7	63
Zoomfaktor	200 %	*8*	9	72	9	72	7	56
Gewicht	max. 20 kg	*7*	10	70	8	56	9	63
Lieferzeit	Sofort	*5*	4	20	7	35	10	50
Kopierleistung	30 pro Minute	*10*	8	80	9	90	10	100
Sortiereinheit	Bis 15 Blatt	*2*	10	20	10	20	10	20
Stromverbrauch	max. 1,5 kW	*10*	6	60	10	100	4	40
Garantiezeit	Fünf Jahre	*3*	2	5	10	30	5	15
Kopiergrößen	A4 und A3	*6*	0	0	10	60	10	60
	Gesamt			*399*		*553*		*467*

Risiken abschätzen

Destruktiv fragen

In jeder Alternative stecken Risiken. Darum sind alle vorliegenden Angebotsalternativen durch destruktives Fragen zu prüfen, wie beispielsweise:

- Wie fundiert ist die vorliegende Information?
- Ist der Informationsgeber vertrauenswürdig?
- Wo können durch die Entscheidung Beeinträchtigungen entstehen?
- Liegt im Neuen und Ungewöhnlichen ein Risiko?
- Was kann sich durch äußere Einflüsse ändern?
- Wo werden Wachstum und Entwicklung gehemmt?
- Welche äußeren Einflüsse werden sich ändern?

Risikoskala erstellen

Natürlich könnten Sie die Wahrscheinlichkeiten dieser Risiken mittels einer weiteren Bewertungsskala abschätzen. Für die einzelnen Ziffern werden wieder Punkte von 1 bis 10 vergeben. Bei dieser Bewertung bedeutet die 10, dass das Risiko mit an Sicherheit grenzender Wahrscheinlichkeit auftreten wird. Die 1 hingegen bedeutet, dass es sehr unwahrscheinlich ist, dass dieses Risiko auftreten wird.

→ Ergänzende und vertiefende Informationen zum Thema „Fehlermöglichkeiten-und-Einflussanalyse“ finden Sie im Kapitel G 3 dieses Buches.

Risikobereitschaft gegen Sicherheitsdenken

Die Summe der Risiken gibt nur einen subjektiven Anhaltspunkt, inwieweit die vorläufige Entscheidung gefährdet ist. Es hängt jetzt von der Risikobereitschaft und dem Sicherheitsdenken der Gruppe oder des Entscheiders ab, welche Alternative den Zuschlag erhält.

Entschluss fassen

Kaufentscheidung treffen

Die optimale Entscheidung ist die Wahl für die Alternative mit der höchsten Punktzahl. Wie Sie sehen, wurde das Gerät B mit 553 Punkten am höchsten bewertet. Mit dieser relativen Gütezahl wurde diesem Modell der höchste Nutzwert zugesprochen. Daraus ergibt sich die Kaufentscheidung.

6.4 Analyse potenzieller Probleme und Alternativen

Risiken ausschalten oder mindern

In der Regel wird nach der Entscheidungsanalyse die Analyse potenzieller Probleme durchgeführt, um gefundene Alternativen zu testen und eventuelle Risiken durch Prävention auszuschalten oder zu mindern. Dazu bietet sich die folgende Vorgehensweise an:

- Auf der eigenen Erfahrung und dem persönlichen Urteilsvermögen aufbauend, werden Schwachstellen identifiziert, welche die Durchführung einer Entscheidung gefährden könnten.
- Mit der Frage nach dem Was, Wo, Wann und dem Ausmaß werden die identifizierten Schwachstellen beschrieben und so potenzielle Probleme aufgezeigt.

Präventiv- und Eventualmaßnahmen

- Durch Festlegen von Präventivmaßnahmen kann ein Problem oftmals vollständig – zumindest aber teilweise – verhütet werden. Bei Problemen, die nicht zu verhindern sind, bieten Eventualmaßnahmen Lösungen. Weil beispielsweise bei einer Feier unter freiem Himmel das Wetter nicht beeinflusst werden kann, sollte für den Fall eines Gewitters ein Zelt zum Schutz bereitstehen.

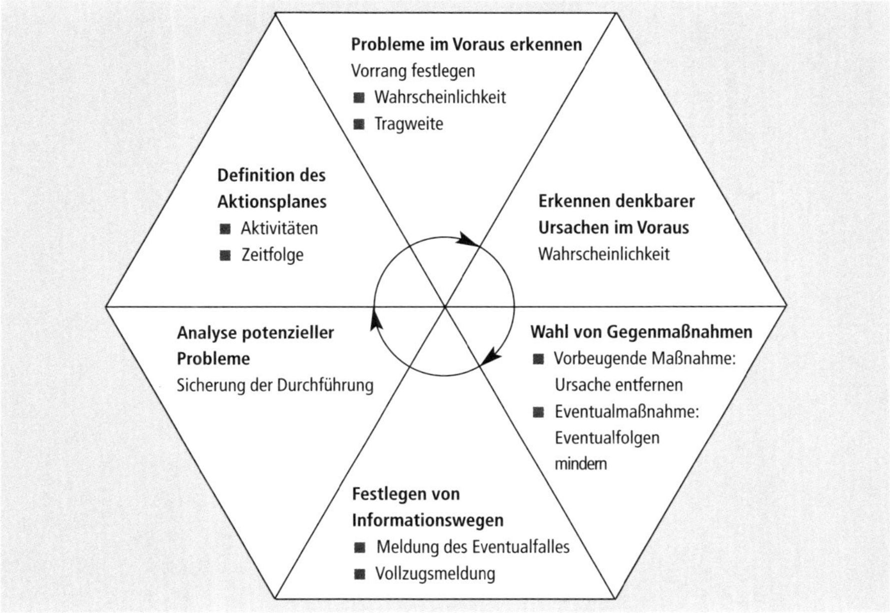

Auf der folgenden Seite ist die Kepner-Tregoe-Methodik zusammenfassend dargestellt.

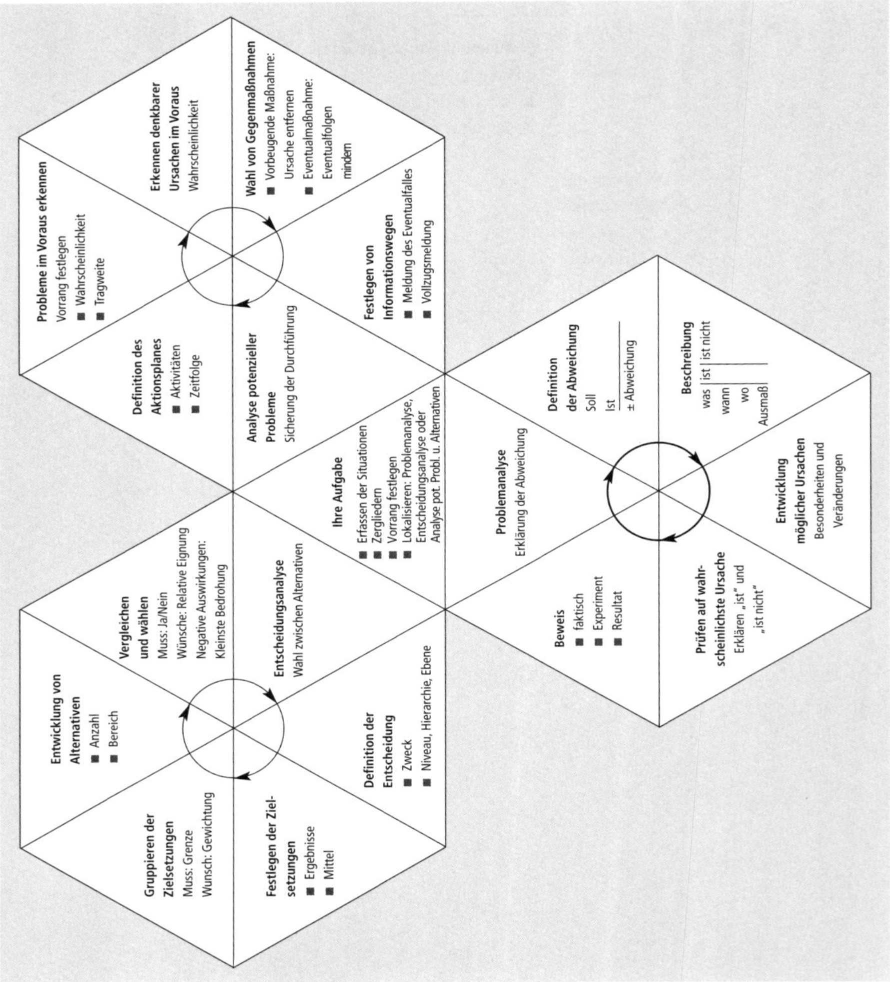

Literatur

Charles H. Kepner und Benjamin B. Tregoe: *Entscheidungen vorbereiten und richtig treffen.* Landsberg: Moderne Industrie 1998 (vergriffen).

Quinn Spitzer und Ron Evans: *Denken macht den Unterschied. Wie die besten Unternehmen Probleme lösen und Entscheidungen treffen.* Frankfurt/M.: Campus 1998 (vergriffen).

TEIL G

Qualitätsoptimierende Managementtechniken

1. Qualitätsmanagement

Seit den 1970er-Jahren wurden umfassende Qualitätsmanagementkonzepte eingeführt – zunächst in Japan, später auch in den USA und Europa. Die Gründe hierfür waren vielfältig. Zu nennen sind neue Rechtsvorschriften zur Produkthaftung, zur Arbeitssicherheit, zum Umweltschutz sowie der Wettbewerb mit der fernöstlichen Konkurrenz, die Globalisierung, der Kostendruck und die zunehmenden Erwartungen der Kunden.

Neue Aspekte

Im Vergleich zum bisherigen Konzept der Qualitätssicherung waren die folgenden Aspekte charakteristisch und neu:

- Qualität ist nicht nur Produktqualität, sondern die Gesamtleistung des Unternehmens.
- Qualität wird nicht nur während der Produktion erzeugt, sondern ist eine abteilungsübergreifende Aufgabe, die von der Entwicklung über die Produktion und den Verkauf bis hin zum Kundendienst reicht.
- Die Unternehmensführung muss Qualitätsmanagement als Teil der Gesamtführungsaufgabe verstehen und die Verantwortung übernehmen.
- Jeder einzelne Mitarbeiter muss ein ausgeprägtes Qualitätsbewusstsein und Engagement entwickeln.
- Qualität ist ein strategisches Instrument, mit dem sich das Unternehmen von den Wettbewerbern abgrenzen will.
- Qualität muss in Wechselwirkung mit Kosten und Zeit gesehen werden: Spitzenqualität ist erreicht, wenn durch die Qualität der Leistungsprozesse und der strategischen Ausrichtung hohe Schnelligkeit und Flexibilität des Unternehmens im Markt und ein Vorsprung im Kostensenkungswettbewerb erzielt worden sind.

Normen, Zertifizierungen, Preise

Die 1980er- und die erste Hälfte der 1990er-Jahre waren geprägt vom verstärkten Einfluss der Qualitätsnormen (z. B. die DIN EN ISO 9000 ff.), den damit einhergehenden Zertifizierungen sowie der Vergabe von Qualitätspreisen (Japan: Deming Award; USA: Malcolm Baldrige National Quality Award; Europa: European Quality Award). Umfassende Qualitätsansätze wie Total Quality Management und die Standardisierung von Qualitätssicherungssystemen waren charakteristisch für diese Phase der Entwicklung.

1.1 Begriffsklärung

Maßstäbe im Wandel

So alt wie der Begriff „Qualität" ist auch die bis heute andauernde Diskussion um seine Bedeutung bzw. um die genauen Inhalte. Qualitätsmaßstäbe waren und sind immer dem Wandel unterworfen, weil sich die Bedürfnisse der Verbraucher ändern. Außerdem kann Qualität aus unterschiedlichen Blickrichtungen betrachtet werden. Der Begriff umfasst dementsprechend unterschiedliche Aspekte, die sich gegenseitig nicht ausschließen müssen, sondern ergänzen.

Zwei Seiten der Qualität

Während in den 1950er-Jahren Qualität lediglich über die technische Beschaffenheit eines Produktes definiert wurde, war in den 1960er-Jahren auch der Eignungsgrad für den Verwendungszweck des Anwenders maßgeblich. In der heutigen Zeit sind außerdem Ausstattung und Ästhetik relevant, sodass zwei Seiten der Qualität erkennbar werden:

1. der angebotene Nutzen und
2. die Freiheit von Fehlern.

Internationale Definition

Die internationale Norm DIN EN ISO 8402 definiert Qualität so: „*Qualität ist die Gesamtheit von Merkmalen einer Einheit bezüglich ihrer Eignung, festgelegte und vorausgesetzte Erfordernisse zu erfüllen.*" Hierbei wird nicht nur das Produkt allein betrachtet, sondern es spielt die Gesamtheit der angebotenen Leistungsmerkmale eine Rolle. Aus Sicht des Kunden wird demnach Qualität durch die von ihm subjektiv wahrgenommenen Eigenschaften bestimmt.

Neben der bereits angesprochenen produktbezogenen und anwender- bzw. kundenbezogenen Sichtweise von Qualität gibt es noch vier weitere Aspekte, die Qualität auf unterschiedliche Weise beschreiben:

1. Bei der *prozessbezogenen* Betrachtungsweise steht die Qualität sämtlicher Geschäftsprozesse im Vordergrund, die sich durch wirtschaftlich effizient organisierte Abläufe äußert und in einer hohen Produktqualität resultiert.
2. Im Blick auf den Nutzen und seinen Preis wird Qualität im Sinne des *Preis-Leistungs-Verhältnisses* relevant. Qualität steht damit in Bezug zu den verschiedenen Bedürfnissen der Kunden und im Verhältnis zum verlangten Preis.
3. Der *transzendente Aspekt* definiert Qualität als ein subjektiv empfundenes gutes Gefühl, d. h. als etwas Positives, Gutes, jedoch schwer Fassbares. Die Bedeutung dieser Sichtweise bei Kaufentscheidungen wird oftmals unterschätzt.
4. Die Qualität der Arbeitssituation bzw. die *mitarbeiterbezogene Betrachtungsweise* beeinflusst entscheidend die bereits genannten Qualitätsaspekte (z. B. Einfluss auf Entscheidungen nehmen, Ideen und Vorschläge einbringen dürfen etc.).

Ohne Qualität kein Erfolg

Ungeachtet der Schwierigkeiten einer einheitlichen und somit allgemein gültigen Definition ist die Bedeutung von Qualität unumstritten. Aus einer überlegenen Qualität seiner Produkte gegenüber den Wettbewerbern resultiert langfristig der Erfolg eines Unternehmens. Daher liegt es im Interesse jeden Unternehmens, durch den Einsatz eines funktionierenden Qualitätsmanagementsystems eine in jeder Hinsicht maximale Qualität zu erzielen.

Qualitätsmanagement

Vom Qualitätsbegriff ist der weiter gefasste Begriff „Qualitätsmanagement“ abzugrenzen. Die internationale Norm DIN EN ISO 8402 definiert ihn so: *„(…) alle Tätigkeiten des Gesamtmanagements, die im Rahmen des Qualitätsmanagementsystems die Qualitätspolitik, die Ziele und Verantwortungen festlegen sowie diese durch Mittel wie Qualitätsplanung, Qualitätslenkung, Qualitätssicherung/Qualitätsmanagementdarlegung und Qualitätsverbesserung verwirklichen.“*

Das Thema Qualität hat weitere Facetten. Immer wieder erscheinen Begriffe wie „Qualitätszirkel“, „TQM“, „KVP“, „ISO-

Normen“, „Kaizen“ etc. in verschiedenen Zusammenhängen – oftmals auch mit jeweils unterschiedlichen Definitionen –, sodass schnell Verwirrungen und Missverständnisse entstehen können. Angesichts der Vielfalt existierender QM-Modelle kann man von einem „theory jungle“ sprechen. Dieser Dschungel erschwert den Zugang und führt zur Interpretationsvielfalt.

Zuordnung der diversen Aspekte

Um dieses Problem zu umgehen, bietet sich folgende einfache Zuordnung an:
1. Qualitätsphilosophien
2. Qualitätsmanagementsysteme
3. Qualitätsklassen bzw. -standards
4. Qualitätswerkzeuge
5. Führungsinstrumente zur Qualitätsförderung

In die folgende Übersicht sind exemplarisch einige der Begriffe eingeordnet, die im Zusammenhang mit Qualitätsmanagement häufig erwähnt werden.

Qualitätsphilosophien	Qualitätsmanagementsysteme	Qualitätsklassen bzw. -standards	Qualitätswerkzeuge	Führungsinstrumente zur Qualitätsförderung
■ TQM ■ Kaizen ■ KVP ■ UQM ■ u. a. m.	■ DIN EN ISO 9000 ff. ■ EFQM-Konzept ■ ServAs ■ u. a. m.	■ DIN-Standards ■ Anzahl von Hotelsternen ■ Weinklassen ■ u. a. m.	■ Fehlerlisten ■ Fehlermöglichkeiten- und Einflussanalyse ■ 4M-Diagramm ■ u. a. m.	■ Qualitätszirkel ■ Projektgruppen ■ Vorschlagswesen ■ u. a. m.

1.2 Qualitätsphilosophien

Überbaukonzepte

Qualitätsphilosophien sind eine Art geistiger Überbau. Ihr Zweck ist denk- und verhaltensnormativ, ohne eine bestimmte Vorgehensweise eindeutig zu definieren. Sie zielen auf die Arbeitsmentalität bzw. Geisteshaltung, die als „organisationsgenetischer Code“ das Mitarbeiterverhalten und die Unternehmenskultur qualitätsaktivierend prägen soll. Zu diesen Überbaukonzepten zählen das Kaizen, der Kontinuierliche Verbesserungsprozess (KVP), das Total Quality Management

(TQM) und das Umfassende Qualitätsmanagement (UQM). Diese Konzepte sollen nun skizziert werden.

Kaizen

Kleine Schritte

Der aus dem Japanischen stammende Begriff „Kaizen" setzt sich zusammen aus den Bestandteilen „kai" (= Veränderung) und „zen" (= gut bzw. zum Besseren). Kaizen kann als Prozess ständiger Verbesserungen definiert werden, der sich unter Einbeziehung aller Mitarbeiter in allen Bereichen in Form kleiner Schritte vollzieht.

Nachteile großer Veränderungen

Während japanische bzw. asiatische Unternehmen viele *kleine* Verbesserungen – also Kaizen – bevorzugen, um Veränderungen zu erreichen, bedienen sich westliche Unternehmen eher der traditionellen Innovationen in Form von *großen* Veränderungen. Diese sind oftmals verbunden mit aufwendigen technologischen Umgestaltungen, hohen Investitionen und nicht zu unterschätzenden Risiken.

Mehr Stabilität

Kaizen als „Innovation der kleinen Schritte" ist in der Lage, neue Standards besser zu stabilisieren als die großen Sprünge der herkömmlichen Innovationen. Verbesserungen im Sinne des Kaizen sind zudem auch einfacher durchzuführen. Diesen Vorzug verdeutlicht die nachstehende Abbildung.

Kaizen und traditionelle Innovationsprozesse

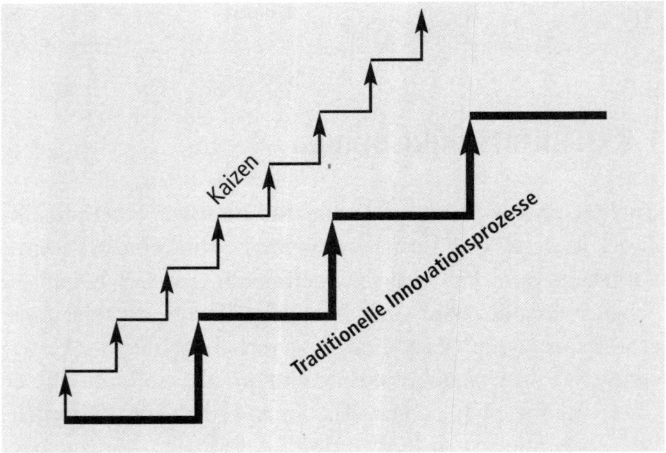

Kaizen wird hier bewusst im Abschnitt „Qualitätsphilosophien" vorgestellt. Denn nach Auffassung einiger Autoren ist Kaizen keine Methode, die zur Problemlösung beiträgt, sondern vielmehr eine prozessorientierte Denkweise, die zum einen das Ziel und zum anderen die grundlegenden Verhaltensweisen im Arbeitsleben beeinflusst (vgl. Brauer/Kamiske S. 35f.).

Kontinuierlicher Verbesserungsprozess (KVP)

Gleiche Bedeutung

Mit gleicher inhaltlicher Bedeutung wird Kaizen in der deutschen Übersetzung in der Regel als „Kontinuierlicher Verbesserungsprozess" – oder kurz als „KVP" – bezeichnet. Diese Begrifflichkeit deckt sich inhaltlich mit dem, was im angloamerikanischen Sprachraum als „Continuous Improvement Process" bezeichnet wird.

Total Quality Management (TQM)

Beim Total Quality Management handelt es sich nach der DIN EN ISO 8402 um eine „*(...) auf Mitwirkung aller ihrer Mitglieder basierende Führungsmethode einer Organisation, die die Qualität in den Mittelpunkt stellt und durch Zufriedenstellung der Kunden auf langfristigen Geschäftserfolg sowie auf Nutzen für die Mitglieder der Organisation und für die Gesellschaft zielt.*"

Bestandteile unter der Lupe

Die Bedeutung der Bezeichnung erschließt sich auch aus der Betrachtung ihrer Bestandteile:

- *Total:* Alle Bereiche eines Unternehmens sowie dessen Produkte bzw. Dienstleistungen werden über die gesamte Wertschöpfungskette in den Qualitätsprozess einbezogen.
- *Quality:* Die Produkte bzw. Dienstleistungen sind fehlerfrei in dem Sinne, dass sie die Kundenerwartungen erfüllen.
- *Management:* Es handelt sich um eine Führungsaufgabe.

Kerngedanken des TQM

Daraus ergeben sich diese Kerngedanken (vgl. Füser S. 110):

- *Kundenorientierung:* Das Unternehmen ist mit seinen gesamten Prozessen (bereichs- und funktionsübergreifend) auf den Kunden ausgerichtet.
- *Zero-Defects:* Im Innovationsprozess werden Fehler als Lernquelle angesehen; bei Routinearbeiten hingegen wird versucht, diese zu vermeiden (Null-Fehler-Prinzip).

- *Kaizen:* Ständige Verbesserung der Prozesse.
- *Eigenverantwortung:* Alle – jeder Mitarbeiter, jede Abteilung etc. – sind für Qualität verantwortlich und werden in jeder Hinsicht mit einbezogen (Mitarbeiterorientierung).
- *Umfassende Perspektive:* Von den Kunden über die Lieferanten bis hin zur Öffentlichkeit (z. B. Gesellschaft und Umwelt) werden alle Bereiche erfasst und integriert.
- *Kernkompetenzen:* Traditionelle Stärken und Erfolgspositionen des Unternehmens werden ausgebaut.
- *Prozessführung:* Die Geschäftsleitung muss TQM initiieren und führen.

Umfassende Strategie

Brauer und Kamiske betrachten TQM als eine der umfassendsten (Qualitäts-) Strategien, die für ein Unternehmen denkbar ist. Zur praktischen Umsetzung von TQM müssen organisatorische, personelle und technische Grundlagen geschaffen sowie Methoden und Instrumente des Qualitätsmanagements angewendet werden.

Deutsch für „TQM"

Umfassendes Qualitäts-Management (UQM)

Dieser Begriff entstand Ende der 1980er-Jahre durch die Gründung der European Foundation for Quality Management (EFQM). Die EFQM schuf das europäische Modell für Umfassendes Qualitätsmanagement. Da es sich bei dem Begriff „Umfassendes Qualitätsmanagement“ lediglich um eine Übersetzung des europäischen EFQM-Modells handelt und damit um die deutsche Bezeichnung für TQM, entfällt die Notwendigkeit einer weiteren Definition.

Ziel: Gefestigte Position

Von diesen eher normativen Konzepten ist Kaizen der allgemeinste Ansatz, während TQM mit seinem Imperativ bezüglich der Kunden-, Mitarbeiter- und Prozessorientierung eher auf Integration und Konkretion zielt. Doch diese Unterschiede sind marginal. Letztlich zielen die Qualitätsphilosophien darauf ab, über Qualitäts-, Prozess- und Produktivitätssteigerungen die Wettbewerbsposition eines Unternehmens oder einer Volkswirtschaft zu festigen bzw. auszubauen.

1.3 Qualitätsmanagementsysteme

Die elementaren Vorstellungen der jeweiligen Philosophien bzw. Grundkonzepte können in Qualitätsmanagementsystemen formalisiert und systematisiert werden. Bei solchen QM-Systemen handelt es sich um durchstrukturierte Modelle, wie sie beispielsweise in der DIN ISO 9000 ff. oder im EFQM-Modell beschrieben wurden.

Qualität als Gesamtaufgabe

In diesen Modellen wird Qualität als Teil der Gesamtaufgabe eines Unternehmens betrachtet. Es geht hier also nicht mehr nur um die Qualitätssicherung als zeitliche, personelle und gegebenenfalls lokale Spezialveranstaltung am Ende des Leistungserstellungsprozesses.

Qualität wird vielmehr als eine unternehmerische Funktion verstanden, die gleichberechtigt neben dem Personal-, Beschaffungs-, Finanz-, Produktions- und Vertriebsmanagement steht. Solche Qualitätsmanagementsysteme enthalten Aufgaben sowie Funktionszuordnungen und fordern Strukturen, Maßnahmen und Kontrollen, so wie sie beispielsweise in der ISO 9001 dargestellt sind.

1.4 Qualitätsklassen bzw. -standards

Sollbeschreibungen der Produktgüte

Qualitätsstandards sind von kompetenten oder zugelassenen Stellen erlassene Sollbeschreibungen zur Güte eines Produktes oder einer Dienstleistung. Beispielsweise erkennt ein Reisender anhand der Anzahl der Sterne sofort, zu welcher Güteklasse ein Hotel gehört.

Die Wirtschaft hat im Interesse des Güterverkehrs und Verbraucherschutzes einen großen Bedarf an Standardisierungen. Dabei ist aber zu bedenken, dass es „den“ Standard nicht gibt, sondern Leistungen immer im Verhältnis zur Erwartung, zur Verwendung und zum Preis betrachtet werden müssen. Denn Qualität ist das, was der Kunde als das adäquate Verhältnis von Geld- und Gebrauchswert definiert.

1.5 Qualitätswerkzeuge

Probleme erkennen und beheben

Bei Qualitätswerkzeugen handelt es sich in der Regel um Techniken, mit denen Qualitätsprobleme diagnostiziert und behoben werden sollen. Dazu zählen Datensammlungs- und Problembearbeitungstechniken, Moderationswerkzeuge für Gruppensitzungen, Kreativitätsmethoden etc. Im Prinzip ist jede Methode, mit der eine Arbeit besser, schneller oder billiger verrichtet werden kann, ein Qualitätswerkzeug.

Das PDCA-Rad

Das wichtigste Werkzeug ist das so genannte PDCA-Rad. Die durch Kaizen hervorgerufenen Veränderungsprozesse vollziehen sich in vier Phasen bzw. Teilschritten:

1. *Plan:* In dieser ersten Phase wird ein Plan für die Verbesserung unter Berücksichtigung der wichtigsten Ergebnisse und größten Hindernisse entwickelt.
2. *Do:* Zunächst wird der Plan im kleinen Maßstab ausgeführt.
3. *Check:* Gegenstand dieser Phase ist die Überprüfung, ob die gewünschten Verbesserungen auch tatsächlich erzielt wurden.
4. *Act:* Hat sich das neue Vorgehen bewährt, werden die Maßnahmen Standard.

Sind alle vier Phasen des PDCA-Rades durchlaufen, beginnt der Zyklus von vorn. Das ständige Durchlaufen der Teilschritte führt zu einem immer stärkeren Eingrenzen von Problemen und ermöglicht die Verwertung von Erfahrungen aus den vorherigen Zyklen.

→ Ergänzende und vertiefende Informationen zum PDCA-Rad finden Sie im Kapitel F 4 dieses Buches.

1.6 Führungsinstrumente zur Qualitätsförderung

Qualitätsförderung als Führungsaufgabe

Qualitätsförderung wird immer mehr als eine Führungsaufgabe begriffen, die gleichrangig neben die klassischen Führungsaufgaben wie Planung, Kontrolle, Information / Kommunikation tritt. Hierbei kann sich die Führungskraft spezieller Führungsinstrumente bedienen. Dazu gehören beispielsweise Qualitätszirkel, betriebliches Vorschlagswesen, Projektgruppen und Zielvereinbarungen.

Literatur

Peter Becker: *Prozessorientiertes Qualitätsmanagement – Nach der Ausgabe Dezember 2000 der Normenfamilie DIN EN ISO 9000, Zertifizierung und andere Managementsysteme.* Renningen: Expert 2005.

Jörg-Peter Brauer und Gerd F. Kamiske: *Qualitätsmanagement von A bis Z. Erläuterung moderner Begriffe des Qualitätsmanagements.* 4., aktual. und erg. Neuaufl. München: Hanser 2003.

Deutsches Institut für Normung DIN (Hg.): *Qualitätsmanagement-Verfahren.* Berlin: Beuth 2004.

Karsten Füser: *Modernes Management – Lean Management, Business Reengineering, Benchmarking und viele andere Methoden.* 3., durchges. Aufl. München: dtv 2001.

Michael Hölzer und Michael Schramm: *Qualitätsmanagement mit mySAP.com (mit CD-ROM). Prozeßmodellierung, Customizing, Anwendung von mySAP QM 4.6.* Bonn: Galileo Press 2005.

Armin Töpfer und Hartmut Mehdorn: *Prozess- und wertorientiertes Qualitätsmanagement.* Berlin: Springer 2005.

2. Fehlerbaumanalyse

Deduktives Vorgehen

Die Fehlerbaumanalyse (englisch: Fault Tree Analysis bzw. FTA) ist ein Verfahren zur systematischen Suche nach denkbaren Ursachen für einen bestimmten, vorgegebenen Fehler. Der Begriff „Fehler" wird hier als unerwünschtes Ereignis verstanden. In deduktiver Vorgehensweise – also ausgehend vom unerwünschten Ereignis – werden alle möglichen Kombinationen, die das Ereignis verursachen können, in Form einer Baumstruktur aufgetragen.

Ziele

Ziele der Analyse sind:

- systematische Ermittlung aller Ausfallkombinationen (Ursachen), die zu einem Fehler führen
- Bewertung der Auftrittswahrscheinlichkeit des unerwünschten Ereignisses
- Ermittlung der kleinsten Ausfallkombination und damit der Antwort auf die Frage, wie viele Fehler nötig sind, damit das unerwünschte Ereignis eintritt

Vorteile der Methode

Ursprünglich stammt die Fehlerbaumanalyse aus dem Bereich der Luft- und Raumfahrttechnik und wurde im Auftrag der U.S. Air Force von den Bell Telephone Laboratories in den 1960er-Jahren entwickelt. Sie zeichnet sich durch eine leichte Erlernbarkeit sowie eine systematische und verständliche grafische Darstellung aus. Ein weiterer Vorteil liegt in der Möglichkeit, bei konsequenter Anwendung sämtliche Kombinationen von Fehlerursachen und den Auftrittswahrscheinlichkeiten zu identifizieren.

2.1 Systemanalyse

Genaue Systemkenntnis

Die Voraussetzung, um eine Fehlerbaumanalyse durchzuführen, sind genaue Kenntnisse des zu untersuchenden Systems. Daher werden zunächst alle verfügbaren Informationen wie beispielsweise Baupläne, Fluss- und Ablaufdiagramme, Handbücher etc.

gesammelt, um eine detaillierte Beschreibung zu erhalten. Unter anderem mittels dieser Unterlagen werden die folgenden Systemeigenschaften näher untersucht:

- Systemfunktionen
- Umwelteinflüsse
- Hilfsquellen (z. B. Energiequellen)
- Systemaufbau (Identifikation der einzelnen Komponenten und deren Zusammenwirken)

2.2 Erstellen des Fehlerbaums

Fehler festlegen

Mit der Festlegung eines vorgegebenen Fehlers – des so genannten Top-Ereignisses (top-event) – beginnt die Erstellung des Fehlerbaums. Die Auswahl des unerwünschten Ereignisses ist ein entscheidender Schritt, denn wenn das Ereignis zu allgemein formuliert ist, führt das zu einer zu hohen Komplexität des Baums. Andererseits können wichtige Fehlerquellen übersehen werden, wenn das Ereignis zu speziell formuliert wurde.

Wurde das unerwünschte Ereignis bestimmt, erfolgt die eigentliche Konstruktion des Fehlerbaums mittels folgender Symbole.

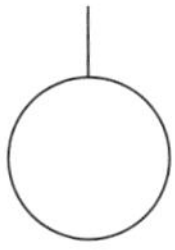

Kreis

Der *Kreis* symbolisiert ein Basisereignis (primäres Ereignis). Es wird nicht weiter verfeinert und stellt die feinste Auflösung des Fehlerbaums dar.

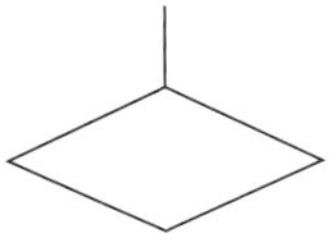

Raute

Die *Raute* stellt ein sekundäres Ereignis dar, welches nicht weiter zerlegt wird, weil keine näheren Details bekannt sind oder eine weitere Verfeinerung nicht erwünscht ist. Hier geht es um Fehler, die bei unzulässigen Einsatzbedingungen auftreten.

Rechteck

Das *Rechteck* wird zur Darstellung des unerwünschten Ereignisses (top-event) und von Zwischenergebnissen (intermediate event) genutzt.

Mit dem Top-Ereignis beginnen

Begonnen wird mit der Eintragung des Top-Ereignisses in ein Rechtecksymbol. Anschließend werden Ereignisse, die das unerwünschte Ereignis auslösen, ergänzt und logisch mit dem Top-Ereignis verknüpft.

Zwischenergebnisse weiter zerlegen

Wenn die auslösenden Ereignisse primär oder sekundär sind, erfolgt keine weitere Untersuchung. Zwischenergebnisse werden dagegen im nächsten Schritt wiederum als unerwünschte Ereignisse angesehen, weiter zerlegt und beschrieben. Dabei kommen hauptsächlich die nachfolgenden Symbole zum Einsatz (weitere Symbole werden in der Norm DIN 254242-1 definiert):

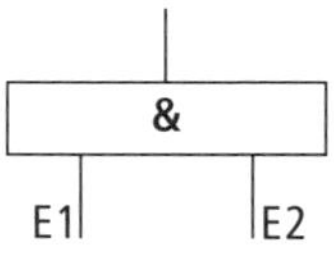

UND-Verknüpfung: Wenn die Bedingungen E1 und E2 beide zutreffen, dann tritt das Ereignis A ein (es kann beliebig viele Bedingungen geben).

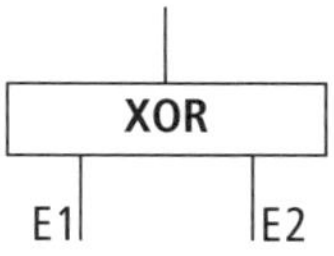

Ausschließende ODER-Verknüpfung: Das Ereignis A tritt ein, wenn genau *eine* der Bedingungen E1 oder E2 zutrifft (es kann beliebig viele Bedingungen geben).

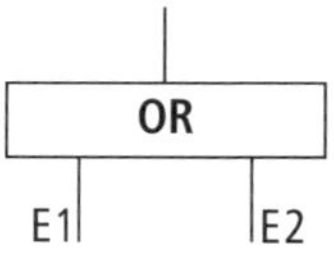

ODER-Verknüpfung: Das Ereignis A tritt ein, wenn *mindestens* eine der Bedingungen zutrifft (es kann beliebig viele Bedingungen geben).

Beispiel: Überlaufender Tank

Das Beispiel auf der rechten Seite zeigt einen vollständigen Fehlerbaum. Das unerwünschte Ereignis besteht im Überlaufen eines Tanks bei der Befüllung. Um dieses Überlaufen zu verhindern, gibt es zwei Schutzeinrichtungen: ein Kontrollventil und ein Notventil. Der Fehler kann durch menschliches Versagen oder durch einen Fehler in der Technik auftreten.

Die Abbildung des Fehlerbaums wurde nach einer Vorlage von Alexander Schäfer gestaltet.

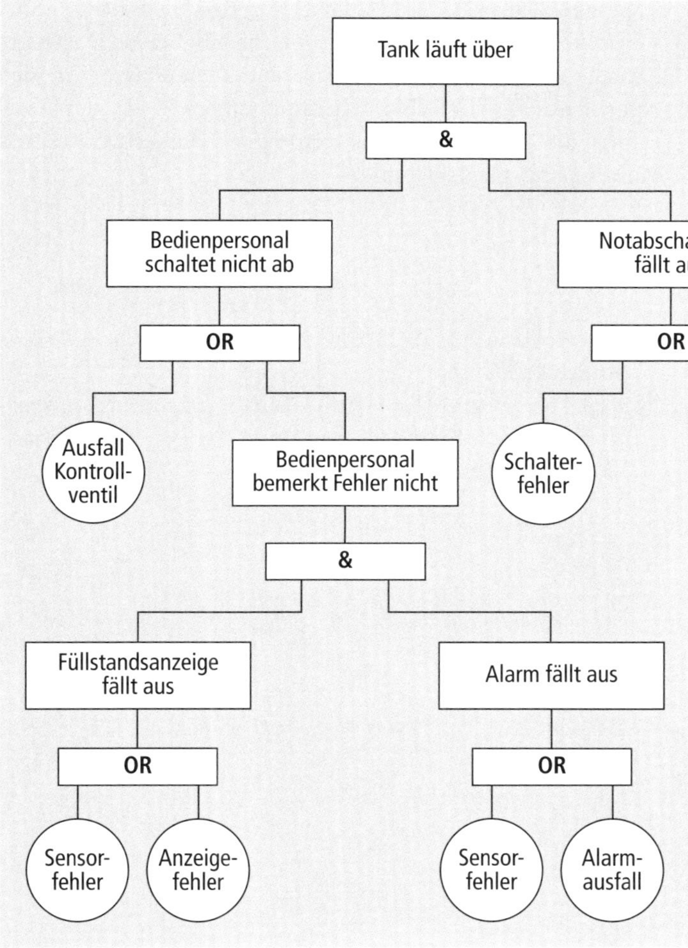

Beispiel für einen Fehlerbaum

2.3 Auswertung des Fehlerbaums

Minimalschnitte ermitteln

In der letzten Phase wird der Fehlerbaum quantitativ oder qualitativ ausgewertet. Bei der qualitativen Analyse wird anhand der Struktur des Baums die Bedeutung einzelner Ausfälle (Ereignisse) und Ausfallkombinationen bewertet. So genannte Minimalschnitte werden ermittelt. Diese Minimalschnitte enthalten eine minimale Anzahl von Ereignissen, die das unerwünschte

Ereignis auslösen. Man geht davon aus, dass die Eintrittswahrscheinlichkeit eines Top-Ereignisses umso höher ist, je weniger Ausfälle in einem Minimalschnitt enthalten sind. So werden Angriffspunkte zur Fehlerbehebung aufgezeigt. In der Regel erfolgt die quantitative Auswertung rechnergestützt mittels Wahrscheinlichkeitsrechnung.

Literatur

Ulrike Hoeth und Wolfgang Schwarz: *Qualitätstechniken.* München: Hanser 2002.

Philipp Theden und Hubertus Colsman: *Qualitätstechniken – Werkzeuge zur Problemlösung und ständigen Verbesserung.* München: Hanser 2005.

3. Fehlermöglichkeiten- und Einfluss-Analyse

Fehler vermeiden

Fehler zu vermeiden ist besser, als Fehler zu machen. Diese Grundweisheit wird niemand bestreiten. Doch *wie* können Fehler von vornherein vermieden werden? Die Fehlermöglichkeiten- und Einfluss-Analyse (FMEA) versucht darauf eine Antwort zu geben. Sie verfolgt das Ziel, mögliche Fehler zu erkennen und zu bewerten sowie Maßnahmen festzulegen, mit denen diese Fehler verringert oder verhindert werden.

Zur Geschichte

Auf der Basis vorhandener FMEA-ähnlicher Analysemethoden wurde die FMEA in der US-amerikanischen Raumfahrt- und Flugzeugindustrie Mitte der 1960er-Jahre entwickelt. Später wurde sie von der PKW-Industrie übernommen. Von dort aus fand sie Eingang in die PKW-Zuliefererbetriebe. Heute wird die FMEA auf der Basis von Formblättern oder PC-Programmen auch in vielen anderen Unternehmen betrieben.

3.1 Die Formen der FMEA

Zwei Formen

Die FMEA wird in zwei Hauptformen durchgeführt:
1. als Konstruktions-FMEA und
2. als Prozess-FMEA

Unterschiede

Beide Formen stehen in einem engen inhaltlichen Zusammenhang. Ihre prinzipiellen Schritte sind stets gleich und bedienen sich der gleichen Werkzeuge. Sie unterscheiden sich jedoch in der Zusammensetzung des Teams und der Problemstellung: Die Konstruktions-FMEA wird von Entwicklungsingenieuren praktiziert, während die Prozess-FMEA von Fachleuten aus der Fertigung verantwortet wird.

Die Konstruktions-FMEA sorgt dafür, dass ein Teil genau nach dem Konstruktionsziel gefertigt wird, während die Prozess-

FMEA potenzielle Fertigungs- und Montagefehler mit Blick auf die Ursachen vermeiden soll. In der Prozess-FMEA werden mögliche Fehler gestaffelt nach ihrer Bedeutung für den Kunden aufgelistet. Dementsprechend ist sie zugleich eine Art Prioritätenliste für Abstellmaßnahmen.

Gemeinsamkeiten

Beiden Formen ist die Frage nach der Risikopriorität potenzieller Fehler ebenso gemeinsam wie die sich daran anschließende Frage nach Beseitigungsmaßnahmen. Bei beiden Formen wird mit „lebenden Dokumenten" gearbeitet, das heißt, die Dokumente widerspiegeln stets den aktuellen Stand des Fehlervermeidungsniveaus.

Voraussetzungen

Um die FMEA erfolgreich einzusetzen, müssen einige Voraussetzungen im Umfeld gegeben sein. Dazu gehören insbesondere

1. die uneingeschränkte Unterstützung der Geschäfts- bzw. Werkleitung in dem Sinne, dass Qualität zur Chefsache erklärt wird.
2. Die Einbeziehung von Fachleuten aus unterschiedlichen Abteilungen in die Arbeit der FMEA-Teams, denn die Anwendung der FMEA geschieht im Team. Das bedeutet aber nicht, dass die gesamte FMEA-Arbeit am runden Tisch erfolgen muss. Teilaufgaben können auch von einzelnen Mitarbeitern durchgeführt werden.

3.2 Die Durchführung der Prozess-FMEA

Arbeitsgrundlagen

Neben den prinzipiellen Vorausetzungen geht die Prozess-FMEA von folgenden Arbeitsgrundlagen aus:

- An der FMEA-Startposition werden fehlerfreie Teile, Funktionen oder Prozesse unterstellt.
- Daraus folgt, dass es Ziel der FMEA sein muss, der nachfolgenden Stelle fehlerfreie Teile oder Funktionen zu übergeben.
- Informationen und Daten sollten möglichst einheitlich erfasst werden, was eine eindeutige Schreibweise voraussetzt.
- Beim Erfassen des gegenwärtigen Zustandes wird dieser genau beschrieben und bewertet. Erst anschließend werden

Optimierungen durchgeführt. Die Qualität der verfügbaren und genutzten Informationen wirkt auf die Qualität der FMEA.

- Die Prozess-FMEA wird in Abschnitte untergliedert, die jeweils einem Fertigungsschritt entsprechen. So werden gleiche Fertigungsschritte in unterschiedlichen Prozessen vergleichbar.

Beispiel: dieses Buch

Das FMEA-Arbeitsblatt auf der folgenden Seite ermöglicht eine systematische Analyse möglicher Fehler und Einflüsse. Am Beispiel des Entstehungsprozesses dieses Buches soll die FMEA erklärt werden. Der Leser wird gebeten, während der Lektüre die beiliegende FMEA-Tabelle von Spalte zu Spalte zu beachten.

Prozess

In der Spalte *Prozessbeschreibung/Prozesszweck* wird in einfacher Weise der Prozessschritt und -zweck beschrieben, beispielsweise so: Schreiben/Manuskript erstellen.

Möglicher Fehler

In der Spalte *Möglicher Fehler* finden sich alle potenziellen Mängel bzw. Reklamationsgründe eines bestimmten Prozessschrittes. Mögliche Fehler wären in unserem Buchbeispiel etwa zu viele Fach- und Fremdwörter sowie geschachtelte Bandwurmsätze, bei denen die Hauptsachen in Nebensätzen und Nebensächlichkeiten in Hauptsätzen stehen.

Mögliche Folgen

Die Auswirkungen auf den Kunden werden in der Spalte *Mögliche Folge(n) des Fehlers* beschrieben. Im Falle eines Buches wäre der Lektor Kunde des Prozessschrittes Schreiben. Schließlich ist er in der nächsten Bearbeitungsstufe der Empfänger des Manuskriptes. Jedoch sollen sich die Fehlerfolgen auf alle Kunden – sowohl intern als auch extern – beziehen.

Der Fehler selbst wird so beschrieben, wie der Kunde ihn bemerkt, empfindet oder erfährt. In Bezug auf Fachbegriffe und Fremdwörter bzw. Schachtelsätze wären dies mangelnde Verständlichkeit und schwere Lesbarkeit. Der Leser müsste gegebenenfalls häufiger in einem Fremdwörter- oder Fachlexikon nachschlagen oder Sätze nochmals lesen. Das wiederum führt zu Zeitverlusten und eventueller Unlust, dieses Buch weiterzulesen.

Fehlermöglichkeiten und Einfluss-Analyse
(Prozess-FMEA)

Teile- oder Prozessname / Nr.: ____________ Betroffene Lieferanten und Werke: ____________ Erstellt durch: ____________

Fertigungsverantwortung: ____________ Modell/Jahr/Typ: ____________ FMEA-Datum (Orig.): ____ (geändert.): ____

Andere betroffene Bereiche: ____________ Konstruktionsfreigabedatum: ____________ Produktionsserienbeginn: ____________

Prozessbeschreibung / Prozesszweck	Möglicher Fehler	Mögliche Folge(n) des Fehlers	Bedeutung	!	Mögliche Ursache(n) des Fehlers	Auftreten	Prozess-Sicherungsmethoden	Entdeckung	RPZ	Priorität der RPZ	Empfohlene Abstellmaßnahmen	Verantwortl. Bereich/Ing. + Termin	Durchgeführte Maßnahmen	Bedeutung	Auftreten	Entdeckung	RPZ

Der Informationszweck des Buches wird nicht erreicht. Außerdem wird der Leser schlecht über das Buch reden und anderen vom Kauf des Buches abraten. Daraus resultiert für den Verlag ein wirtschaftlicher Schaden und gegebenenfalls ein Imageverlust.

Bedeutung der Folgen

Im Feld *Bedeutung* werden die Folgen des möglichen Fehlers beim Kunden mittels Bewertungsfaktoren eingeschätzt, etwa so:

- *Sehr gering (1):* Der Fehler hat keine Folgen für Lesbarkeit und Verständlichkeit.
- *Gering (2-3):* Der Fehler führt nur zu einer leichten Beeinträchtigung der Lesbarkeit und Verständlichkeit.
- *Mäßig (4-6):* Der Fehler bewirkt eine mäßige Unzufriedenheit des Lesers, der die Beeinträchtigung der Lesbarkeit und Verständlichkeit als unangenehm empfindet.
- *Hoch (7-8):* Das Buch ist schwer verständlich. Der mit dem Buch geplante Lern- bzw. Informationseffekt ist beeinträchtigt. Der Leser ist sehr unzufrieden.
- *Sehr hoch (9-10):* Das Buch ist unverständlich. Der Leser kann es nicht nutzen.

Das Ausrufezeichen

Die Spalte mit dem Ausrufezeichen *!* wird markiert, wenn in der vorherigen Spalte die möglichen Fehler mit 9 oder 10 bewertet wurden und in den Spalten „Auftreten“ und „Entdeckung“ die Bewertung über 1 liegt.

Mögliche Ursachen

Die *möglichen Ursache(n) des Fehlers* oder Umstände, die den Fehler auslösten, werden in der folgenden Spalte beschrieben. Jede denkbare Ursache wird hier aufgelistet, und zwar so unmissverständlich, dass Mehrdeutigkeit vermieden wird und Fehler-Vermeidungsmaßnahmen wirkungsvoll eingeleitet werden können.

Dabei ist zu bedenken, dass es oft nicht nur eine Ursache gibt. Für den Fall, dass dieses Buch kompliziert und somit unverständlich geschrieben wurde, gibt es viele denkbare Ursachen – beispielsweise die Eitelkeit des Autors gepaart mit wissenschaftlichem Imponiergehabe oder seine mangelnde Bereitschaft bzw. Fähigkeit, sich in den Leser hineinzudenken.

Wahrscheinlichkeit des Auftretens

Wie wahrscheinlich ist es, dass einer der aufgelisteten Fehler auftritt? Diese Frage wird in Spalte *Auftreten* beantwortet. Auch hierzu wird eine Zehnerskala benutzt:

- *Unwahrscheinlich:* 1
- *Sehr gering:* 2
- *Gering:* 3
- *Mäßig:* 4-6
- *Hoch:* 7-8
- *Sehr hoch:* 9-10

Prozess-Sicherungs-methoden

Die eigentliche Fehlervermeidung beginnt bei der Frage nach den *Prozess-Sicherungsmethoden.* In Bezug auf die Gefahr eines schwer- oder gar missverständlichen Schreibstils könnte der Autor eine Testperson bitten, dass Buch oder Textteile daraus zu lesen, um dem Autor ein Feedback zu geben. Denkbar wäre auch ein Textprogramm, bei dem im Moment der Eingabe eines Fremdwortes automatisch ein Synonym angeboten wird.

Entdeckung

In der Spalte *Entdeckung* wird erneut mit einer Bewertungsskala von 1 bis 10 gearbeitet. Hier geht es um die Wahrscheinlichkeit, mit der mittels der zuvor beschriebenen Prozess-Sicherungsmethoden ein Fehler erkannt oder verhindert werden kann:

- *Sehr hoch:* 1-2
- *Hoch:* 3-4
- *Mäßig:* 5-6
- *Gering:* 7-8
- *Sehr gering:* 9
- *Absolute Sicherheit des Nichtentdeckens:* 10

Angenommen, das Textverarbeitungsprogramm würde bei jedem Fremdwort automatisch ein Synonym anbieten, dann wäre die Wahrscheinlichkeit des Entdeckens von Fremdwörtern sehr hoch.

RPZ

Die Bewertungsziffern in den Spalten Bedeutung, Auftreten und Entdeckung werden nun multipliziert. Das Ergebnis wird in die Spalte *RPZ* (Risiko-Prioritäts-Zahl) eingetragen. Im besten Fall liegt sie bei 1, im schlimmsten bei 1000. Der Mittelwert des Risikos liegt bei $5 \times 5 \times 5 = 125$. Eine RPZ, die über 125 liegt, signalisiert Handlungsbedarf.

Im Falle des Buchbeispiels könnte die RPZ-Rechnung so aussehen:

Fehler	Bedeutung		Auftreten		Entdeckung		RPZ
Fremdwörter	5	x	7	x	3	=	105

Priorität der RPZ

Die RPZ ist ein Hilfsmittel für Maßnahmen der strategischen Fehlervermeidung. Folgt man der Pareto-Analyse (siehe Kapitel B 2), müssten die möglichen Fehler mit der höchsten Risiko-Prioritäts-Zahl zuerst abgestellt werden. Die Rangfolge der RPZ kann in die Spalte *Priorität der RPZ* eingetragen werden.

Abstellmaßnahmen

Um Fehler zu verhindern, wird in die Spalte *Empfohlene Abstellmaßnahme(n)* eingetragen, welche Abstellmaßnahmen ergriffen werden sollten. Im Falle des missverständlichen Buches lautet die Empfehlung „Manuskripterstellung mit Personalcomputer unter Zuhilfenahme einer Textverarbeitung, die Fachbegriffe und Fremdwörter automatisch markiert und Synonyme vorschlägt".

Verantwortung

In die nächste Spalte werden die *verantwortlichen Personen* bzw. *Abteilungen* sowie der *Termin* für das Umsetzen der geplanten Maßnahmen eingetragen.

Durchgeführte Maßnahmen

Die folgende Spalte bietet Platz für einen Bericht, der die *durchgeführten Maßnahmen* in Stichworten dokumentiert.

Neue RPZ

Sind alle vorbeugenden Maßnahmen ergriffen worden, werden wieder die Werte für *Bedeutung, Auftreten* und *Entdeckung* ermittelt und daraus durch Multiplikation die neue Risiko-Prioritäts-Zahl *RPZ* errechnet.

Vielleicht erweckt diese Darstellung den Eindruck, dass die FMEA großen Aufwand erfordert. Zumindest zu Beginn ist das auch tatsächlich der Fall. Je intensiver aber die FMEA in einem Unternehmen praktiziert wird, umso stärker verringert sich der Zeit- und Arbeitsaufwand, der notwendig ist, um Fehler zu beheben. Außerdem lässt sich der FMEA-Arbeitsaufwand durch Computerunterstützung reduzieren.

Literatur

Deutsche Gesellschaft für Qualität: *FMEA – Fehlermöglichkeits- und Einflussanalyse.* Berlin: Beuth 2004.

Otto Eberhard: *Gefährdungsanalyse mit FMEA (m. CD-ROM) – Die Fehler-Möglichkeits- und Einfluss-Analyse gemäß VDA-Richtlinie. Mit Anwendungsbeispiel „Gefährdung von Maschinen“.* Renningen: Expert 2003.

Stefan Goebbels und Rüdiger Jakob: *Geschäftsprozess-FMEA – Fehlermöglichkeits- und Einfluss-Analyse für IT-gestützte Geschäftsprozesse.* Düsseldorf: Symposion Publishing 2004.

Thorsten Tietjen und Dieter H. Müller: *FMEA-Praxis (m. CD-ROM).* München: Hanser 2003.

4. Ishikawa-Diagramm

Nachdem mittels der weiter vorne beschrieben ABC- bzw. Pareto-Analyse (siehe Kapitel B 2) festgestellt wurde, welches Problem vorrangig gelöst werden muss, kann nun mit der Analyse spezieller Probleme begonnen werden. Hierzu dient ein einfaches Verfahren: Das Ursache-Wirkungs-Diagramm des Japaners *Kaoru Ishikawa,* auch bekannt als „4-M"- oder „Tannenbaum-Diagramm". Das Ishikawa-Diagramm entstand 1950 als methodisches Hilfsmittel, um Ursachen für Fertigungsprobleme in einem chemischen Betrieb zu erkennen, in dem immer wieder Fehler aufgetreten waren.

Ursachen erkennen

4.1 Zum Hintergrund

Bei einem Problem sind in der Regel viele sich gegenseitig beeinflussende Faktoren im Spiel. Um derartig komplexe Zusammenhänge dennoch auf einfache Art transparent und nachvollziehbar zu machen, nutzt das Ishikawa-Diagramm das Skelett eines Fisches als Muster. In der stilisierten Form enthält der Schädel die Problembeschreibung und das Skelett die dazu führenden Ursachen.

Fischgrätenmuster

Kaoru Ishikawa hat vier Hauptkriterien benannt, deren Analyse methodisch sicher zur speziellen Ursache führt. Es sind dies:

1. Mensch
2. Maschine
3. Material
4. Methode

Vier Hauptkriterien

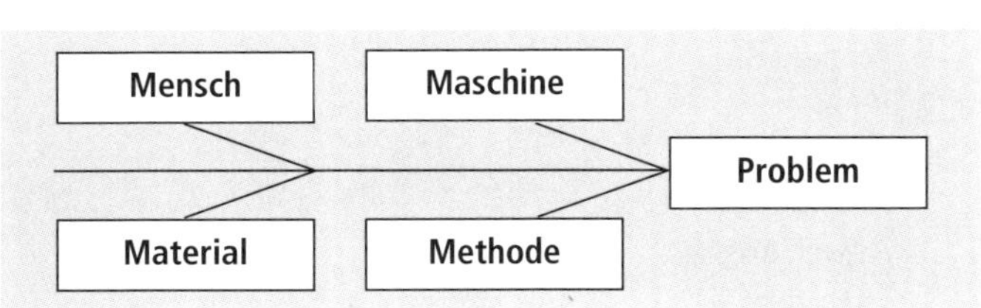

4.2 Die fünf Schritte der Ursachenanalyse

Fünf Schritte

Die Ursachenanalyse basiert auf den folgenden fünf Schritten:

1. Definition des Problems bzw. seiner Auswirkungen
2. Bestimmung der Hauptursachen (in der Regel Mensch, Maschinen, Material, Methoden)
3. Bestimmung der Einzelursachen
4. Auswahl der wahrscheinlichsten Ursachen
5. Überprüfung der wahrscheinlichsten Einzelursachen

Jede „Fischgräte“ bzw. Abzweigung ist ein möglicher Ursachenbereich. Davon können weitere Abzweigungen zu möglichen Teil- bzw. Einzelursachen abgehen.

Beispiele

Haupt- und Teilursachen sind zum Beispiel:

- *Mensch:*
  - Ausbildung
  - Erfahrung
  - Sorgfalt
  - Übung
  - Gesundheit
- *Maschine:*
  - Typ/Zustand
  - Alter
  - Geschwindigkeit
  - Energieversorgung
  - Ausrüstung
- *Material:*
  - Qualität
  - Gleichmäßigkeit
  - Zusammensetzung
  - Verfügbarkeit
  - Wert
  - Festigkeit
- *Methode:*
  - Reihenfolge
  - Ablaufänderungen
  - Anweisungen
  - Übergabe

„Gräten" hinzufügen

Möchte man die Ursachenanalyse weiter ausdifferenzieren, kann der „Fisch" noch weitere „Gräten" bekommen. So arbeitet man sich von einem Hauptproblem zu einzelnen Unterproblemen und schließlich zu deren Auslöser vor.

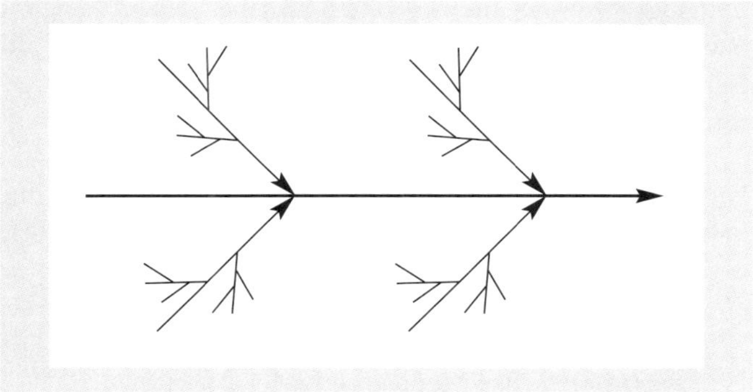

Beispiel für ein ausdifferenziertes Ishikawa-Diagramm

Systematisches Vorgehen

Diese Methode hat deduktiven Charakter, indem sie sich vom Allgemeinen zum Besonderen bewegt. Das garantiert ein systematisches und schrittweises Vorgehen.

Manchmal lassen sich die einzelnen Einflussgrößen auch selbst wieder in einem Ishikawa-Diagramm darstellen.

Modell ausweiten

Es spricht nichts dagegen, das Modell auszuweiten. Manche nutzen es als 6-M-Methode, indem sie noch „Management" und „Mitwelt" oder „Milieu" hinzufügen. Aber Sie müssen nicht sklavisch am Buchstaben „M" festhalten. Wenn es viele Ursachenbereiche gibt, dann sollten Sie auch entsprechend viele Gräten mit der jeweiligen Überschrift einfügen.

Literatur

Gerd F. Kaminske: *Qualitätsmanagement von A bis Z. Erläuterungen moderner Begriffe des Qualitätsmanagements.* 4. Aufl. München: Carl Hanser 2003. S. 51, 244 f. u. a.

5. Öko-Audit

Ein Öko-Audit kann man als Umweltbetriebsprüfung umschreiben. Umwelt-Audits gehören zu einer neuen Kategorie ökonomischer Instrumente im Umweltschutz, die auf die Selbststeuerungskräfte des Marktes und die Eigenverantwortung der Unternehmen und der Verbraucher setzen.

Der Ursprung

Die Öko-Audits haben Mitte der 1970er-Jahre in den USA und in England ihren Ursprung. Sie prüften zunächst, ob das Handeln des Unternehmens mit herrschenden Rechtsvorschriften übereinstimmt. Doch allmählich setzte sich eine Perspektive des betrieblichen Umweltschutzes durch, die von Aktivität und Eigenverantwortlichkeit geprägt ist.

5.1 Die EG-Öko-Audit-Verordnung

Definition des Begriffs

Nach der Begriffsdefinition der EG-Kommission versteht man ein Öko-Audit als ein Managementinstrument, das einer systematischen, dokumentierten, periodischen und objektiven Beurteilung dient, wie gut Umweltschutzorganisation, -management und -einrichtungen funktionieren.

Verordnung seit 1993

Die Erarbeitung der EG-Öko-Audit-Verordnung geht auf das vierte Umweltaktionsprogramm der EG zurück. Hier wurde vorgeschlagen, die Industrie durch geeignete Maßnahmen anzuhalten, die Erfordernisse des Umweltschutzes stärker bei der Betriebs- und Unternehmensführung zu berücksichtigen. Im fünften Umweltaktionsprogramm Anfang März 1993 wurde die Verordnung als ein umweltpolitisches Instrument, dessen Umsetzung auf dem Grundsatz der „Gemeinsamen Verantwortung“ beruht, verankert und am 10. Juli 1993 durch den zuständigen EG-Ministerrat im EG-Amtsblatt veröffentlicht.

Daraus sind die sich aus der Verordnung ergebenden Handlungsgrundsätze für ein Unternehmen:

Handlungsgrundsätze

1. Prüfung und Überwachung der Umweltverträglichkeit der gegenwärtigen Tätigkeiten
2. Ergreifung notwendiger Maßnahmen, um Umweltbelastungen zu vermeiden bzw. zu beseitigen
3. Vorherige Abschätzungen der Umweltauswirkungen jeder Tätigkeit und jedes neuen Produkts
4. Vermeidung unfallbedingter Emissionen von Stoffen oder Energie
5. Verfahren zur Kontrolle der Übereinstimmung aller Maßnahmen mit der Umweltpolitik
6. Konsequente Einhaltung der betrieblichen Umweltpolitik und der Umweltziele
7. Zusammenarbeit mit Behörden, um die Auswirkungen von etwaigen Unfällen möglichst gering zu halten
8. Förderung des Verantwortungsbewusstseins aller Mitarbeiter für die Umwelt
9. Beratung der Kunden über die Umweltaspekte der Produkte
10. Vorkehrungen, dass die auf dem Betriebsgelände arbeitenden Vertragspartner die gleichen Umweltnormen anwenden
11. Vollständige Information der Öffentlichkeit und offener Dialog über die Umweltauswirkungen der Unternehmenstätigkeit

5.2 Das Verfahren

Umweltpolitik festschreiben

Am Anfang steht die Selbstverpflichtung des Unternehmens zum Umweltschutz. Dieser Wille der Unternehmensleitung, umweltorientiert zu handeln, alle einschlägigen Gesetze zu beachten und nach der besten verfügbaren Technik zu verfahren, muss im Rahmen der festzulegenden Umweltpolitik fixiert werden. Die Dokumentation sollte spätestens nach der Umweltprüfung erstmals vorgenommen und nach jedem weiteren Prüfungszyklus überarbeitet werden.

Die Umweltprüfung

Die Umweltprüfung – auch Erst-Audit, Ist-Analyse oder Bestandsaufnahme genannt – legt den Grundstein für die weiteren Schritte des Ablaufschemas. Es wird der augenblickliche Zustand des betrieblichen Umweltschutzes und dessen Auswirkungen auf die Umwelt festgestellt, beschrieben und – soweit möglich – bewertet. Ziel ist eine solide Informationsbasis für die Erarbeitung einer Schwachstellenanalyse. Zentraler Bestandteil der ersten Umweltprüfung ist die Überprüfung der Einhaltung aller für den Standort einschlägigen umweltrechtlichen Vorschriften.

Drei Aufgaben der Umweltprüfung

Folgende drei Hauptaufgaben sind zu erfüllen:
1. systematische Erfassung und Dokumentation von Umweltvorschriften
2. Erfassung und Bewertung der Umweltauswirkungen
3. Ermittlung des Informations- und Bildungsbedarfs im Umweltschutz

Aufbau des Umweltmanagementsystems

Der Aufbau des Umweltmanagementsystems beinhaltet:
- die organisatorische Verankerung des Umweltmanagements und Öko-Controllings
- die Standardisierung der Datenerhebung für die Öko-Bilanzierung
- die Sicherstellung einer umweltschutzbezogenen Kommunikation und Personalentwicklung
- den Aufbau eines Dokumentations- und Kontrollsystems

Funktionsbereiche integrieren

Hier geht es nicht nur um die Festlegung von speziellen Zuständigkeiten für das Umweltschutzfachpersonal oder Umweltausschüsse, sondern zugleich um die Integration von Umweltschutzaufgaben in die betrieblichen Funktionsbereiche. Auch sind Maßnahmen zur Mitarbeiterinformation, -motivation und -beteiligung zu beschreiben, um so einen Lern- und Entwicklungsprozess und eine fundierte Personalentwicklung zu erreichen.

Teil des Managementsystems

Das Umweltmanagement ist also der Teil des gesamten, übergreifenden Managementsystems, der die Organisationsstruktur, Zuständigkeiten, Verhaltensweisen, förmliche Verfahren, Abläufe und Mittel für die Festlegung und Durchführung der Umweltpolitik einschließt.

Das Umweltprogramm

Über Ziele zu Maßnahmen

Das Umweltprogramm leitet mit qualitativen und quantitativen Zielen in ein konkretes Maßnahmenpaket über. Hier werden die Aufgaben für die Zeit bis zur nächsten Umweltbetriebsprüfung, aber auch langfristige Projekte festgeschrieben.

Das Umwelt-Handbuch

Qualitätsmanagementsysteme müssen praktiziert und dokumentiert werden. Dazu dient ein Umwelt-Handbuch. Für die Verwirklichung der gesetzlichen Umweltziele verlangt die EG-Öko-Audit-Verordnung die Aufstellung eines Umweltprogramms mit folgenden Punkten:

- Geplante Maßnahmen zur Erreichung der Ziele
- Terminplanung, Fristsetzung
- Zuständigkeiten
- Mittel, die notwendig sind, um Maßnahmen zu realisieren

Die Umweltbetriebsprüfung (als Testlauf)

Erfahrungen und Informationen aufarbeiten

Die Umweltbetriebsprüfung hat die Aufgabe zu testen, ob die erste Umweltprüfung korrekt durchgeführt wurde und ob das aufgebaute Umweltmanagementsystem den Anforderungen der Verordnung entspricht. Hierzu sollten im Rahmen von Besprechungen oder Workshops systematisch umweltbezogene Erfahrungen und Informationen aufgearbeitet werden.

Die erstmalige Durchführung einer Umweltbetriebsprüfung sollte als Test- und Übungslauf begriffen werden, dessen besonderes Augenmerk auf der Ausarbeitung von Checklisten und Interviewleitfäden sowie der Schulung von internen Umweltprüfern liegen sollte.

Die Umwelterklärung

Die Öffentlichkeit informieren

Die Umwelterklärung dient in erster Linie der Öffentlichkeitsarbeit eines Unternehmens. In der Präambel der Öko-Audit-Verordnung ist zu lesen: „*Die Unterrichtung der Öffentlichkeit durch die Unternehmen über die Umweltaspekte ihrer Tätigkeiten stellt einen wichtigen Bestandteil guten Umweltmanagements und eine Antwort auf das zunehmende Interesse der Öffentlichkeit an diesbezüglicher Information dar.*“

Inhalte der Umwelterklärung

Die wesentlichen Daten, Leistungen und Absichten des Unternehmens sollen beschrieben werden. Zu den Bestandteilen der Umwelterklärung gehören die Darstellungen

- der Umweltpolitik,
- des Umweltprogramms,
- des Umweltmanagementsystems
- und eine Zusammenfassung von Zahlenangaben über bedeutsame Umweltaspekte wie zum Beispiel Schadstoffemission und Abfallaufkommen.

Betriebsgeheimnisse bleiben gewahrt, da technische Angaben nicht zwingend mit anzugeben sind.

Prüfung und Validierung durch Umweltgutachter

Prüfung des Verfahrens und der Angaben

Die Umwelterklärung muss vor ihrer Veröffentlichung von einem unabhängigen staatlich zugelassenen Umweltgutachter für gültig erklärt werden. Der Gutachter prüft hauptsächlich, ob die dargestellten Verfahrensschritte des Öko-Audits allen Anforderungen der Verordnung gemäß durchlaufen wurden und ob die Angaben in der Umwelterklärung angemessen und glaubwürdig sind.

Die Begutachtung macht die Einsicht in Unterlagen, einen Besuch auf dem Gelände und Gespräche mit einzelnen Mitarbeitern notwendig. Der Umweltgutachter entwirft einen Bericht über die Prüfung an die Geschäftsleitung.

Inhalte des Berichts

Dieser Bericht umfasst:

- die festgestellten Verstöße gegen die Verordnung,
- die bei der durchgeführten Umweltprüfung, der Umweltbetriebsprüfung und dem Umweltmanagementsystem aufgetretenen technischen Mängel,
- die Einwände gegen den Entwurf der Umwelterklärung
- sowie konkrete Hinweise für Änderungen und Zusätze, die in den Entwurf aufgenommen werden müssen.

Falls der Umweltgutachter Mängel feststellt, werden die notwendigen Änderungen mit der Unternehmensleitung erörtert. Erst nachdem die Mängel abgestellt worden sind, erklärt er die Umwelterklärung für gültig.

Registrierung und Veröffentlichung der Umwelterklärung

Eintrag ins Register

Nach der Validierung durch den Gutachter wird der Unternehmensstandort in ein Register bei der Industrie- und Handelskammer bzw. der Handwerkskammer eingetragen, wenn die Überprüfung des Antrags durch die Registerstelle absolviert wurde. Die Registerstelle kontrolliert die Unterlagen und prüft, ob die Person, die die Gültigkeitserklärung ausgestellt hat, über die notwendige Fachkunde verfügt.

Werden alle Anforderungen erfüllt, erhält der Betrieb eine Registernummer und damit die Teilnahmeerklärung. Er darf nun für zunächst drei Jahre das EG-Öko-Audit-Zeichen für die Öffentlichkeitsarbeit verwenden.

Ablauf im Überlick

Das Verfahren hat damit folgenden Ablauf:

- Der erste Durchlauf
  1. Formulierung einer Umweltpolitik
  2. Ist-Aufnahme, Umweltprüfung, Schwachstellenanalyse
  3. Umweltziele, -programm
  4. Umwelterklärung
  5. Begutachtung durch Auditor
  6. Registrierung bei der IHK
  7. Werbung mit der Teilnahmeerklärung
- Weitere Durchläufe
  8. Umweltprüfung mindestens alle drei Jahre
  9. Anpassung der Umweltziele und des Umweltmanagementsystems
  10. Aktualisieren der Umwelterklärung
  11. Begutachtung und Registrierung
  12. Werbung mit der Teilnahmeerklärung

Literatur

Detlef Butterbrodt und Ulrich Tammler: *Ökoaudit, Umweltmanagementsystem – Umweltmanagement auf der Grundlage der „Öko-Audit-Verordnung“*. München: Hanser 1996.

Doktoranden-Netzwerk Öko-Audit e. V. (Hg.): *Umweltmanagementsysteme zwischen Anspruch und Wirklichkeit – Eine inter-*

disziplinäre Auseinandersetzung mit der EG-Öko-Audit-Verordnung und der DIN EN ISO 14001. Berlin: Springer 1998.

Volker Stahlmann und Jens Clausen: *Umweltleistung von Unternehmen – Von der Öko-Effizienz zur Öko-Effektivität*. Wiesbaden: Gabler 2000.

Marion Steven, Erich J. Schwarz und Peter Letmathe: *Umweltberichterstattung und Umwelterklärung nach der EG-Ökoaudit-Verordnung – Grundlagen, Methoden und Anwendungen*. Berlin: Springer 1997.

6. Wertanalyse

Das primäre Ziel der Wertanalyse ist es, den Unternehmenserfolg zu steigern. Der Ansatz ist anwendungsneutral und kann ohne Änderung der Grundsätze bei Problemen und Aufgaben unterschiedlichster Art wie Produkt- und Prozessverbesserung eingesetzt werden.

Unnötige Kosten eliminieren

Die Wertanalyse hilft die Produkte und Prozesse eines Unternehmens so zu verbessern, dass Aufwände (Kosten) reduziert und gleichzeitig die Marktanforderungen erfüllt werden. Probleme und unnötige Kosten werden identifiziert und eliminiert. Durch die besondere Methodik werden Ideen generiert und Innovationen entwickelt.

Definition nach Miles

Die Wertanalyse ist, so ihr Begründer Larry Miles, „eine organisierte Anstrengung, die Funktionen eines Produktes für die niedrigsten Kosten zu erstellen, ohne dass die (erforderliche) Qualität, Zuverlässigkeit und Marktfähigkeit des Produktes negativ beeinflusst werden".

Als Miles 1947 das Konzept der Wertanalyse vorstellte, sahen viele darin ein Instrument des Kostenmanagements. Später wurde sie als wertorientierte Strategie im Planungsbereich oder sogar als Managementsystem definiert. Das drückt sich auch in der deutschen Definition nach DIN 69910 aus:

Definition nach DIN 69910

„Die Wertanalyse ist ein System zum Lösen komplexer Probleme, die nicht oder nicht vollständig algorithmierbar sind. Sie beinhaltet das Zusammenwirken der Systemelemente

- *Methode (Projektarbeit, Kreativität, Systematik),*
- *Verhaltensweisen (Zweifel an Bestehendem; Bereitschaft zur Anpassung),*
- *Management (gibt Ziele vor)*

bei deren gleichzeitiger, gegenseitiger Beeinflussung mit dem Ziel einer Optimierung des Ergebnisses."

Diese Definition ist dem heutigen Bild der Wertanalyse angepasst. Der Faktor „Kosten“ wird hier nicht angesprochen. Im Vordergrund steht das Zusammenspiel der Systemelemente.

6.1 Voraussetzungen der Wertanalyse

Voraussetzungen

Notwendige Voraussetzungen und Erfolgsfaktoren für eine gelingende Wertanalyse sind:
1. Interdisziplinäre Organisation
2. Systematik und Methodiken
3. Wertorientiertes Denken
4. Funktionsorientiertes Denken
5. Teamarbeit
6. Kreativität

Diese Voraussetzungen bilden das Gerüst einer Wertanalyse. Fehlt einer dieser Bausteine, ist die Analyse nicht erfolgreich durchführbar.

Interdisziplinäre Organisation

Vorteile der Interdisziplinarität

Für die Durchführung einer Wertanalyse wird ein Projektteam gebildet. Dieses besteht aus einem Teamleiter (Moderator) und den Teammitgliedern, die aus unterschiedlichen Unternehmensbereichen kommen. Diese Interdisziplinarität sichert die nötige Wissensbreite und -tiefe und vermeidet Insellösungen.

Ganzheitliche Sicht, flexible Organisation

Alle bedeutsamen Einflüsse aus dem Unternehmen und der Umwelt sollten berücksichtigt werden. Dies reduziert das Risiko einseitiger Betrachtungen und das Ziehen falscher Schlüsse. Eine eigenständige Projektarbeit neben der Linienorganisation sichert die nötige Flexibilität und Qualität des Ablaufs. Der Teamleiter ist für ein Projekt verantwortlich und sollte die volle Unterstützung der Geschäftsleitung besitzen.

Systematik und Methodik

Die Funktionen im Blick

Der Wertanalyse liegt ein wert- und funktionsorientiertes Denken zugrunde. Sie fokussiert zunächst die Funktionen einer Leistung. Man betrachtet zum einen den Nutzen (Wert) der

Funktionen aus der Sicht des Kunden und zum anderen die Kosten für die Erstellung der Funktionen.

Fortschritte dokumentieren

Klare und quantifizierte Zielvorgaben fördern die Konzentration der Wertanalyse auf das Wesentliche und steigern dadurch die Effizienz des gesamten Projekts. Eine regelmäßige Kontrolle der Zielerreichung zeigt den Fortschritt des Projekts und kann mithilfe von Kennzahlen dokumentiert werden.

Ordnung durch Arbeitsplan

Der Arbeitsplan nach DIN 69910 (siehe Kapitel 6.2) gibt die Struktur des Arbeitsablaufs wieder. Er stellt den Leitfaden für die Wertanalyse dar, indem er Grundschritte benennt und die durchzuführenden Teilschritte aufführt. Der Arbeitsplan ordnet die notwendigen Tätigkeiten und sichert auf diese Weise, dass entscheidende Aufgaben nicht übersehen werden.

Wertorientiertes Denken

Definition „Wert"

Für die Wertanalyse spielt der Begriff „Gebrauchswert" eine wichtige Rolle. Dieser wird aus der Summe der aufgewendeten Mittel bestimmt, die dazu beitragen, den Zweck eines Produktes (oder einer Dienstleistung) zu erfüllen. Miles definiert den Begriff „Wert" wie folgt: „Wert ist der niedrigste Preis, den man für die Erfüllung einer Funktion bezahlen muss."

Kundensicht

Für die erfolgreiche Durchführung einer Wertanalyse bedarf es einer Quantifizierung des Wertes. Das bedeutet, dass der Wert eines Produktes durch eine bestimmte Geldmenge ausgedrückt wird. Aus Kundensicht gilt:

$$\text{Wert} = \frac{\text{Qualität (= Erfüllung der geforderten Funktionen)}}{\text{Summe der Aufwände (Preis)}}$$

Unternehmenssicht

Aus der Sicht des Unternehmens gilt:

$$\text{Wert} = \frac{\text{Funktionen}}{\text{Kosten}}$$

Unnötige Kosten erkennen

Eines der Ziele der Wertanalyse besteht darin, unnötige Kosten bei Produkten nachzuweisen und zu eliminieren. Es ist nicht schwierig, die Kostenkonzentration eines Produktes oder einer Dienstleistung zu erkennen. In der Entwicklungsphase eines Produktes können die bekannten Kalkulationsverfahren genutzt werden, bei einem bestehenden Produkt die Kostenberechnung. Die Schwierigkeit besteht im Erkennen jener Kostenanteile, die *unnötig* sind. Das funktionelle Vorgehen der Wertanalyse ermöglicht diese Identifizierung.

Funktionsorientiertes Denken

Definition „Funktion"

Unter einer Funktion wird hier jede einzelne Wirkung eines Objektes verstanden. Im Allgemeinen werden Funktionen als Elemente, Merkmale und Eigenschaften eines Produktes definiert, die nötig sind, damit das Produkt funktioniert und verkauft werden kann.

Solche Funktionen werden in der Regel mit einem Substantiv, das nach Möglichkeit quantifizierbar ist, und mit einem Verb im Infinitiv beschrieben.

Hohe und niedrige Abstraktionsgrade

Dieser Funktionssatz kann unterschiedliche Abstraktionsgrade aufweisen. Die Wahl des Abstraktionsgrades ist auf dem Hintergrund der Ideenfindung zu sehen. Wählt man einen hohen, so wird damit tendenziell ein größeres Feld für neue Ideen bereitet als im Fall eines niedrigen Abstraktionsgrades. Ein *zu* hoher Abstraktionsgrad kann allerdings dazu führen, dass die ursprüngliche Funktion nicht mehr erkennbar ist.

Zwei Funktionsarten

Funktionen werden in zwei Funktionsarten unterschieden:

1. *Gebrauchsfunktionen*
   Sie sind zur wirtschaftlichen Nutzung des Wertanalyse-Objektes erforderlich und meist quantifizierbar.
2. *Geltungsfunktionen*
   Sie erfüllen „nur" ästhetische Ansprüche und beeinflussen die Gebrauchsfunktionen nicht. Sie sind meist nur subjektiv quantifizierbar und in industriellen Projekten grundsätzlich zu hinterfragen.

Funktionsklassen

Die Funktionen werden auch in Funktionsklassen unterteilt. Es wird in Haupt- und Nebenfunktionen unterschieden. Die Hauptfunktionen stellen die Eigenschaften dar, welche das analysierte Produkt für seinen Verwendungszweck erfüllen muss. Dementsprechend sind die Nebenfunktionen nicht für den tatsächlichen Zweck des Produktes notwendig, obwohl sie in dem analysierten Produkt enthalten sind. Unnötige Funktionen sind jene, die nichts dazu beitragen, dass das Produkt besser funktioniert oder sich leichter verkaufen lässt.

Funktionsstammbaum

Um die verschieden Funktionen zu strukturieren, wird ein Funktionsstammbaum erstellt. Die Krone des Stammbaums bildet die Hauptfunktion. Die Nebenfunktionen werden nach dem Schema eines Organigramms angeordnet.

Teamarbeit

Anforderungen an das Team

Eine gute Zusammensetzung des Teams ist die Grundvoraussetzung für eine wirkungsvolle Wertanalyse. Die Wertanalyse erfordert kooperative Anstrengungen von jedem einzelnen Teammitglied. Eigenschaften wie Engagement, Kommunikationsvermögen und Veränderungsbereitschaft prägen die Qualität der Zusammenarbeit. Die Wertschätzung der einzelnen Teammitglieder und das Eingehen auf ihre Individualität sind unerlässlich. Werden diese Voraussetzungen erfüllt, können Ängste und emotionale Hemmungen, die die Entscheidungen der Beteiligten beeinflussen können, abgebaut werden.

Vorteile

Vorteile erfolgreicher Teamarbeit sind:

- Großes Wissenspotenzial
- Parallele anstatt serielle Problembearbeitung
- Gruppendynamik und Motivation
- Kurze Informationswege
- Großes Kreativpotenzial
- Hohe Entscheidungsqualität
- Gute Akzeptanz der Lösungen, da die Hauptbetroffenen an den Entscheidungen beteiligt werden.

Kreativität

Neue Ideen finden

Der Kern eines Wertanalyse-Projekts liegt in der Generierung von Ideen zur Leistungsgestaltung. Das Finden neuer Ideenelemente verlangt Aufgeschlossenheit, Bereitschaft zu Neuem,

Fantasie, Vorstellungskraft, Know-how und Erfahrungen. Für die Ideengenerierung werden Kreativitätstechniken eingesetzt wie beispielsweise das Brainstorming, der Morphologische Kasten oder die 635-Methode.

Zwei Denkformen kombinieren

Für die Ideensuche ist das so genannte „vermaschte Denken" hilfreich. Es setzt sich aus vertikalem und lateralem Denken zusammen:

- *Vertikales* Denken betrifft die *Tiefe* des Suchfeldes. Man geht Schritt für Schritt in eine Richtung vor. Vertikales Denken ist logisch-deduktiv.
- *Laterales* Denken betrifft die *Breite* des Suchfeldes. Man kann es als sprunghaftes und generatives Denken bezeichnen.

→ Ergänzende und vertiefende Informationen hierzu finden Sie im Teil „Kreatives Denken" im zweiten Band dieser Buchreihe (Methodenkoffer „Grundlagen der Arbeitsorganisation").

Ideen nicht zu schnell verwerfen

Wichtig für die Ideenfindung ist es, Lösungsansätze nicht vorschnell zu verwerfen. Eine große Ideenquantität erhöht die Wahrscheinlichkeit, über eine große Anzahl von Lösungsansätzen eine qualitativ hochwertige Lösung zu finden.

6.2 Vorgehen bei der Anwendung der Wertanalyse

Die Vorhergehensweise zur Durchführung einer Wertanalyse ist in der DIN-Norm 69910 geregelt. Der Arbeitsplan beinhaltet sechs Grundschritte:

Vorbereitung

1. *Vorbereitung des Projekts*
   Die Projektvorbereitung ist Voraussetzung für einen gesicherten Ablauf und gute Ergebnisse. Der erste Grundschritt besteht aus folgenden Teilschritten:
   - Moderator benennen
   - Auftrag übernehmen
   - Grobziel mit Bedingungen festlegen
   - Team bilden
   - Untersuchungsrahmen abgrenzen

– Projektorganisation festlegen
– Projektablauf planen

2. *Analyse der Objektsituation* **Ist-Zustand**
Das Analysieren der Ausgangssituation des Wertanalyse-Objektes bedeutet deren umfassendes Erkennen mit dem Zweck, durch Abstrahieren in Form von Funktionen ein möglichst breites Lösungsfeld zu erschließen. Bei vorhandenem Ist-Zustand stellt dieser den Ausgangszustand dar. Der zweite Grundschritt besteht aus folgenden Teilschritten:
– Objekt- und Umfeld-Informationen beschaffen
– Kosteninformationen beschaffen
– Funktionen ermitteln
– Lösungsbedingte Vorgaben ermitteln
– Kosten den Funktionen zuordnen

3. *Beschreibung des Soll-Zustandes* **Soll-Zustand**
Mit dem Beschreiben des Soll-Zustandes wird die Grundlage für die Ideensuche und für die Auswahl der Lösungen zum Erreichen der Einzelziele gegeben. Der dritte Grundschritt besteht aus folgenden Teilschritten:
– Informationen auswerten
– Soll-Funktionen festlegen
– Lösungsbedingte Vorgaben ermitteln
– Kostenziele den Soll-Funktionen zuordnen
– Aufgabenstellung prüfen

4. *Entwicklung von Lösungsideen* **Lösungsideen**
Dieser Grundschritt ist der schöpferische Kern der Methode. Kreativitätsfördernde Maßnahmen, die Nutzung von Kreativitätstechniken sowie die intensive Nutzung von Informationsquellen steigern die Quantität und die Qualität der Ideen. Der vierte Grundschritt besteht aus folgenden Teilschritten:
– Vorhandene Ideen sammeln
– Neue Ideen entwickeln

5. *Festlegung von Lösungen* **Lösung**
Dieser Schritt führt von der Ideensammlung durch Verdichten und Bewerten stufenweise zu einer nachvollzieh-

baren Entscheidung. Der fünfte Grundschritt besteht aus folgenden Teilschritten:
- Bewertungskriterien festlegen
- Lösungen bewerten
- Ideen zu Lösungsansätzen verdichten
- Lösungsansätze bewerten
- Lösungen ausarbeiten
- Endgültige Lösungen bewerten
- Entscheidungsvorlage erstellen
- Entscheidungen herbeiführen

Verwirklichung

6. *Verwirklichung von Lösungen*
   Die Umsetzung der ausgewählten Lösungen in die Praxis stellt das Arbeitsergebnis sicher und schließt spätestens mit der Implementierung des Ergebnisses das Wertanalyse-Projekt ab. Der sechste Grundschritt besteht aus folgenden Teilschritten:
   - Realisierung im Detail planen
   - Realisierung einleiten
   - Realisierung überwachen
   - Projekt abschließen

6.3 Fazit

Werkzeug des Managements

Die Entwicklung und die industrielle Anwendung der Wertanalyse haben gezeigt, dass die Wertanalyse nicht nur ein Instrument des Kostenmanagements ist, sondern auch ein schlagkräftiges Werkzeug des Managements, um die Wettbewerbsfähigkeit eines Unternehmens zu erhalten oder zu steigern.

Noch kein „Value Management"

Die Wertanalyse wird in Deutschland vor allem „klassisch" eingesetzt, das heißt kostenorientiert zur Wertverbesserung materieller Produkte. Eine Ausweitung auf ein mögliches *Value Management* ist in Deutschland noch nicht erkennbar. Auch die Kundenorientierung bei der Projektgestaltung ist noch nicht weit vorangeschritten. Im Vergleich zu Europa wird in den USA die Wertanalyse (Value Engineering oder Value Analysis) häufiger angewendet.

Der Vorteil der Wertanalyse steckt in der Methodik. Sie stellt die Produktmerkmale zur Disposition und hinterfragt, inwieweit der abnehmerseitig gewünschte Nutzen auch mit einer durch Kreativität herausgefunden einfacheren bzw. kostengünstigeren Lösung erzielt werden kann. Die Erfolgsfaktoren der Wertanalyse sind die Kombination von System und Methodik sowie Teamarbeit und Kreativität.

Suche nach einer günstigeren Lösung

Literatur

Albert Bronner und Stephan Herr: *Wertanalyse. Vereinfachte Wertanalyse mit Formularen und CD-ROM.* 3., neu bearb. und erg. Aufl. Berlin: Springer 2003.

Hans-Jürgen Probst und Monika Haunerdinger: *Kosten senken. Mit Rechner zur ABC-Analyse, Wertanalyse, Leerkostenanalyse, Formular zur Schwachstellenanalyse und vieles mehr auf CD-ROM.* Freiburg: Haufe 2005.

Zentrum Wertanalyse der VDI-Gesellschaft Systementwicklung und Projektgestaltung (VDI-GSP): *Wertanalyse.* 5., überarb. Aufl. Düsseldorf: VDI-Verlag 1995.

TEIL H

Strategische Managementthemen

1. Strategisches Management

Strategien überprüfen und anpassen

Globaler Wettbewerb und dynamische Veränderungen konfrontieren Unternehmen mit neuen Herausforderungen. Unternehmenslenker sind genötigt, ihre Strategien und Konzepte auf ihre generelle Tauglichkeit hin zu überprüfen und sie anzupassen. Worauf kommt es dabei an?

Von externen zu internen Faktoren

Die Schwerpunkte und Perspektiven der Strategiediskussion änderten sich im Laufe der Zeit. Während bis in die 1980er-Jahre hinein noch unternehmensexterne Faktoren – wie beispielsweise der Wettbewerbsvorteil oder die Marktführerschaft – die Kristallisationspunkte waren, rückten in den 1990er-Jahren unternehmensinterne Aspekte – wie die Prozessoptimierung oder die Veränderung der Unternehmenskultur – in den Mittelpunkt.

Beide Aspekte verbinden

In der zweiten Hälfte des Jahrzehnts erkannte man jedoch immer mehr, dass auch diese Punkte für sich allein genommen keine Erfolgsgarantie sind. Es kommt heutigen Erkenntnissen zufolge vielmehr darauf an, *beide* Aspekte zu berücksichtigen, oder, um es mit den Worten des deutschen Managementexperten Hermann Simon zu sagen: „Eine gute Unternehmensstrategie muss immer externe Chancen und interne Ressourcen miteinander verbinden“ (Simon 2000, S. 10).

1.1 Der Begriff „Strategie“

Sprachliche Herkunft

Die Literatur bietet eine Vielzahl von Definitionen des Begriffs „Strategie“, sodass die Gefahr der begrifflichen Beliebigkeit droht. Sprachlich gesehen stammt der Begriff aus der griechischen Sprache. Er geht auf die beiden Wörter stratós (= Heer) und ágein (= führen) zurück und meint demnach die „Kunst der Heeresführung“ oder die „Feldherrenkunst“.

Militärischer Gebrauch

Im 19. Jahrhundert wurde der Begriff vom preußischen General Carl von Clausewitz aufgegriffen und im militärwissenschaftlichen Zusammenhang als „Gebrauch des Gefechts zum Zwecke des Krieges" definiert: „Taktik ist die Kunst, Truppen in der Schlacht richtig einzusetzen. Strategie ist die Kunst, Schlachten richtig einzusetzen, um Kriege zu gewinnen."

Übertragung auf Spieltheorie

1947 übertrugen John von Neumann und Oskar Morgenstern den Strategiebegriff auf die von ihnen entwickelte Spieltheorie und definierten ihn als „Folge von Einzelschritten, die auf ein bestimmtes Ziel hin ausgerichtet sind".

Verwendung in der Wirtschaft

Igor Ansoff „importierte" 1965 den Strategiebegriff in die Führungstheorie. Von nun an verstand man unter einer Strategie „Maßnahmen zur Sicherung des langfristigen Unternehmenserfolges". Seit jener Zeit wurde bei allen anderen Definitionsangeboten nur noch der Blickwinkel verändert bzw. angereichert, aber die Grundidee der langfristigen Unternehmenssicherung beibehalten. „Strategie ist die Kunst und die Wissenschaft, alle Kräfte eines Unternehmens so zu entwickeln und einzusetzen, dass ein möglichst profitables, langfristiges Überleben gesichert wird" (Simon 2000, S. 9).

Gemeinsamkeiten

Außerdem finden sich folgende Gemeinsamkeiten in allen Erklärungsansätzen zum Thema Strategie:

- *Langfristigkeit*
  Strategien sind auf weite Sicht konzipiert, das heißt, mit ihnen werden langfristige Ziele verfolgt. Der Zeitraum der strategischen Planung beträgt im Allgemeinen acht bis zehn Jahre.
- *Orientierung an den Unternehmenszielen*
  Strategien werden auf Basis der grundlegenden Unternehmensziele entwickelt, die sich wiederum aus der Unternehmensvision ableiten. Sie stellen als Maßnahmen zur Erreichung der Unternehmensziele somit eher den Weg als das eigentliche Ziel dar.
- *Beobachten des Unternehmensumfeldes*
  Strategische Entscheidungen werden stets unter Berücksichtigung der Aktivitäten relevanter Marktteilnehmer getroffen.

Stetige Überwachung

- *Anpassungsfähigkeit*
  Aufgrund ihres Langfristcharakters können unvorhersehbare unternehmensinterne und -externe Entwicklungen eintreten, die eine flexible Anpassung der Strategien erforderlich machen. Strategien bedürfen daher einer stetigen Überwachung.
- *Planung und Abstimmung der strategischen Ziele*
  Da sich strategische Ziele auf das Unternehmen als Ganzes beziehen, ist es erforderlich, diese bewusst zu planen und innerhalb des Unternehmens abzustimmen, um Zielkonflikten somit vorzubeugen.
- *Strategie als Aufgabe der obersten Führung*
  Strategien liegen aufgrund ihrer wesentlichen Bedeutung für die langfristige Entwicklung des Unternehmens im Aufgabenbereich des Topmanagements.

Ziele planen und erreichen

Mit einer Strategie will ein Unternehmen seine Mission erfüllen bzw. seine Ziele erreichen. Während sich die Strategie zu Clausewitz' Zeiten einzig auf die Auswahl der Mittel bezog, um vorgegebene Ziele zu erreichen, schließt sie heute zusätzlich die Strategieentwicklung und die Zielplanung mit ein.

1.2 Aktuelle Strategietrends

Klassifikation ist schwierig

Es fällt schwer, das aktuelle Strategiemanagement zu klassifizieren. Die Autoren Demmer und Hoerner (2001) bringen es auf diesen Nenner, der zugleich Titel ihres Buches ist: „Heiße Luft in neuen Schläuchen".

Beispiel: Peter Senge

Diese Charakterisierung erscheint nicht abwegig. Wenn man einmal genauer in die modernen Management-Gebetsbücher schaut, beispielsweise in Peter Senges „Lernende Organisation" (vgl. Kapitel H 7 „Lernende Organisation"), dann stellt sich die Frage, was den Erfolg dieses Werkes und ähnlicher Bücher ausmacht. Was Senge „mental models" nennt, hieß bei dem englischen Krea(k)tivisten Edward de Bono schon vor 25 Jahren einfach nur „Denkmuster". Auch die anderen Aspekte der Theorie der „Lernenden Organisation", Team-, Visions- und

Systemmanagement, sind Denkprodukte einer anderen Epoche und anderer Personen. Der im Titel begründete Erfolg dieses Buches steht im umgekehrten Verhältnis zum Inhalt.

Zwei Denkschulen

Dennoch haben sich zwei neue Denkschulen des strategischen Managements in der jüngeren Vergangenheit herauskristallisiert, und zwar die Lehre von den Wettbewerbskräften und die ressourcenbasierte Strategie.

Von außen nach innen

Michael Porter, Vordenker der Lehre von den Wettbewerbskräften (vgl. Kapitel H 2 „Wettbewerbsstrategie"), stellt externe Markt- und Wettbewerbschancen in den Vordergrund seiner Überlegungen. Er sieht in den externen Wettbewerbskräften die Hauptbestimmungsfaktoren des Unternehmenserfolges. Darum sollte die Strategiefindung von außen, vom Markt, dem Wettbewerb und den Kunden her, erfolgen. Interne Fähigkeiten sollten mit Blick auf diese Faktoren entwickelt werden. Diese Von-außen-nach-innen-Strategie basiert auf den folgenden drei Aspekten:

1. Gegebene Branchenstruktur
2. Entsprechender Prozess im Unternehmen
3. Leistung

Von innen nach außen

Im Gegensatz dazu steht die ressourcenbasierte Strategie, deren Hauptvertreter Gary Hamel und C. K. Prahalad sind (vgl. Kapitel H 3 „Kernkompetenzen"). Hier sind die vorhandenen Unternehmensressourcen, also die Kompetenzen und Potenziale, der Ausgangspunkt für das Nachdenken über die „richtige" Wettbewerbsstrategie. Diese Von-innen-nach-außen-Strategie basiert auf drei Aspekten:

1. Interne Ressourcen
2. Entsprechender Prozess im Unternehmen
3. Leistung

Probleme mit der Balance

Vielen Unternehmen fällt es schwer, beide Aspekte unter einen Hut zu bringen. Besonders Großunternehmen haben Probleme, diese Pole auszubalancieren. Solche, die es schaffen, erreichen damit einen Vorsprung gegenüber jenen Mitbewerbern, die dies nicht zu leisten vermögen.

Marktorientierter und ressourcenorientierter Ansatz im Vergleich (Quelle: Krüger/Homp 1997, S. 63)

	Marktorientierter Ansatz	Kernkompetenzen-bezogener, ressourcenorientierter Ansatz
Denkfigur	Unternehmung als Portfolio von Geschäften	Unternehmung als Reservoir von Fähigkeiten und Ressourcen
Allgemeine Zielsetzung	Wachstum durch Cash-flow-Balance im Laufe des Lebenszyklus	Nachhaltiges Wachstum durch Entwicklung, Nutzung und Transfer der Kernkompetenzen
Träger des Wettbewerbs	Geschäfteinheit gegen Geschäftseinheit	Unternehmung gegen Unternehmung
Konkurrenzgrundlage	Produktbezogene Kosten- oder Differenzierungsvorteile	Ausnutzung von unternehmensweiten Kompetenzen
Charakter des strategischen Vorteils	zeitlich befristet, erodierbar, geschäftsspezifisch, wahrnehmbar	dauerhaft, schwer angreifbar, transferierbar in andere Geschäfte, verborgen (tacit knowledge)
Strategiefokus	tendenziell defensiv: Ausbau und Verteidigung bestehender Geschäfte; Anpassung der Strategie an die Wettbewerbskräfte	tendenziell offensiv: durch Kernkompetenztransfer, Weiterentwicklung alter und Aufbau neuer Märkte; Beeinflussung der Wettbewerbskräfte
Planungshorizont	eher kurz- und mittelfristig	betont langfristig
Rolle der Geschäftseinheiten	Quasiunternehmung, »Owner« von Personen und Ressourcen (Profit Center)	Speicher von Ressourcen und Fähigkeiten (Center of Competence)
Aufgabe des Topmanagements	Zuweisung von finanziellen Ressourcen an die strategische Geschäftseinheit	Integration von Ressourcen und Fähigkeiten auf Basis eines inhaltlichen Gesamtkonzepts

Viele Nebenströme

Außer diesen beiden Hauptrichtungen der modernen Theoriediskussion speisen sich eine Menge von Nebenströmen aus der

Quelle des Schlanken Managements. Deren Kernbotschaften lauten:
1. Kundenorientierung
2. Human-Resources-Orientierung
3. Wettbewerbsorientierung
4. Prozessorientierung
5. Qualitätsorientierung
6. Innovationsorientierung

Die Mittel und Wege hierzu sind u. a. Qualitätsmanagement, Prozessmanagement, Supply-Chain-Management, Kundenmanagement, Wissensmanagement, Shareholder-Value-Management und Mergers&Aquisitions-Management.

Unterschiede

Alle diese Strategieansätze zielen letztendlich darauf, die Wettbewerbsposition von Unternehmen zu verbessern, also Produktivität und Profitabilität zu steigern. Die Unterschiede liegen in der Schwerpunktsetzung bzw. konzeptionellen Vorgehensweise. Normalerweise wird ein Schlüsselfaktor (z. B. Wissen, Qualität, Prozesse) in den Vordergrund gerückt und mit einem Begriff belegt, der eine positive Assoziation hervorruft (z. B. Selbstorganisation, Lernende Organisation, Shareholder Value).

Gemeinsamkeiten

Dann folgt ein Gerippe, das bei allen Strategiemodellen und Managementkonzepten etwa so aussieht:
1. Visionen entwickeln
2. Ziele setzen
3. Mitarbeiter begeistern
4. Projektgruppe einrichten
5. Konzept umsetzen

Die Konzepte bedingen sich gegenseitig

Man kann sich die verschiedenen strategischen Ansätze wie kreisförmig nebeneinander liegende und zur Mitte, zum Ziel hin, überlappende Kreise vorstellen. Auch überschneiden sich diese Kreise partiell, so beispielsweise das Qualitätsmanagement mit dem Prozessmanagement. Überhaupt ist das eine nicht ohne das andere vorstellbar, denn die Konzepte bedingen sich gegenseitig. Ein gutes Innovationsmanagement funktioniert nicht ohne ein ebenso gutes Human-Resources-Management.

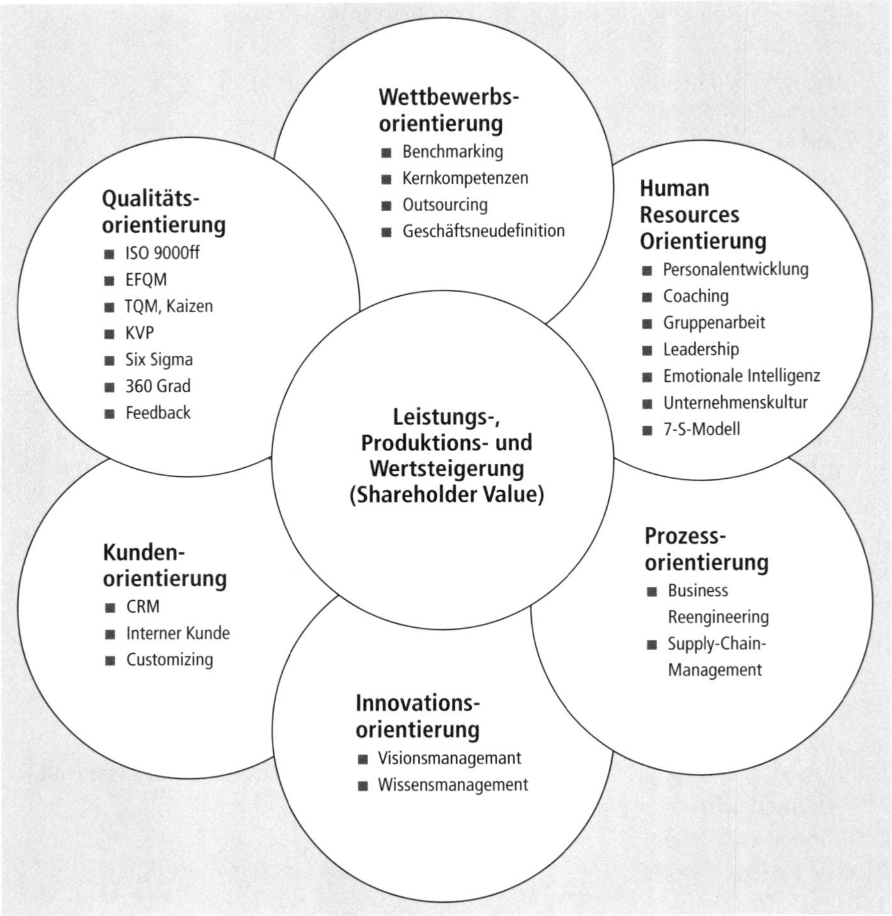

Der Wert der Modelle

Es stellt sich die Frage nach dem Wert der vorliegenden Strategiemodelle. Schon Peters und Waterman hatten Anfang der 1980er-Jahre darauf aufmerksam gemacht, dass die bestgeführten Unternehmen nicht deshalb erfolgreich sind, weil sie einfach anders sind als die „graue Masse", sondern weil sie Management-Schulweisheiten auf den Kopf stellen (Peters und Waterman1986, S. 147).

Zwanzig Jahre später bestätigt Gary Hamel dies. Er stützt sich dabei auf eine vom Gallup-Institut durchgeführte Umfrage bei

500 Unternehmensleitern. Nach deren Meinung gleichen sich die Strategien von Unternehmen immer mehr an, weil Erfolgsrezepte sklavisch imitiert werden (vgl. Hamel 2000, S. 63). Ein Riesenheer von Beratern überträgt die Best Practice auf die Nachzügler und fördert so die strategische Konvergenz. Führungskräfte, welche dieselben Fachmagazine lesen, dieselben Messen besuchen oder den Beratern von McKinsey oder Kienbaum zuhören, beschleunigen die strategische Konvergenz. Darum nennt Hamel den Untertitel seines Buches „Das revolutionäre Unternehmen – Wer Regeln bricht, gewinnt". Fazit: Wenn sich eine Strategie nicht von anderen unterscheidet, ist sie bereits verbraucht.

1.3 Einige Empfehlungen für die eigene Strategieformulierung

Eher Verwirrung als Klärung

Die Suche nach besseren und erfolgsträchtigeren Lösungen und Methoden führte im Laufe der letzten zwei Jahrzehnte zum Entstehen zahlreicher Strategieempfehlungen und Konzepttools. Das trug vielfach eher zur Verwirrung als zur Klärung bei. Darum sind Unternehmensführer gut beraten, die folgenden Aspekte bei der Strategiefindung zu berücksichtigen:

1. Die von den „Strategiegurus" propagierten Rezepte sind kritisch zu hinterfragen, denn jedes Medikament hat Nebenwirkungen.
2. Es gibt keine strategische Standardlösung. So wie ein gutes Fahrrad an den Radfahrer angepasst wird, so muss auch die Strategie auf die Organisation zugeschnitten werden.

Viele Projekte scheitern

3. Der Aufwand zur Umsetzung der Konzepte darf nicht unterschätzt werden. So begeisterten sich in anfänglicher Euphorie beispielsweise rund 50 Prozent der amerikanischen Großunternehmen für Business Reengineering. Von diesen Projekten führten nach Schätzungen von James Champy jedoch etwa zwei Drittel nicht zum erwarteten Erfolg (vgl. Hammer / Champy 1996, S. 274).
4. Zudem gilt es zu erkennen, dass die „richtige" Managementstrategie von heute nicht zwingend auch noch morgen das Erfolgsrezept ist. Die Komplexität der Unternehmensumwelt

macht es erforderlich, Strategien und Konzepte regelmäßig zu überprüfen und sich gegebenenfalls von ihnen zu verabschieden.

Lineare Pläne im dynamischen Umfeld sind unbrauchbar

In einem dynamischen Umfeld, dessen Trends immer weniger bestimmbar sind, können sich Unternehmen den Luxus eines akribisch genauen Planungsprozesses nicht mehr leisten. Fünf- und Zehnjahrespläne mit exakten Bestimmungen der Zwischenziele beruhen auf einem linearen Strategieverständnis, bei dem der Weg von der Vision über Planungen und Entscheidungen, Handlungen und Kontrollen zu (möglichst) schwarzen Bilanzzahlen führt. In einem „turbodynamischen“ Umfeld brauchen Unternehmen jedoch ein anderes Vorgehen, nämlich ein solches, bei dem die Feinabstimmung der Reflexe sowie die Suche und der Aufbau temporärer Chancen im Mittelpunkt stehen.

Ein nie endender Prozess

Die Strategieformulierung kann somit als ein nie endender Prozess des Lernens und des Suchens nach besseren Mitteln und Wegen verstanden werden, um ein langfristiges und möglichst erfolgreiches Überleben eines Unternehmens sicherzustellen.

Literatur

Bernd Camphausen: *Strategisches Management.* München: Oldenbourg 2003.

Christine Demmer und Rolf Horner: *Heiße Luft in neuen Schläuchen. Ein kritischer Führer durch die Managementkonzepte.* Frankfurt/M.: Eichborn 2001.

Aloys Gälweiler: *Strategische Unternehmensführung.* 3. Aufl. Frankfurt/M.: Campus 2005.

Gary Hamel: *Das revolutionäre Unternehmen. Wer Regeln bricht, gewinnt.* München: Econ 2001.

Michael Hammer und James Champy: *Business Reengineering. Die Radikalkur für das Unternehmen.* 2. Aufl. München: Heyne 1999.

Wilfried Krüger und Christian Homp: *Kernkompetenz-Management. Steigerung von Flexibilität und Schlagkraft im Wettbewerb.* Wiesbaden: Gabler 1997.

Günter Müller-Stewens und Christoph Lechner: *Strategisches Management. Wie strategische Initiativen zum Wandel führen. Der St. Galler General-Management-Navigator.* 2., überarb. und erw. Aufl. Stuttgart: Schäffer-Poeschel 2003.

Thomas J. Peters und Robert H. Waterman jun.: *Auf der Suche nach Spitzenleistungen. Was man von den bestgeführten US-Unternehmen lernen kann.* Landsberg: Moderne Industrie 1986.

Hermann Simon: *Das große Handbuch der Strategiekonzepte. Ideen, die die Businesswelt verändert haben.* 2. Aufl. Frankfurt / Main: Campus 2000.

Walter Simon: *Moderne Managementkonzepte von A bis Z.* Offenbach: GABAL 2002.

Martin K. Welge und Andreas Al-Laham: *Strategisches Management. Grundlagen, Prozess, Implementierung.* 4., aktual. Aufl. Wiesbaden: Gabler 2003.

2. Wettbewerbs-strategien

Wettbewerbsvorteile erzielen

Unternehmen streben danach, Wettbewerbsvorteile zu erzielen. Der Autor des Buches „Wettbewerbsvorteile", Michael E. Porter, schreibt (2000, S. 42): „Ein Wettbewerbsvorteil lässt sich dadurch erzielen, dass man vergleichbaren Käuferwert effizienter bereitstellt als die Konkurrenz (niedrigere Kosten) oder dass man zu vergleichbaren Kosten, aber in unverwechselbarer Weise etwas bietet, das mehr Käuferwert erzeugt als die Angebote der Konkurrenz und sich deshalb mit einer höheren Marge verkaufen lässt (Differenzierung)." Unternehmen gewinnen, wenn ihre Angebote entweder billiger oder anders sind und als solches vom Kunden wahrgenommen werden.

Idee der Wertschöpfungskette

Hinter der Idee des Wettbewerbsvorteils steht die Vorstellung der Wertschöpfungskette, wie Porter es nannte. Jedes Glied dieser Wertschöpfungskette erhöht den Wert, für den der Kunde zu zahlen bereit ist.

Wettbewerbsstrategie ist Voraussetzung für Vorteile

Um Wettbewerbsvorteile zu erzielen, bedarf es einer Wettbewerbsstrategie. Jedes im Wettbewerb stehende Unternehmen verfolgt mehr oder minder bewusst eine Wettbewerbsstrategie. Zu diesem Zweck müssen, so die Empfehlungen des „Strategiepapstes" Porter, vorab die wichtigsten Unternehmensziele, die Maßnahmen zu deren Realisierung sowie die eigentliche Wettbewerbsausrichtung festgelegt werden. Das aber setzt voraus, zunächst den Wettbewerb und die beteiligten Akteure exakt zu analysieren.

2.1 Marktumfeldanalyse

Genaue Kenntnis erlangen

Die Wettbewerbs- bzw. Marktumfeldanalyse wird eingesetzt, um eine genaue Kenntnis des Unternehmensumfeldes und der auf das Unternehmen einwirkenden sozialen wie ökonomischen Kräfte zu erlangen. Ihr Schwerpunkt liegt in der Branche bzw. bei den unmittelbaren Konkurrenten des Unternehmens. Dabei sind die nachfolgenden Punkte zu beachten:

- *Gefahr durch Markteintritt neuer Konkurrenten* **Neue Konkurrenten**
  Durch den Eintritt neuer Marktteilnehmer werden zusätzliche Kapazitäten in den Markt gebracht. Solch ein Eintritt wird in der Regel mit hohem finanziellen Aufwand und aggressiven Preiskämpfen betrieben, die darauf zielen, Marktanteile zu erlangen. Infolgedessen könnte die Rentabilität des Geschäftsfeldes sinken.
- *Grad der Rivalität unter den Wettbewerbern* **Rivalität**
  Der Grad der Wettbewerbsintensität der Marktteilnehmer, welcher sich von einem friedlichen Nebeneinander bis hin zu aggressiver Rivalität bewegen kann, wird durch die Branchenattraktivität und daraus resultierende Positionskämpfe bestimmt. Eine Eskalation der Rivalität kann letztendlich dazu führen, „dass alle Wettbewerber darunter leiden und am Ende schlechter dastehen als zuvor“ (Porter 1999).
- *Gefahr durch Substitutionsprodukte* **Substitution**
  Mit einem innovativen, das eigene Erzeugnis obsolet machenden Produkt müssen Unternehmen ständig rechnen. Eine Verdrängung der existierenden Produkte kann durch die neuen Erzeugnisse wie auch durch Veränderungen im Konsumentenverhalten stattfinden.
- *Verhandlungsmacht der Abnehmer* **Macht der Abnehmer**
  Die Abnehmer „konkurrieren“ mit dem Unternehmen, indem sie die Preise drücken, höhere Qualitäten oder bessere Leistungen verlangen und Konkurrenten gegenseitig ausspielen – alles auf Kosten der Rentabilität der Branche.
- *Verhandlungsmacht der Lieferanten* **Macht der Lieferanten**
  Die relativ starke Position der Lieferanten besteht darin, dass sie Preise und Qualität bestimmen. Bei Branchen mit geringem Handlungsspielraum, bei denen Preissteigerungen nicht an die Kunden weitergegeben werden können, führt dies zwangsläufig zu Rentabilitätseinbußen.

Aus den gewonnenen Erkenntnissen wird nun die Wettbewerbsstrategie entwickelt.

2.2 Typen von Wettbewerbsstrategien

Die Analysen zu diesem Thema beziehen sich zumeist auf oligopolistische Marktsituationen, wie sie in den meisten Branchen vorzufinden sind.

Wechselseitige Beeinflussung

In der Theorie der oligopolistischen Märkte bilden die im Markt operierenden Unternehmen ein System der wechselseitigen Beeinflussung. Durch das Wettbewerbsverhalten eines Unternehmens wird das Verhalten der anderen Wettbewerber beeinflusst (Hinterhuber 1990, S. 77). Dies bedeutet, dass ein Unternehmen im Wettbewerb durch nicht vorhersehbare Aktionen des Konkurrenten getroffen und geschädigt werden kann.

Beziehung von Marktanteil und Rentabilität

Porter verneint die Existenz einer linearen Beziehung zwischen Marktanteil und Rentabilität. Aus dieser Prämisse folgt, dass das strategische Zielobjekt, das Ausmaß der Marktbearbeitung, auch ein anderes sein kann als nur ein hoher Marktanteil. Es gibt stattdessen zwei erfolgversprechende Strategieansätze. Zum einen besteht die Möglichkeit der Kostenführerschaft, verbunden mit einem hohen Marktanteil, zum anderen die der Differenzierung. Diese führt zu einem relativ geringen Marktanteil, da das Unternehmen nur selektiv bestimmte Zielgruppen anspricht.

U-Kurve nach Porter

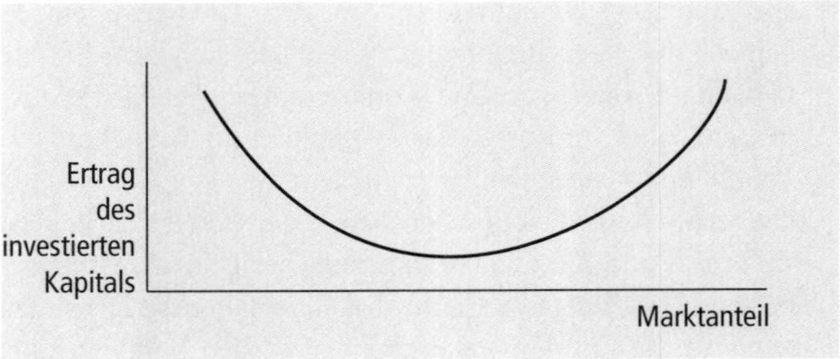

Mittelposition ist fatal

Wie aus der U-Kurve klar ersichtlich ist, kommt es auf eine Entweder/Oder-Strategie an. Eine „Strategie zwischen den Stühlen“ ist unbedingt zu vermeiden. Solch eine Mittelposition kann sich langfristig als fatal erweisen, da sie mit einem Verlust der relativen Konkurrenzvorteile hinsichtlich Qualität und Preis verbunden ist. Die Folge wäre eine niedrigere Marge und somit Probleme für den weiteren Fortbestand des Unternehmens. Dies ist durch eine frühzeitige Entscheidung für eine der erfolgversprechenden Strategien zu vermeiden.

Drei Grundkonzeptionen

Angesichts der weiter vorne beschriebenen fünf Wettbewerbskräfte lassen sich drei Grundkonzeptionen zur Entwicklung einer Strategie unterscheiden:
1. Umfassende Kostenführerschaft
2. Differenzierung
3. Konzentration auf Schwerpunkte

Wettbewerbsstrategien im Überblick

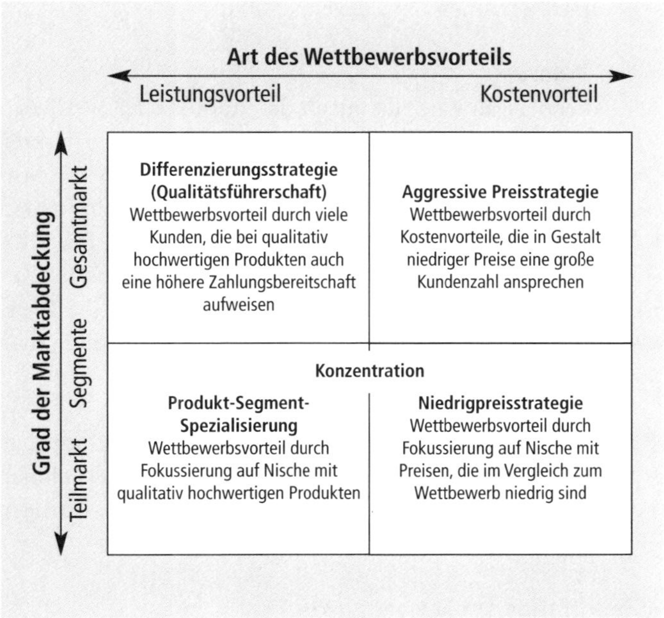

Umfassende Kostenführerschaft

Vorteil durch niedrige Preise

Ziel der umfassenden Kostenführerschaft ist es, auf Basis des Erfahrungskurveneffektes die Stückkosten unter das Niveau der wichtigsten Wettbewerber zu senken und durch relativ niedrige Preise einen Wettbewerbsvorteil zu erlangen. So soll ein wirksamer Schutz gegen die Konkurrenten aufgebaut werden, da diese einem längerfristigen Preiswettkampf nicht standhalten können.

Nachteile

Um die Kostenführerschaft zu erreichen, sind häufig massive Erstinvestitionen in die branchenüblichen Anlagen und aggressive Preissetzungen erforderlich. Hierbei ist auch mit Anfangsverlusten zu rechnen. Durch den intensiven Aufbau von Produktionsanlagen sollen Betriebsgrößenersparnisse (Economies of Scale) erreicht werden, das heißt sinkende Stückkosten bei steigender Menge pro Zeiteinheit.

Zur Überwachung der Umsetzung der gewählten Strategie ist ein effizientes Kostenkontrollsystem in Verbindung mit einem wirksamen Berichtssystem unverzichtbar.

Differenzierung

Abheben durch Einzigartigkeit

Die Differenzierung zielt darauf ab, das Produkt oder die Dienstleistung so zu modifizieren, dass ein einzigartig neuer Nutzen für den Abnehmer generiert wird, mit dem man sich von Mitbewerbern abheben kann. Im Gegensatz zur Kostenführerschaft beruht die Strategie der Differenzierung nicht auf Effizienz, sondern zielt auf Flexibilität und Anpassungsfähigkeit. Ihr Ziel ist es, die Abnehmer an die Marke zu binden und die Preisempfindlichkeit zu verringern, was das Unternehmen auch automatisch von den Wettbewerbern abschirmt.

Wichtigstes Ziel dabei ist nicht das Erreichen von Marktanteilen, sondern den Markt so abzugrenzen, dass das Unternehmen innerhalb dieses Teilsegmentes eine Position des einzigartigen Nutzens erreicht.

Konzentration auf Schwerpunkte

Marktnische bedienen

Die dritte Grundkonzeption besteht in einer Konzentration auf Marktnischen, also auf einen bestimmten Teil des Produktsortiments, eine bestimmte Abnehmergruppe oder einen geografisch abgegrenzten Markt. Alle Tätigkeiten eines Unternehmens sind hier auf die Erfüllung der Bedürfnisse einer spezifischen Abnehmergruppe gerichtet.

Diese Grundkonzeption beruht auf der Prämisse, dass das Unternehmen durch Spezialisierung auf bestimmte Kundengruppen einen Wettbewerbsvorteil gegenüber solchen Konkurrenten erzielen kann, die eine Marktausrichtung auf ein breiter gefasstes Marktsegment haben. Das Ergebnis ist entweder Produktdifferenzierung, Kostenführerschaft oder eine Kombination der beiden Strategien. Es handelt sich hierbei somit nicht um eine neue Strategieform, sondern nur um die gezielte Anwendung der beiden Grundkonzeptionen in einem speziellen Segment.

Differenzierung, Kostenführerschaft oder Kombination

2.3 Konkurrenzanalysen

Zur Sicherung oder zum Ausbau der Branchenposition sind auch die Wettbewerber zu untersuchen. Die hierzu eingesetzte Konkurrenzanalyse verfolgt den Zweck, alle bedeutenden existierenden und potenziellen Wettbewerber hinsichtlich ihrer zukünftigen Potenziale und zu erwartenden Wettbewerbsstrategien zu untersuchen, um dies bei der Erstellung der eigenen Wettbewerbsstrategie entsprechend zu berücksichtigen.

Wettbewerber untersuchen

Porter nennt diese vier Elemente der Konkurrenzanalyse:

Vier Elemente

1. *Diagnose der Ziele für die Zukunft*
   Hierbei wird versucht, anhand der Unternehmensziele eines Wettbewerbers und dessen derzeitiger Position am Markt auf dessen Zufriedenheit mit der gegenwärtigen Situation zu schließen.
2. *Annahmen*
   Das zweite Element beinhaltet die Annahmen des Wettbewerbers über sich selbst und über die Branche mitsamt den anderen Konkurrenten.
3. *Analyse der gegenwärtigen Strategie*
   Das dritte Element der Konkurrenzanalyse gibt Auskunft über die aktuelle Strategie eines Wettbewerbers. „Die Strategie eines Konkurrenten stellt man sich am besten vor als Kombination seiner wichtigsten Instrumente in jedem Funktionsbereich mit der besonderen Art, wie er die Funktionsbereiche untereinander zu verbinden sucht. Diese Strategie

kann explizit oder implizit sein – sie existiert immer in der einen oder anderen Form“ (Porter 1992, S. 97).

4. *Fähigkeiten der Wettbewerber*
   Eine realistische Einschätzung der Konkurrenten hinsichtlich ihrer Fähigkeiten gibt Auskunft darüber, ob die Wettbewerber überhaupt dazu in der Lage sind, strategische Schritte zu ergreifen.

Marktsignale beachten

Sehr wichtig ist die Wahrnehmung und richtige Interpretation von Marktsignalen. „Marktsignale zu ignorieren heißt soviel, wie die Konkurrenz selbst zu ignorieren“ (Simon 2000, S. 24).

Unter Marktsignalen werden jegliche Handlungen des Wettbewerbers verstanden, die einen direkten oder indirekten Hinweis auf seine möglichen Vorhaben, Motive, Ziele oder interne Situation geben. „Das Verhalten der Wettbewerber erzeugt in vielfältiger Weise Signale. Manche sind Bluffs, andere sind Warnungen, wieder andere sind verbindliche Hinweise auf zukünftige Handlungsverläufe“ (Porter 1992, S. 110).

2.4 Wettbewerbsmaßnahmen

Spürbare Abhängigkeit

Im Wettbewerb miteinander konkurrierende Unternehmen stehen in einer gegenseitigen Abhängigkeit zueinander. Jedes Unternehmen spürt die Auswirkungen der Maßnahmen der Wettbewerber und fühlt sich gedrängt, darauf zu reagieren.

Krieg vermeiden

Ziel der Wettbewerbsmaßnahmen ist es, unter Wahrung der eigenen Interessen eine Strategie zu entwickeln, die zu einer Verbesserung der eigenen Wettbewerbsposition führt, ohne die Konkurrenz zu einem ernsthaften Wettbewerbskrieg zu animieren. Hierzu zählen sowohl offensive Schritte zur Positionsverbesserung als auch defensive Schritte, die Konkurrenten von unerwünschten Aktionen abhalten sollen.

Strategien gegenüber Abnehmern

Vier Kriterien

In den meisten Branchen wird eine Vielzahl von verschiedenen Kunden bedient. Um hieraus die interessantesten und zukunftsträchtigsten Abnehmer herauszufiltern und qualitativ zu beurteilen, gibt Porter vier allgemeine Kriterien vor:

1. *Kaufbedürfnisse der Kunden*
   Es muss überprüft werden, ob die Fähigkeiten und Leistungen des Unternehmens ausreichen, um die Ansprüche der jeweiligen Kundengruppe zu befriedigen.
2. *Wachstumspotenzial*
   Dieses hängt wiederum von drei Faktoren ab: der Wachstumsrate der Branche, der Wachstumsrate des Marktsegmentes, in welchem der Kunde agiert, sowie dem Ausmaß, in welchem sich in Zukunft der Marktanteil des Kunden in seiner Branche ändert.
3. *Strukturelle Position*
   Hierbei muss gefragt werden, welche potenzielle Verhandlungsstärke der Kunde besitzt und inwieweit er gewillt ist, diese einzusetzen, um niedrigere Preise zu fordern.
4. *Bedienungskosten*
   Es wird analysiert, in welchem Ausmaß Kosten bei der Auftragsabwicklung der jeweiligen Kunden entstehen. Hierbei werden das Auftragsvolumen, die benötigte Lieferzeit, Vertriebskosten, Stetigkeit des Auftragsflusses für die Zwecke der Planung und Logistik sowie der Zwang zur Auftragsfertigung oder Modifizierung berücksichtigt.

Fähigkeiten überprüfen

„Das grundlegende strategische Prinzip bei der Auswahl von Abnehmern besteht darin, gemäß den oben genannten Kriterien die günstigsten erreichbaren Abnehmer auszuwählen und zu versuchen, an sie zu verkaufen" (Porter 1992, S. 163).

Abnehmer auswählen

Strategien gegenüber Lieferanten

Durch Preiserhöhungen, Qualitätsveränderungen bei den angebotenen Produkten und Dienstleistungen sowie durch die Lieferzeiten können starke Lieferanten einen großen Einfluss auf die Rentabilität eines Unternehmens ausüben. Um diesen Einfluss möglichst gering zu halten, muss der Einkauf so gestaltet werden, dass die Ursachen der Lieferantenmacht überwunden oder neutralisiert werden können.

Einfluss gering halten

Hierzu bieten sich die folgenden vier Maßnahmen an:

Zu breite Streuung vermeiden

1. *Streuen der Einkäufe*
   Das Auftragsvolumen mit jedem einzelnen Lieferanten muss eine solche Dimension erreichen, dass dieser weiterhin bemüht ist, die Geschäftsbeziehungen aufrechtzuerhalten. Eine zu breite Streuung sollte aber vermieden werden, da dadurch die Verhandlungsposition geschwächt und der damit verbundene mengenmäßige Kostenersparniseffekt nicht voll ausgeschöpft werden kann.

Sich nicht zu abhängig machen

2. *Umstellungskosten vermeiden*
   Die Flexibilität in der Auswahl der Lieferanten muss permanent gewährleistet sein, um auf markttechnische Veränderungen jederzeit reagieren zu können. Eine zu große Anbindung an technische Unterstützungen des Lieferanten sollte somit vermieden werden, um sich nicht zu stark vom Lieferanten abhängig zu machen.
3. *Zusätzliche Bezugsquellen fördern und unterstützen*
   Ziel dieser Maßnahmen ist es, die langfristigen Versorgungskosten und -risiken zu minimieren.
4. *Standardisierung fördern*
   Für alle Unternehmen einer Branche kann es ratsam sein, die Standardisierung technischer Spezifikationen in den Branchen zu fördern, aus denen sie ihre Ware beziehen, um somit die Produktdifferenzierung der Lieferanten abzubauen und den Aufbau von Umstellungskosten zu untergraben.

2.5 Strategische Grundsatzentscheidungen

Integration und Kapazität

Die strategischen Grundsatzentscheidungen beziehen sich auf den Grad der Integration von Prozessen und die Kapazitätserweiterung.

Vertikale Integration

Prozesse kombinieren

Vertikale Integration ist die Kombination technisch verschiedenartiger, jedoch zur Hauptproduktion komplementärer Prozesse. Sie kann in zwei Richtungen durchgeführt werden, einerseits durch Rückwärtsintegration, das heißt, wenn alle für die Hauptproduktion benötigten Rohstoffe, Dienstleistungen etc. im Unternehmen bereitgestellt werden, oder andererseits durch Vorwärtsintegration. Hierbei kommt die Übernahme nachgelagerter Vertriebsstufen in Betracht.

Strategische Vorteile

Die strategischen Vorteile liegen in der Kostenersparnis, im effizienten Wissensaustausch zwischen vor- und nachgelagerten Geschäftseinheiten sowie in der Sicherung der Versorgungs- und Absatzwege bei Engpässen nebst der Erhöhung von Eintritts- und Mobilitätsbarrieren für Mitbewerber.

Erweiterung der Kapazität

Eine der wichtigsten Entscheidungen

„Die Erweiterung der Produktionskapazität zählt zu den wichtigsten strategischen Entscheidungen der Unternehmensleitung, und zwar aufgrund der Höhe und Irreversibilität des Kapitaleinsatzes, der Komplexität des Entscheidungsprozesses und der Langfristigkeit seiner Auswirkungen“ (Hinterhuber 1990, S. 207). Im Rahmen der wettbewerbsorientierten Unternehmensführung wird laut Porter über Kapazitätsausbau nicht mehr alleine anhand von Cashflow-Prognosen sondern auch von Prognosen des Konkurrenzverhaltens entschieden.

Präventivstrategie

Hierbei ist besonders die Präventivstrategie hervorzuheben. Diese Strategie, welche vornehmlich in wachsenden Märkten praktiziert wird, zielt darauf ab, wesentliche Teile des Marktes frühzeitig zu besetzen, um Erweiterungspläne bestehender und Eintrittspläne neuer Konkurrenten zu verhindern.

Bei erfolgreicher Durchführung der Präventivstrategie kann eine hervorragende Position am Markt erreicht werden, aber diese Strategie ist auch sehr riskant. Es werden frühzeitig massive Investitionen in Märkte getätigt, deren vollständige Entwicklung in den seltensten Fällen absehbar ist.

2.6 Schlussbemerkung

Großes Interesse

Porters Theorie zur Wettbewerbsstrategie stieß in den 1980er-Jahren auf großes Interesse. Die neuen Denkansätze wirkten sehr einleuchtend, da sie eindeutig fundiert und deshalb wegweisend schienen und es bis zu diesem Zeitpunkt noch keine ernst zu nehmende Theorie darüber gab, mit welcher Wettbewerbsstrategie ein Unternehmen seinen Konkurrenten entgegentreten sollte.

Kritik an Porter

Es gibt allerdings auch kritische Stimmen, welche die Kernaussage Porters nicht teilen, dass sich ein Unternehmen für eine der drei Strategien – Kostenführerschaft, Konzentration auf Schwerpunkte oder Differenzierung – entscheiden muss und eine kombinierte, als „zwischen den Stühlen“ bezeichnete Strategie als langfristig nicht erfolgreich durchführbar gilt. So liegen empirische Untersuchungen vor, die zeigen, dass auch gemischte Strategien Erfolg versprechen. Und auch Murray und Hill erhoben Einwand gegen die Behauptung der Unvereinbarkeit der Strategien und zeigten, dass gemischte Strategien nicht ausgeschlossen werden müssen (vgl. Kapitel H 3 „Kernkompetenzen“).

Literatur

Hans Corsten: *Grundlagen der Wettbewerbsstrategie.* Wiesbaden: Teubner 1998.

Hans H. Hinterhuber: *Wettbewerbsstrategie.* 2., völlig neu bearb. Aufl. Berlin: de Gruyter 1990.

Cynthia A. Montgomery und Michael E. Porter (Hg.): *Strategie.* Frankfurt/M.: Ueberreuter 2001.

Michael E. Porter: *Wettbewerbsvorteile. Spitzenleistungen erreichen und behaupten.* 6. Aufl. Frankfurt/M.: Campus 2000.

Michael E. Porter: *Wettbewerbsstrategie. Methoden zur Analyse von Branchen und Konkurrenten.* 10., durchges. und erw. Aufl. Frankfurt/Main: Campus 1999.

Hermann Simon: *Das große Handbuch der Strategiekonzepte. Ideen, die die Businesswelt verändert haben.* 2. Aufl. Frankfurt/Main: Campus 2000.

3. Kernkompetenzen

Markt- und Ressourcenfokussierung

Der Kernkompetenzgedanke wird schon in den Anfängen der Betriebswirtschaftslehre aufgegriffen und erwähnt. Doch erst Anfang der 80er-Jahre des letzten Jahrhunderts wurde die Diskussion zu diesem Thema eröffnet. Die entscheidenden Impulse hierfür setzten Michael Porter mit seiner Theorie der Marktfokussierung (vgl. Kapitel H 2 „Wettbewerbsstrategie“) und in Gegnerschaft zu ihm C. K. Prahalad und Gary Hamel mit ihrer Theorie der Ressourcenfokussierung.

Kernkompetenzen als kollektives Wissen

Letztere meinten, dass ein Unternehmen die Macht besitzt, die Entwicklung im Bereich der Endprodukte aktiv mitzugestalten, solange es bei der Herstellung seiner Kernprodukte eine weltweite Führungsposition innehat. „Die Kernkompetenzen sind so etwas wie das kollektive Wissen der Organisation, insbesondere was die Koordination diverser Herstellungstechniken und die Integration unterschiedlicher Technologiebereiche betrifft ... Im Gegensatz zu den materiellen Aktiva, die sich mit der Zeit verbrauchen, nehmen die Kompetenzen durch Gebrauch zu“ (Hamel/Prahalad 1997).

Denkweisen verbinden

Die gegensätzlichen Ansichten wandelten sich im Laufe der Zeit, indem man erkannte, dass erst die Verbindung von Markt- und Ressourcendenkweise bestmögliche Ergebnisse hervorbringt.

3.1 Begriffsklärung

Verschwendete Ressourcen

In der Praxis ist häufig zu beobachten, dass Unternehmen auf vielen unterschiedlichen Märkten aktiv sind, jedoch auf keinem dieser Märkte eine besondere Rolle spielen. Durch die Vielzahl von Aktivitäten und Produkten werden Ressourcen verschwendet. Unternehmen begehen den Fehler, sich nicht auf die Fähigkeiten zu besinnen, die sie am besten beherrschen, und diese zielorientiert einzusetzen.

Stärken forcieren

Als Folge erging die Empfehlung, sich auf solche Dinge zu konzentrieren und sie entsprechend zu forcieren, die sie am besten beherrschen bzw. aus denen sich strategische Vorteile gegenüber der Konkurrenz ergeben.

Konzentration auf das Wesentliche

Das Motto hierbei lautet: Schuster, bleib bei deinen Leisten. In diesem Zusammenhang entstand der Begriff Kernkompetenz. „Im Kern geht es darum, sich auf das zu beschränken bzw. das weiter auszubauen, wo Wertschöpfung eigentlich stattfindet. Konzentration der Kräfte auf das Wesentliche an der entscheidenden Stelle, lautet der strategische Grundgedanke" (Strasmann und Schüller 1996, S. 2 f.).

Kompetenz oder Kernkompetenz?

Die Differenzierung zwischen Kompetenz bzw. Einzelfähigkeit und Kernkompetenz ist in der Praxis häufig sehr schwierig und erfordert enorme Unternehmenskenntnisse. Man muss sich dabei ständig nach dem Ausschlussprinzip die Frage stellen, ob eine Fähigkeit zum Kernbereich gehört oder nicht. Weiterhin ist zu hinterfragen, ob sie den langfristigen Wettbewerbserfolg signifikant unterstützt oder – falls nicht zum Kernbereich gehörend – ausgelagert werden sollte.

3.2 Voraussetzungen und Kriterien für Kernkompetenzen

Genaue Systemkenntnis

Aufgrund ihrer strategischen Bedeutung müssen Kernkompetenzen drei Voraussetzungen erfüllen, um wirksam zu sein:
1. Kundennutzen
2. Differenzierung
3. Ausbaufähigkeit

Kundennutzen

Quelle für Kundenzufriedenheit

Die erste Voraussetzung bezieht sich auf den Kundennutzen. Das heißt, eine Kernkompetenz muss ein Produkt hinsichtlich seines Nutzens entscheidend beeinflussen. Die Kernkompetenz erzeugt quasi den Kernnutzen. Der Kunde muss diese Beeinflussung positiv wahrnehmen und bewerten. Man kann auch sagen, die Kernkompetenz ist die Quelle und Notwendigkeit für diese Kundenzufriedenheit, wobei der Kunde die Kernkompetenz dabei nicht zwingend erkennen muss.

Beispiel: Fahrspaß

Die meisten Kunden würden beispielsweise den Fahrspaß, den sie bei einer bestimmten Automarke verspüren, selten mit der Kernkompetenz des Unternehmens in Beziehung setzen. Wichtig in diesem Zusammenhang ist nur, dass ein entscheidender Kundennutzen entsteht, wodurch sich ein Produkt im positiven Sinne von der Konkurrenz abhebt. Letztendlich entscheidet der Kunde über die Existenz einer Kernkompetenz, denn Produkte, die vom Kunden boykottiert werden, können nicht aus einer Kernkompetenz resultieren.

Differenzierung

Einzigartige Eigenschaft

Ein Unternehmen muss sich mit seinen Produkten von denen anderer Unternehmen abheben. Die Kernkompetenz muss eine einzigartige Eigenschaft einer Organisation sein, um dem Begriff „Kernkompetenz" Rechnung zu tragen.

Nicht kopierbar

Man spricht somit nur von Kernkompetenzen, wenn bestimmte unternehmensspezifische Fähigkeiten und Kenntnisse nicht ohne weiteres von Konkurrenten übernommen bzw. imitiert werden können. Unternehmen können also durch ihre Kernkompetenzen identifiziert werden. Fällt beispielsweise im Zusammenhang mit Computern das Stichwort „gutes Design", so denkt man an Apple (z. B. Mac mini).

Ausbaufähigkeit

Bereichsübergreifend einsetzbar

Kernkompetenzen dürfen sich nicht nur auf einzelne Produkte beziehen, sondern müssen für viele unterschiedliche Produkte nutzbar sein. Sie müssen bereichsübergreifend eingesetzt werden können (z. B. Hondas Motoren).

Erst wenn alle diese drei Voraussetzungen erfüllt sind, spricht man von einer Kernkompetenz. Diese erstreckt sich jedoch nicht nur auf technische Fähigkeiten (so wie früher oft behauptet), sondern schließt die intangiblen bzw. „weichen" Faktoren mit ein. Gerade diesen Kompetenzen wird heute große Bedeutung zugemessen. Man denke dabei an die positiven

Auswirkungen einer einzigartigen und konsequenten Unternehmenskultur.

Unverwechselbarkeit schaffen

Ist ein Unternehmen in der Lage, alle drei Voraussetzungen zu erfüllen, so kann es sich unverwechselbar machen, da eine Imitation bzw. Nachahmung seitens der Konkurrenz schwer möglich ist. Beispiele für Kernkompetenzen könnten danach spezifische Fertigungsanlagen, organisatorische Prozesse, das Management, Datenbanken, Patente, Lizenzen, Know-how und Innovationspotenzial der Mitarbeiter, spezielle Verbindungen zu Banken, Lieferanten und Kunden, strategische Allianzen, Image des Unternehmens und seiner Produkte und eine einzigartige Unternehmensphilosophie sein.

3.3 Konzept der strategischen Geschäftseinheiten versus Konzept der Kernkompetenzen

Konzept der strategischen Geschäftseinheiten

Das *Konzept der strategischen Geschäftseinheiten* wird seit gut 20 Jahren praktiziert. Einer der bekanntesten Verfechter dieses Ansatzes ist Michael Porter, der die theoretischen Grundlagen legte. Man geht hierbei von einer *Outside-In-Sichtweise* aus. Das bedeutet, es findet eine Betrachtung des Marktes statt, und mit Hilfe dieser Erkenntnisse wird das Unternehmen hinsichtlich seiner Produkte, Funktionen, Preise usw. ausgerichtet.

Man könnte auch sagen, dass der Markt dem Unternehmen vorgibt, was es zu tun hat. In der Literatur fällt dabei der Begriff „Marktfokussierung". Outside-In bedeutet somit, dass Impulse, die ihren Ursprung außerhalb des Unternehmens haben – verursacht durch Kunden bzw. Abnehmer, Konkurrenten, Lieferanten und Substitutionsprodukte (Ersatzprodukte) –, ins Unternehmen hineinwirken und es grundsätzlich beeinflussen.

Konzept der Kernkompetenz

Beim *Konzept der Kernkompetenz* findet dagegen eine Ressourcenfokussierung – also eine *Inside-Out-Betrachtung* – statt. Man orientiert sich nicht primär an den derzeitigen Marktbedingungen, sondern analysiert die unternehmensinternen Fähigkeiten und Kenntnisse und entwickelt aus dieser Art der Sichtweise die Unternehmensstrategie. Mit anderen Worten: Man tut das, was man am besten kann, und versucht aus diesem Gesichtspunkt heraus, Wettbewerbsvorteile geltend zu machen.

Kernkompetenzen erkennen und ausweiten

Die Hauptaufgabe bei diesem Konzept ist das Erkennen, die Förderung und die permanente Ausweitung von Kernkompetenzen, die entscheidend verantwortlich sind für den Erfolg des Unternehmens. Wichtig hierbei ist, dass es sich um eine langfristige und zukunftsbezogene Sichtweise handelt, da der Auf- und Ausbau von Kernkompetenzen längere Zeit in Anspruch nimmt. Ein schnelles Abspringen vom fahrenden Zug ist deshalb nicht möglich.

Dieses Konzept achtet also nicht nur auf die gegenwärtige Gewinn- und Kostenentwicklung, sondern versucht auch die zukünftige Erfolgsposition zu berücksichtigen und zu beeinflussen. Zum Beispiel könnte dies durch die Erschließung und Erfindung von neuen Märkten mit Hilfe innovativer Produkte geschehen.

Beide Ansätze nutzen

Als erstes Fazit ist festzuhalten, dass diese beiden Konzepte unterschiedliche Prioritäten und Akzente setzen. Doch diese müssen sich nicht ausschließen. Ein Unternehmen könnte sowohl marktorientiert als auch kernkompetenzenbezogen vorgehen und so die Vorteile beider strategischer Ansätze nutzen. „Die beiden eindimensionalen Wirkungsketten (structure-conduct-performance bzw. resources-conduct-performance) müssen – wie es die Grundintention eines strategischen Managements seit jeher fordert – zusammengeführt werden, wobei je nach Umwelt- und Unternehmenssituation entweder die interne oder die externe Orientierung dominieren kann und ein situationsbedingter Perspektivenwechsel nicht nur zugelassen, sondern explizit gefordert wird“ (Rasche und Wolfrum 1994, S. 513).

Die Kernkompetenzen bilden das Fundament bzw. die Basis. Aus ihnen entstehen die Kernprodukte, welche die immateriellen

Verbindungsstücke zwischen Kernkompetenzen und Endprodukten darstellen. Die Kernprodukte sind quasi die reale Verkörperung der Kernkompetenzen. Sony hat es beispielsweise geschafft, die Kernprodukte Mikromotoren und Mikroprozessoren zur Steuerung von Elektrogeräten vielfach in unterschiedlichen Endprodukten wie Walkmans, Discmans, Fernsehapparaten, Videorecordern usw. einzusetzen.

Marktfähige Endprodukte

Aus den Kernprodukten wiederum entstehen in den strategischen Geschäftseinheiten die fertigen Endprodukte. Die strategischen Geschäftseinheiten können dabei ihre Kundenerfahrungen und -kenntnisse zielgerichtet einsetzen, um so ein konkurrenz- und marktfähiges Endprodukt zu kreieren.

Alle drei „Disziplinen" beherrschen

Prahalad und Hamel sehen die Abgrenzung von Kernkompetenz, Kernprodukt und strategischer Geschäftseinheit als äußerst wichtig an, da auf jeder dieser Ebenen ein Wettbewerb mit der Konkurrenz stattfindet. Man muss in der heutigen Zeit jede dieser drei „Disziplinen" beherrschen, da das Zusammenspiel von Kernkompetenzen, Kernprodukten und strategischen Geschäftseinheiten als eine Art Kette zu verstehen ist. Wenn ein Glied zu schwach ist oder gar abreißt, ist der gesamte Ablauf gestört.

3.4 Moderne Managementkonzepte und die Verbindung mit dem Kernkompetenzansatz

Werden die Strategien den Anforderungen gerecht?

Viele moderne Managementkonzepte versuchen, Unternehmen fit für die Zukunft zu machen. Beispiele für solche Konzepte sind Business-Process Reengineering, Lean Management, Total Quality Management und Kaizen, um nur einige zu nennen. Verstärkt betrachtet werden in diesem Zusammenhang Schnelligkeit und Zeit, Flexibilität, Qualität, Kostensenkungspotenziale, Mitarbeiterzufriedenheit usw. Die Frage, die sich nun stellt, lautet: Werden diese Strategien den hohen Anforderungen, die der heutige und zukünftige Wettbewerb vorgibt, gerecht, oder führen sie nur zu geringfügigen und kurzfristigen Verbesserungen?

Bei vielen Unternehmen werden diese Konzepte häufig erst dann implementiert, wenn der Umsatz des Unternehmens spürbar zurückgeht. Das heißt, sie werden meist in Krisensituationen angewendet, weil man in der Vergangenheit versäumte, sich für künftige Bedingungen und Erwartungen zu rüsten.

Anwendung oft erst in der Krise

Zweifelsohne ist das Aufholen bzw. das Beseitigen von Defiziten äußerst wichtig und notwendig. Es bildet aber nur die Basis und die Voraussetzung für künftiges und zielgerichtetes Handeln. In Bezug auf die Wettbewerbsfähigkeit von morgen sollte man sich also nicht nur auf diese Konzepte verlassen. Das Problem bei den erwähnten Managementansätzen liegt darin, dass sie meist nur bestimmte Bereiche wie Kosten, Qualität und Schnelligkeit ansprechen. Es ist also notwendig, eine allumfassende Vorgehensweise zu erarbeiten, welche alle Einzelansätze integriert und nutzt.

Umfassende Vorgehensweise

Nach Prahalad und Hamel ist die Wettbewerbsfähigkeit von morgen nur gewährleistet, wenn ein Unternehmen *kleiner, besser* und *anders* ist. Erst diese Kombination ermöglicht es ihm auch in Zukunft, eine führende Position am Markt einzunehmen.

Kleiner sein

„Kleiner" bedeutet in diesem Zusammenhang, dass man ein schlankes Unternehmen schafft. Um dieses Ziel zu erreichen, setzt man verstärkt Downsizing- und Outsourcing-Strategien ein. Damit wird erreicht, dass überflüssige Kapazitäten oder Bereiche, welche andere Unternehmen besser und günstiger bearbeiten, wegfallen. Wenn man Outsourcing betreiben will, ist es daher unbedingt notwendig, den entsprechenden Bereich auf Kernkompetenzen bzw. -fähigkeiten zu untersuchen, um dem Verlust von Unternehmenspotenzialen und -stärken vorzubeugen.

Schlankes Unternehmen

Besser sein

Unter „besser" ist die Umstrukturierung und Reorganisation der Geschäftsprozesse zu verstehen. Dies geschieht üblicherweise im Rahmen eines Business-Process Reengineering. Hierbei werden die Hauptprozesse des Unternehmens identifiziert,

Reorganisation der Prozesse

analysiert und verbessert. Die Einführung eines durchgängigen Informationssystems (wie SAP R/3), welches über den gesamten Geschäftsprozessen liegt, ist in der heutigen Zeit Voraussetzung geworden. Die Geschäftsführung erhält durch dieses System eine verbesserte Prozesstransparenz und wichtige Informationen aus allen Bereichen. Die wichtigsten Vorteile dieser Maßnahme sind Kostensenkungen, Erhöhung der Flexibilität und Schnelligkeit sowie Mitarbeitermotivation durch erweiterte Verantwortung.

Anders sein

Sich positiv abheben

„Anders" ist ein Unternehmen in diesem Kontext, wenn es sich von der Konkurrenz positiv abheben und differenzieren kann. Nach Prahalad und Hamel wird diese Unterscheidung durch die Strategie der Kernkompetenzen erst möglich.

Kernkompetenzen sind per Definition unternehmensspezifisch und kaum oder nur sehr schwer imitierbar. Unternehmen, die Kernkompetenzen aufbauen und einsetzen, können sich deshalb besser im Wettbewerb bemerkbar machen als solche, die keine besonderen Merkmale und Fähigkeiten besitzen. Diese Firmen können keine Akzente setzen, sondern werden immer Mittelmaß bleiben, da sie nicht die Möglichkeiten bzw. Ressourcen haben, etwas Neues oder Innovatives hervorzubringen.

Neue Wege gehen

„Anders"-Sein ist also die Fähigkeit, neue Wege zu gehen, neue Bedürfnisse und Tendenzen zu erkennen und neue Bereiche zu entdecken. Der strategische Vorteil, der daraus resultiert, muss dann durch entsprechende Abschöpfungsstrategien ausgenutzt werden.

Die drei Aspekte kombinieren

Die Kombination „kleiner – besser – anders" versucht viele positive Effekte, die durch Einzelaktivitäten hervorgerufen werden, zu bündeln und zu konzentrieren. Unternehmen, die auch in Zukunft an der Weltspitze sein wollen, müssen diese drei Aspekte berücksichtigen und entsprechend ausprägen. Die Strategie der Kernkompetenzen liefert dabei einen wichtigen Beitrag, da sie es ermöglicht, die Zukunft besser vorauszusehen, zu beeinflussen und entsprechend zu gestalten.

Strategische Antworten

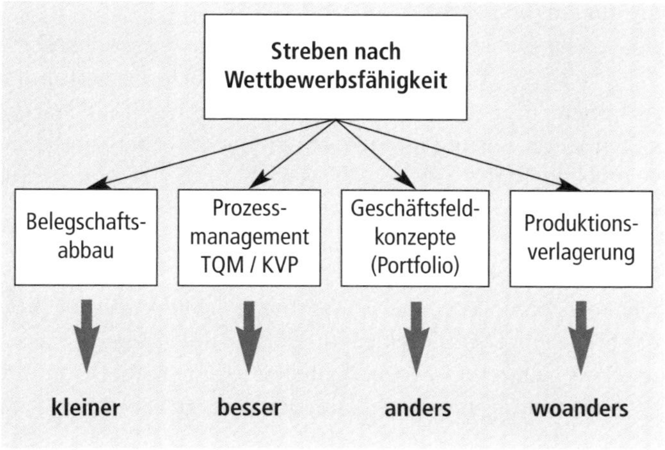

3.5 Kernkompetenzen – ein integrativer Ansatz

Ressourcen und Fähigkeiten

Für den Aufbau, die Hervorbringung und den effizienten Einsatz von Kernkompetenzen sind nicht nur die dafür entsprechenden Ressourcen notwendig. Auch verschiedene institutionelle und organisationale Fähigkeiten – wie beispielsweise Lernverhalten und Veränderungsbereitschaft – sind in diesem Zusammenhang von signifikanter Bedeutung.

Der einzelne Mitarbeiter ist dabei besonders gefragt, denn die Belegschaft stellt mittlerweile einen wichtigen und strategischen Erfolgsfaktor dar. Vielfach ist der Ausspruch zu hören: Ein Unternehmen kann nur so gut sein wie seine Mitarbeiter. Dies gilt natürlich auch in Bezug auf Kernkompetenzen bzw. deren Entwicklung und Aufbau.

Drei Schlüsselqualifikationen

Man unterscheidet drei so genannte Schlüsselqualifikationen, welche die Mitarbeiter innehaben müssen, um dieser Aufgabenstellung gewachsen zu sein:

1. Methodenkompetenz
2. Sozialkompetenz
3. Individualkompetenz

Methodenkompetenz

Selbst Lösungen entwickeln und umsetzen

Eine dieser Qualifikationen ist die Methodenkompetenz. Diese Fähigkeit bewirkt, dass Mitarbeiter selbstständig bestimmte Aufgaben und Problemstellungen erkennen und daraus systematisch Lösungsalternativen entwickeln und umsetzen. Beispielhaft dafür ist das Lernverhalten, das Handling von Informationen und das Erkennen von Zusammenhängen.

Sozialkompetenz

Mit anderen zusammenarbeiten

Die Sozialkompetenz stellt eine weitere Schlüsselqualifikation dar. Sie befähigt den einzelnen Mitarbeiter, mit anderen Kollegen und Personen zusammenzuarbeiten und gemeinsam bestimmte Problemstellungen verantwortungsbewusst zu lösen.

Individualkompetenz

Persönlichkeit entwickeln

Die dritte Schlüsselqualifikation ist in der Individual- bzw. Ich-Kompetenz wiederzufinden. Diese Kompetenz ist auf die Persönlichkeit des einzelnen Mitarbeiters gerichtet, der dadurch befähigt werden soll, sich im Rahmen seiner Aufgaben zu entwickeln und bestimmte Begabungen und Neigungen zu fördern. Er soll sein gesamtes Potenzial identifizieren und entfalten. Selbstwertgefühl, Motivation und Willensstärke stellen diesbezüglich wichtige Ziele dar.

Fachkompetenz ist gleichrangig

Die Fachkompetenz – also die Fähigkeiten, die zur Erfüllung der konkreten Sachaufgabe notwendig sind – steht gleichrangig neben den drei Schlüsselqualifikationen. In der Praxis entstehen aber vielfach Interdependenzen zwischen den einzelnen Qualifikationen.

→ Ergänzende und vertiefende Informationen zu den unterschiedlichen Kompetenzfeldern finden Sie in der Einleitung des zweiten Bandes dieser Buchreihe „Methodenkoffer Grundlagen der Arbeitsorganisation".

Man kann also sagen: Erst wenn das Personal diese Qualifikationen verinnerlicht hat und beherrscht, können Kernkompetenzen optimal entstehen und eingesetzt werden. Diese Schlüsselqualifikationen müssen gegebenenfalls im Rahmen von Personal- und Organisationsentwicklungsprozessen entwickelt und ergänzt werden. Die Identifikation, der Aufbau und die Förderung von Kernkompetenzen wird dadurch erst möglich oder erheblich erleichtert.

Kernkompetenzen schaffen Erfolg

Mögliche Kernkompetenzen sind Kundenorientierung, Qualitätsorientierung, Innovationsorientierung und Mitarbeiterorientierung. Sie stehen eng miteinander in Verbindung. Das heißt, je besser diese Kernkompetenzen im Unternehmen ausgebildet sind, desto größer ist letztendlich auch der Erfolg und der Vorteil gegenüber den Konkurrenten.

Literatur

Hanna Fearns: *Entstehung von Kernkompetenzen. Eine evolutionstheoretische Betrachtung.* (Dissertation) Wiesbaden: Deutscher Universitätsverlag 2004.

Kerstin Friedrich: *Erfolgreich durch Spezialisierung. Kompetenzen entwickeln, Kerngeschäfte ausbauen, Konkurrenz überholen.* Landsberg: Moderne Industrie 2003.

Gary Hamel und C. K. Prahalad: *Wettlauf um die Zukunft. Wie Sie mit bahnbrechenden Strategien die Kontrolle über Ihre Branche gewinnen und die Märkte von morgen schaffen.* Wien: Ueberreuter 1997.

York von Heimburg: *Kernkompetenzen und Fokussierung. Unternehmenserfolg durch Konzentration.* Regensburg: Metropolitan 2003.

Hans H. Hinterhuber, Gernot Handlbauer und Kurt Matzler: *Kundenzufriedenheit durch Kernkompetenzen. Eigene Potenziale erkennen, entwickeln, umsetzen.* 2., überarb. Aufl. Wiesbaden: Gabler 2003.

C. Rasche und B. Wolfrum: *Ressourcenorientierte Unternehmensführung.* In: Die Betriebswirtschaft, 4/1994.

Jochen Strasmann (Hg.): *Kernkompetenzen: Was ein Unternehmen wirklich erfolgreich macht.* Stuttgart: Schäffer-Poeschel 1996.

4. Change-Management

Bis in die 1960er-Jahre hinein orientierte sich das Management am kybernetischen Regelkreis als grundlegendem Steuerungsmodell. Abweichungen vom Regelfall wurden mittels „richtiger“ Methoden als steuer- bzw. regulierbar betrachtet. Doch die Veränderungen wurden tief greifender, umfassender und vollzogen sich immer schneller. Die „Störung“ wurde so zum Normalfall und die Regelung bzw. Behebung immer aufwendiger. Die Fabrik kommt nicht mehr zur „Ruhe“, sondern ist Objekt ständiger Anpassungen an veränderte Bedingungen.

Vom Wandel zur Revolution

Was vor 20 Jahren noch sanft „Wandel“ genannt wurde, hat eine rasante Beschleunigung erfahren, sodass manche von „Revolution“ sprechen. Die Wirtschaftsgeschichte schlug ein neues Kapitel auf. Neuartige Phänomene waren zu beschreiben: Globalisierung, Internet, Multimedia etc.

Veränderungen aktiv gestalten

Plötzlich mussten sich Mitarbeiter und Führungskräfte intensiv und hautnah mit dem Themenkreis „Change“, permanentes Lernen, Umbruch und Chaosbewältigung beschäftigen. Das führte zu einem Verlust an Vertrautheit und Kontrolle und bewirkte Unsicherheit. In dieser Situation wurde ein neues „Rezept“, das Change-Management, erfunden. Man wollte Veränderungen nicht mehr nur ausgesetzt sein, sondern diese auch aktiv mitgestalten. Man musste Mitarbeitern nicht nur die Angst vor dem Neuen nehmen, sondern sie als Verbündete für das Neue gewinnen.

4.1 Begriffsklärungen

Nicht eindeutig definierbar

Der Begriff „Change-Management“ ist als eine Art Containerbegriff nicht so eindeutig definierbar wie beispielse das Projekt- oder das Qualitätsmanagement. Management jedweder Art zielt auf Veränderung, weil der Wettbewerb ständiges Anpassen erforderlich macht. Insofern waren und sind alle großen Entwürfe der Wirtschaftsgeschichte ein Stück Change-Management – der Taylorismus ebenso wie Lean Management oder das Wissensmanagement.

Viele Konzepte dienen dem Veränderungsmanagement

Mehr noch: Bei jeder Fusion, bei Reorganisationen, bei gut geführten Mitarbeitergesprächen, bei jedem Verbesserungsvorschlag und bei jeder Qualitätszirkel-Sitzung geht es um Veränderungen. Insofern stellt sich die Frage: Was ist nicht Change-Management? Alle in diesem Buch behandelten Strategiemodelle, Konzepte oder Werkzeuge dienen dem Veränderungsmanagement oder bewirken dieses.

Keine eigenständige Theorie

Es gibt bis heute keine eigenständige, kompakte bzw. integrierte Theorie des Change-Managements. Das verfügbare Wissen hierzu besteht eher aus einer bunten Sammlung von Bruchstücken, die aus unterschiedlichen Herkunftsgebieten stammen: der Konflikttheorie, dem Innovationsmanagement, der Organisationsentwicklung, um nur einige Beispiele zu nennen. Change-Management repräsentiert einen Instrumentenkasten, der in das Gesamtinstrumentarium des strategischen und operativen Managements integriert ist, ohne dass sich eine eigene Kontur erkennen lässt (vgl. Reiß u. a. 1997, S. 9, 14).

Menschliche und technische Dimension

In der angelsächsischen Literatur versteht man unter Change-Management primär die menschliche Dimension einer Veränderung. Im deutschsprachigen Raum werden auch technische Aspekte berücksichtigt. Folglich handelt es sich beim Change-Management um technische, strategische, organisatorische, betriebswirtschaftliche und menschlich-soziale Veränderungen, die in einer multiplen Verknüpfung harter und weicher Faktoren realisiert werden. Die Aufgabe des Change-Managers besteht darin, Menschen, Informationen, Ressourcen und Prozesse zielgerichtet zu steuern, um Veränderung oder Anpassung zu bewirken. Der Schwerpunkt gilt dabei dem Human-Resources-Management, denn Veränderungen stoßen auf Widerstände, bewirken Ängste und Lernblockaden. Aber ohne das Mitwirken der Mitarbeiter sind keine Veränderungen möglich.

Typische Situationen

Uwe Böning und Brigitte Fritschle halten Change-Management in diesen Situationen für zweckmäßig (vgl. 1997):

- Strategische Neupositionierung eines Unternehmens
- Business Reengineering
- Einführung von Lean Management
- Reorganisation eines Unternehmens
- Unternehmenskultur-Entwicklung
- Aufbau einer Lernenden Organisation
- Fusionen

Täglich kleine Veränderungen

Im Gegensatz dazu macht der bekannte deutsche Managementtrainer und Organisationsentwickler Reiner Czichos auf die kleinen, täglichen Veränderungen im Unternehmen aufmerksam. Diese beziehen sich auf die einzelnen betroffenen Menschen, für die Veränderungen ein Risiko oder eine Chance darstellen. Es handelt sich beispielsweise um die Einstellung eines neuen Mitarbeiters, um die Auflösung einer Abteilung oder um die Veränderung einer Vorgehensweise. Die täglichen Organisationsveränderungen sind ein kontinuierlicher Prozess. Die großen Veränderungsprogramme schwimmen auf einem Fluss dieser ständigen kleinen Veränderungen (vgl. Czichos 1997, S. 67).

4.2 Ziele des Change-Managements

Entsprechendes Klima schaffen

Alle Ansätze des Veränderungsmanagements verfolgen ein gemeinsames Anliegen: Sie sollen „Infrastrukturen" für Veränderungen schaffen. Nicht die Veränderungen allein sind wichtig, sondern deren Umsetzung und die Bereitstellung eines die Realisation begünstigenden Klimas und einer entsprechenden Umgebung. Ein pro-aktives Veränderungsmanagement will vor allem ein veränderungsfreundliches Klima schaffen, in dem neue Ideen und Konzepte entstehen können.

Aber es geht nicht nur um das Neue. Change-Management bezweckt auch die kontinuierliche Unternehmensentwicklung. Neben Wachstum oder auch Schrumpfung zählen Revitalisierung, Sanierung, Konsolidierung oder Wertsteigerung zu den gängigen Zielvorstellungen für die Entwicklung von Organisationen. Ziel ist es, Strukturen zu schaffen, die selbst den Wandel gestalten und nicht mehr auf gleich bleibende Kontinuität fixiert sind. Letztlich soll das Unternehmen nicht nur die Fähigkeit erwerben, seinen eigenen Regeln entsprechend den Lernprozess zu verändern, sondern gleichzeitig Regeln für die Regeländerungen zu entwickeln und damit reflexiv zu werden (vgl. Willke 1995, S. 49 ff.).

Kreative Potenzen ausschöpfen

Ein weiterer wesentlicher Punkt für erfolgreiches Change-Management ist die Mehrwertschöpfung aus dem ganzen Menschen, nicht nur der verdingten Arbeitskraft. Schließlich werden die traditionellen Quellen für Mehrwert (etwa Fließbandarbeiten) werden mittlerweile von allen Unternehmen genutzt und ermöglichen keinen Wettbewerbsvorsprung mehr. Unter dem gleichzeitig existierenden Druck, den Renditeerwartungen der Kapitalgeber entsprechen zu müssen, bleiben als bisher nicht oder nur ungenügend ausgeschöpfte Quellen die im arbeitenden Menschen entwickelbaren Innovationen und kreativen Potenzen.

4.3 Aspekte und Probleme des Change-Managements

Zwei Blickwinkel

Modelle und Konzepte für den erfolgreichen Umgang mit Change-Vorhaben kann man aus zwei Blickwinkeln betrachten, nämlich den Fragestellungen:

- *Was* soll verändert werden? Hier geht es um den Inhalt bzw. die Richtung.
- *Wie* soll diese Veränderung erreicht werden?

Was soll verändert werden?

Die Antwort auf die Frage nach dem *Was* hat inhaltlichen bzw. konzeptionellen Charakter. Ein Unternehmen optiert für eines der gängigen Modelle, welche die Change-Szene beherrschen, sei es Business Reengineering, Lean Management, Total Quality Management oder Balanced Scorecard. Das Unternehmen muss sich bewusst sein, dass solche Veränderungen viel Zeit benötigen.

Wie soll verändert werden?

Bei der Frage nach dem *Wie* gibt es zwei Antworten, je nach Betrachtungsweise bzw. Basismodell. Eine eher managementtechnische Herangehensweise interessiert sich für den typischen Ablauf eines Veränderungsprozesses, also für die Phasen der Diagnose, Zielbildung, Planung, Entscheidung, Realisation und Kontrolle. Human-Resources-Manager fokussieren eher die beteiligten Akteure der Veränderung und fragen nach den notwendigen motivationalen Ressourcen.

Widerstände der Mitarbeiter

Die Umsetzung an der „Schnittstelle Mensch" ist der schwierigste Teil des Veränderungsmanagements. Denn die Angst vor dem Neuen ist eine Charaktereigenschaft des Menschen. Diese Angst kann sogar in Widerstände umschlagen, und zwar entweder in

- verdeckte Widerstände (höhere Fehlzeiten, schlechte Arbeitsqualität, Kündigung u. Ä.) oder in
- offene (Streiks, Betriebsbesetzung, Aggression u. Ä.).

Die Abbildung zeigt, wie groß der Anteil der „Widerständler" ist und wie klein die Gruppe der Befürworter:

Reaktionen der Mitarbeiter auf Veränderungen

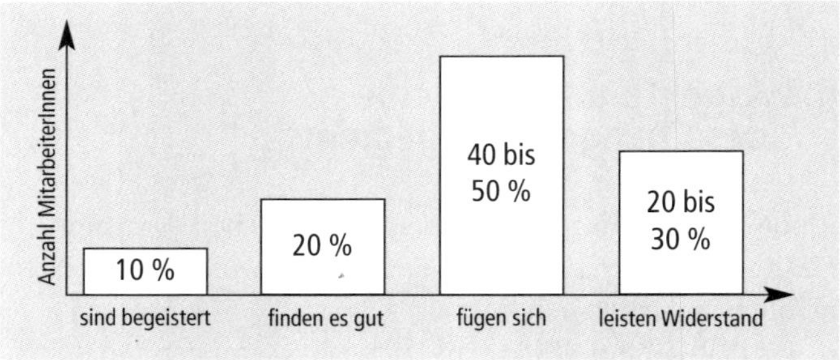

Da sich ein großer Teil der Mitarbeiter bloß fügt oder gar Widerstand leistet, sind gezielt Instrumente zu nutzen, die dazu dienen, die Änderungsfähigkeit zu fördern und die Änderungsbereitschaft zu erhöhen.

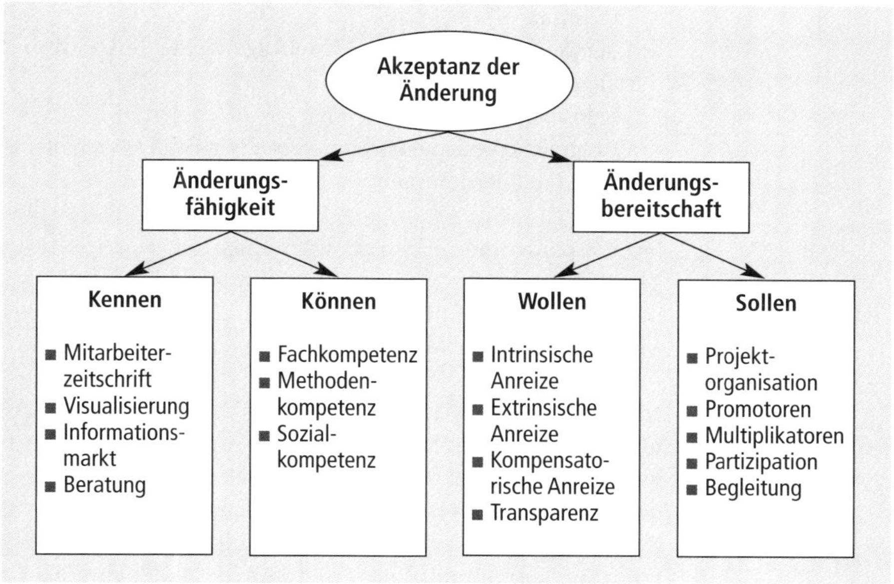

4.4 Die Praxis des Change-Managements

7-Phasen-Modell

Normalerweise durchläuft ein Prozess mehrere Phasen, bis die Veränderungen stabil in das Verhaltens- oder Einstellungsrepertoire übernommen werden. Viele Autoren gehen mit geringen Abweichungen vom abgebildeten Sieben-Phasen-Modell aus:

1. *Schock*
   Die Diskrepanz zwischen den Erwartungen und der eingetroffenen Realität wird wahrgenommen.
2. *Ablehnung*
   Die Situation wird als nicht wesentlich unterschiedlich von der alten bewertet.
3. *Einsicht*
   Die Notwendigkeit zur Veränderung wird eingesehen.
4. *Akzeptanz*
   Die Realität wird als veränderte Situation akzeptiert.
5. *Ausprobieren*
   Neue Verhaltensweisen werden in verschiedenen Situationen ausprobiert.

6. *Erkenntnis*
   Gründe für Erfolge oder Misserfolge werden erkannt und reflektiert.
7. *Integration*
   Erfolgreiche Verhaltensweisen werden ins aktive Verhaltensrepertoire übernommen.

Diese Veränderungsphasen umfassen einen Zeitraum von 18 bis 24 Monaten. Jedoch muss bei größeren Veränderungen sogar mit fünf bis sieben Jahren gerechnet werden, besonders dann, wenn es um die Entwicklung der Unternehmenskultur geht.

Emotionsmanagement

Nach Böning und Fritschle geht es beim Veränderungsmanagement um „Emotionsmanagement". Die Aspekte, um die es sich hierbei handelt, sind Gefühlsprozesse und Erlebnisphänomene der Betroffenen. Wer diese ignoriert, gefährdet den Erfolg. Darum muss ein professioneller Veränderungsmanager über Empathie, Kommunikations- und Konfliktbewältigungsfähigkeiten verfügen. Er sollte geduldig vorgehen, sachlich richtig informieren, die Mitarbeiter schulen und unterstützen.

Die Rolle des Beraters

Beim Veränderungsprozess spielt die unterstützende Beratung eine wesentliche Rolle. Der Berater soll die Manager erinnern, dass man die Menschen dort abholt, wo sie stehen. Darum muss im ersten Schritt erforscht werden, welchen Verlust der einzelne Mitarbeiter durch die Veränderung erlebt und welche Wünsche er hat. Denn nur, wenn man weiß, welche Gedanken und Gefühle den anderen bewegen, kann man beginnen, diese zu ändern.

Der zweite Schritt ist dann die Aufklärung über die Ziele und den Nutzen. Im dritten Schritt muss die Zusammenarbeit bei der Durchführung der Veränderung sichergestellt werden.

Literatur

Christel Becker-Kolle, Georg Kraus und Thomas Fischer: *Handbuch Change-Management.* Berlin: Cornelsen 2004.

Uwe Böning und Brigitte Fritschle: *Veränderungsmanagement auf dem Prüfstand. Eine Zwischenbilanz aus der Unternehmenspraxis.* Freiburg: Haufe 1997.

Reiner Czichos: *Change-Management. Konzepte, Prozesse, Werkzeuge für Manager, Verkäufer, Berater und Trainer.* 4. Aufl. München: Reinhardt 2002.

Klaus Doppler und Christoph Lauterburg: *Change-Management. Den Unternehmenswandel gestalten.* 10., aktual. und erw. Aufl. Frankfurt/M.: Campus 2002.

Christoph Lindinger und Ina Goller: *Change-Management leicht gemacht. Heute hier, morgen dort?* Frankfurt/M.: Ueberreuter 2004.

Michael Reiß, Lutz von Rosenstiel und Anette Lanz (Hg.): *Change-Management. Programme, Projekte und Prozesse.* Stuttgart: Schäffer-Poeschel 1997.

Hans-Jürgen Warnecke: *Die Fraktale Fabrik. Revolution der Unternehmenskultur.* Reinbek: Rowohlt 1996.

Helmut Willke: *Das intelligente Unternehmen. Wissensmanagement in der Organisation.* In: Beratergruppe Neuwaldegg (Hg.): *Intelligente Unternehmen. Herausforderung Wissensmanagement.* Wien: Service Fachverlag 1995.

5. Innovationsmanagement

Im Wettbewerb der globalen Märkte werden langfristig nur die Unternehmen bestehen, die sich durch eine ausgeprägte Innovationsorientierung und ein gutes -management auszeichnen. Statt in den Erfolgen der Vergangenheit zu verharren, sind Unternehmen heute mehr denn je gefordert, sich durch die Entwicklung innovativer Produkte zu behaupten.

Verkürzung der Innovationszyklen

Zu diesem Innovationsdruck tritt der Zeitfaktor, da mit dem Fortschreiten der Globalisierung eine Verkürzung der Lebenszyklen der Produkte im Markt wie auch der Innovationszyklen einhergeht. Ein Beispiel bietet in diesem Zusammenhang die Pharmaindustrie, in der sich die Produktlebenszyklen zwischen 1960 und 1990 von ungefähr 24 auf etwa 8 Jahre verkürzten. Es kommt somit wesentlich darauf an, Innovationen schneller als die Mitbewerber zu vermarkten.

5.1 Begriffsklärung

Neues hervorbringen und nutzen

Zur Bestimmung des Innovationsbegriffes findet sich eine Vielzahl unterschiedlicher Definitionsansätze, die ein eher unpräzises Bild über deren Bedeutungsinhalt liefern. Allen Begriffsbestimmungen ist jedoch gemein, dass es sich um etwas „Neues“ handelt, das „entdeckt, eingeführt, genutzt, angewandt und institutionalisiert“ (Gablers Wirtschaftslexikon 1997, S. 1898) werden muss. Neben dem Hervorbringen neuer, kreativer Ideen erfordert eine Innovation somit deren praktische Umsetzung und Nutzung in Form von Produkten oder Verfahren.

Innovation nach Schumpeter

Der österreichische Nationalökonom Joseph Alois Schumpeter (1883–1950) erklärt das Wesen der Innovation als „Durchsetzung neuer Kombinationen“, die er sowohl auf die Herstellung eines Gutes als auch auf die Einführung einer

Produktionsmethode, die Erschließung eines neuen Absatzmarktes, die Eroberung einer Bezugsquelle von Rohstoffen und Halbfabrikaten oder die Durchführung einer Neuorganisation bezieht.

Neue Produkte und Verfahren

Die „Durchsetzung neuer Kombinationen" impliziert, dass im Rahmen des Innovationsprozesses bereits vorhandene Elemente in bisher nicht bekannter Weise miteinander verknüpft werden. Aus dieser Verbindung entstehen neuartige Produkte und Verfahren, die der Mensch in ihrer Neuartigkeit bewusst wahrnehmen muss.

Subjektiv oder objektiv?

Man unterscheidet hierbei zwischen der subjektiven und der objektiven Neuheit. Es ist demnach ohne weiteres möglich, dass die Imitation eines bereits existierenden Produktes für das imitierende Unternehmen eine Neuheit in der Produktpalette und somit subjektiv gesehen eine Innovation darstellt. Hingegen spricht man von einer objektiven Neuheit, wenn es sich um eine tatsächliche Markt- bzw. Weltneuheit handelt.

Zum Verständnis des Innovationsbegriffes ist es hilfreich, diesen zunächst von der „Invention" abzugrenzen, da beide Begriffe häufig synonym verwendet werden.

Invention und Innovation

Die *Invention* kann als notwendige Vorstufe zur Innovation bezeichnet werden und stellt als solche die eigentliche Erfindung bzw. Idee dar. Sie ist zeitpunktbezogen, wohingegen die *Innovation* als Prozess (prozessuale Sichtweise) bzw. Ergebnis eines Prozesses (objektbezogene Sichtweise) angesehen werden kann, der von der Idee über die Entwicklung, die Produktion bis hin zur Markteinführung viele Stufen umfassen kann. Ziel der Innovation ist die Markteinführung der Invention in Form eines neuen Produktes oder Verfahrens.

Um Innovationen hervorzubringen, müssen Ideen generiert werden. Hierzu ist der Einsatz von Kreativität erforderlich. Eine kreative Leistung erbringt ein Mensch, der seine eingefahrenen Denkschemata überwindet und neuartige, originelle Ideen hervorbringt. Damit diese neuartigen Ideen nicht auf der

Strecke bleiben, müssen sie hinsichtlich ihrer Realisierbarkeit geprüft und anschließend umgesetzt werden. In der Phase der Realisierung setzt dann die Phase der Innovation an. Die Innovation verbindet somit Kreativität und Durchsetzungskraft.

5.2 Unterscheidung der Innovationen nach ihrem Neuheitsgrad

Drei Arten von Innovationen

Die vorstehende Beschreibung des Innovationsbegriffes lässt offen, was eine Innovation letztendlich ausmacht, um als solche bezeichnet zu werden. Die Fachliteratur unterscheidet nach dem Neuheitsgrad und spricht von Anpassungs-, Erneuerungs- und Durchbruchsinnovationen:

- *Anpassungsinnovationen* zeichnen sich durch kleine Veränderungen aus. Dies kann beispielsweise die optische Verschönerung eines Verpackungsaufdrucks sein. Das Produkt gewinnt durch diese Maßnahme zwar an Attraktivität für den Konsumenten, doch erfährt es an sich keine gravierende Veränderung. Anpassungsinnovationen erfolgen häufig als Antwort auf Trendbewegungen im Markt, sind als solche aber nicht in der Lage, den Markt langfristig zu beeinflussen.
- *Erneuerungsinnovationen* wie beispielsweise ein neues Geschmackserlebnis bei einem Nahrungsmittel stellen demgegenüber erhebliche Verbesserungen an Produkten oder Verfahren dar, über die das Unternehmen Wettbewerbsvorteile erzielen kann.

„Knüller"

- Als *Durchbruchsinnovationen* können schließlich die wirklichen „Knüller" bezeichnet werden, durch die ein Unternehmen den Markt grundlegend verändert oder sogar neu schafft. Diese „Neuheiten" führen in der Regel zu einer neuen Generation von Produkten, die dem Unternehmen langfristige Wettbewerbsvorteile sichern, also zu einem „Fort-Sprung" anstelle eines „Fort-Schritts" führen. Als anschauliche Beispiele sind in diesem Zusammenhang das Penicillin oder das Drei-Liter-Auto zu nennen.

Aus diesen Unterscheidungen wird ersichtlich, dass oft auch kleine Verbesserungen innovativen Charakter besitzen. Häufig sind es viele kleine Schritte, die letztendlich Großes bewirken. Man darf sie daher im Hinblick auf ihre Wirkung keinesfalls unterschätzen.

	Anpasssung	Erneuerung	Durchbruch
Dauer des Einflusses	kurzfristig	mittelfristig	Jahrzent
Patentierbarkeit	fast nie	häufig	fast immer
Imitierbarkeit	meinst einfach	schwer	sehr schwer
Konkurrenzvorteile	mäßig	erheblich	groß, aber oft langer Anlauf
Widerstände in der eigenen Firma	fast nie	gelegentlich	fast immer
Renditen	gering bis mittel	erheblich	sehr gut, selten sofort
Umdenken	nicht	teilweise	fast immer
Veränderungen am Markt	unverändert	verändert	total anders
Unverständnis im Markt	selten	mitunter	meist

Auswirkungen von Anpassungs-, Erneuerungs- und Durchbruchsinnovationen (Quelle: Berth 1997)

5.3 Von der Innovation zum Innovationsmanagement

Innovationsmanagement ist sinnvoll

Erfolgreiche Innovationen – oftmals durch Patente geschützt – schaffen Markteintrittsbarrieren gegenüber dem Mitbewerber, und zwar durch zeitliche Vorsprünge. In manchen Fällen kann sich ein Unternehmen dadurch sogar eine zeitweilige Monopolstellung sichern. Außerdem können kommunizierte Innovationen eine nicht zu unterschätzende Imagewirkung in der Öffentlichkeit entfalten. Für eine wirksame Innovationstätigkeit ist daher ein systematisches Innovationsmanagement bedeutsam.

Aufgaben des Innovationsmanagements

Als Führungsaufgabe umfasst es die Planung, Organisation, Steuerung und Kontrolle aller Aufgaben, die von der Ideenfindung bis zur letztendlichen Umsetzung der „Neuheit" zu leisten sind. Dazu gehört insbesondere die Schaffung einer innovationsfördernden Organisationsstruktur und -kultur, das Festlegen und Verfolgen von Innovationszielen und -strategien sowie die Installation eines adäquaten Informationssystems, das eine flexible Prozesssteuerung sowie einen zeit- und ortsunabhängigen Informationsaustausch zwischen den Beteiligten ermöglicht.

Zur Darstellung des Innovationsprozesses existiert kein allgemein gültiges Ablaufschema. Die in der Praxis vorliegenden Modelle variieren sowohl in der Anzahl der zu durchlaufenden Phasen als auch in deren Bezeichnung und Abgrenzung voneinander. In Anlehnung an das von Vahs und Burmester entwickelte „Grundkonzept des Innovationsprozesses" sollen jedoch nachfolgend die Schwerpunkte des Innovationsprozesses dargestellt werden.

Ist-Position bestimmen

Die Vorstufe des Prozesses bildet dabei eine Situationsanalyse, innerhalb derer das Unternehmen seine Stellung am Markt (Ist-Position) bestimmt und Abweichungen zur angestrebten Soll-Position, die sich aus den strategischen Unternehmenszielen ableitet, ermittelt. Die dabei festgestellten Diskrepanzen, deren Ursachen unter anderem in veränderten Konsumentenbedürfnissen oder in der allgemeinen Marktentwicklung liegen können, bilden die Ausgangslage für die Suche nach einer innovativen Problemlösung und die nachfolgenden Phasen des Innovationsprozesses.

Controlling während aller Phasen

Über alle Phasen hinweg müssen Controllingmaßnahmen erfolgen, um eine zentrale Planung, Steuerung, Koordination und Kontrolle der Aktivitäten für eine gezielte und systematische Durchführung des Prozesses sicherzustellen.

Da etwas „Neues" immer mit einem gewissen Unsicherheitsfaktor verbunden ist, stoßen Innovationen häufig auf große Vorsicht oder sogar Ablehnung. Diese Haltung verstärkt sich mit dem Grad der Neuheit, denn das Risiko eines Misserfolges liegt bei einer Durchbruchsinnovation wesentlich höher als bei der Modifikation eines bereits bestehenden Produktes. Hinzu kommt, dass es sich bei Innovationsprojekten um sehr komplexe Vorgänge handelt, da die beteiligten Personen und Funktionen vielfältige Interdependenzen und Verbindungen zueinander aufweisen, wodurch sich die Unsicherheit verstärkt.

Rahmenbedingungen schaffen

Um zu einer erfolgreichen Innovationstätigkeit zu gelangen, bedarf es der Schaffung von Rahmenbedingungen, die sowohl die Entstehung als auch die Umsetzung innovativer Ideen fördern. Die Mitarbeiter sollen ein Verständnis für die Notwendigkeit von Innovationen entwickeln und dazu ermutigt werden, selbst die eingefahrenen Bahnen zu verlassen und sich Gedanken über bisher nicht bekannte Lösungswege zu machen.

Sieben Merkmale

Zu den Merkmalen innovationsfördernder Unternehmen gehören:

- Innovationsverständnis
- Offene Kommunikation
- Teamfähigkeit
- Empowerment statt Kontrolle
- Loslösen vom Erfolg der Vergangenheit
- Toleranz von Fehlern
- Nutzen des Kundenkontakts

Innovationsverständnis

„Champions" unterstützen

Für ein erfolgreich innovierendes Unternehmen ist es wichtig, dass Mitarbeiter Innovationen nicht als lästiges Übel empfinden, sondern mit Motivation und Begeisterung an die Sache herangehen. Eine zentrale Bedeutung kommt dabei den so genannten „Champions" zu, die voller Begeisterung und Hingabe für die Durchsetzung ihrer innovativen Ideen kämpfen und somit für den Erfolg von Innovationsprojekten unentbehrlich sind. Diese innovativen Persönlichkeiten sollten im Unternehmen akzeptiert und unterstützt werden. Es ist wichtig, dass ihnen die Unternehmensleitung die Freiräume zur Verfügung stellt, die sie zur Verwirklichung ihrer innovativen Ideen benötigen.

Vorbildfunktion des Managements

Um das Innovationsverständnis im Unternehmen zu fördern, sollte aber auch das Management dieses Bewusstsein vorleben. Die Selbstverständlichkeit und Notwendigkeit zur Innovation muss in dessen Handeln ersichtlich werden, um so die Mitarbeiter zu motivieren, neue Wege zu beschreiten. Um dieses Verständnis zu fördern, ist es sinnvoll, Innovationen als normativen Bestandteil in die Unternehmensgrundsätze zu integrieren.

Offene Kommunikation

Kritik produktiv nutzen

Da es sich bei Innovationen in der Regel nicht um Einzelleistungen handelt, sondern um das Ergebnis einer gemeinschaftlichen Arbeit, ist die offene Kommunikation zwischen den Mitarbeitern eines Unternehmens sowie zwischen den unterschiedlichen Abteilungen (z. B. Marketing, Forschung und Entwicklung) für den Erfolg unerlässlich. Dabei sollte den Problemen, die sich im Innovationsprozess ergeben, die gleiche Bedeutung beigemessen werden wie den Problemen der täglichen Arbeit. Eine offene Kommunikation schließt auch offene Kritik ein. Sie ist produktiv für Verbesserungen zu nutzen. Vorschläge zur Verbesserung von Abläufen dürfen von Vorgesetzten daher nicht als Kritik an ihrer Arbeit empfunden werden.

Teamfähigkeit

Zusammenarbeit ist gefragt

Um im Innovationsprozess den gewünschten Erfolg zu erreichen, sind bis zur letztendlichen Durchsetzung der Idee unterschiedliche Fähigkeiten gefordert. Neben kreativen Ideenproduzenten werden auch Menschen mit analytischer Begabung benötigt und solche mit der Fähigkeit, Abläufe organisieren zu können, diese voranzutreiben und auch durchzusetzen. Da all diese Fähigkeiten kaum eine Person in sich vereint, ist die Zusammenarbeit vieler unterschiedlicher Menschen notwendig. Teamfähigkeit ist demnach die Voraussetzung, damit diese Zusammenarbeit funktioniert (vgl. Berth 1997, Bd. 1, S. 24).

Empowerment statt Kontrolle

Abschied von der Hierarchie

Ein innovationsförderndes Unternehmen verabschiedet sich von seiner ehemaligen Hierarchiekultur, da sie innovationshemmend wirkt.

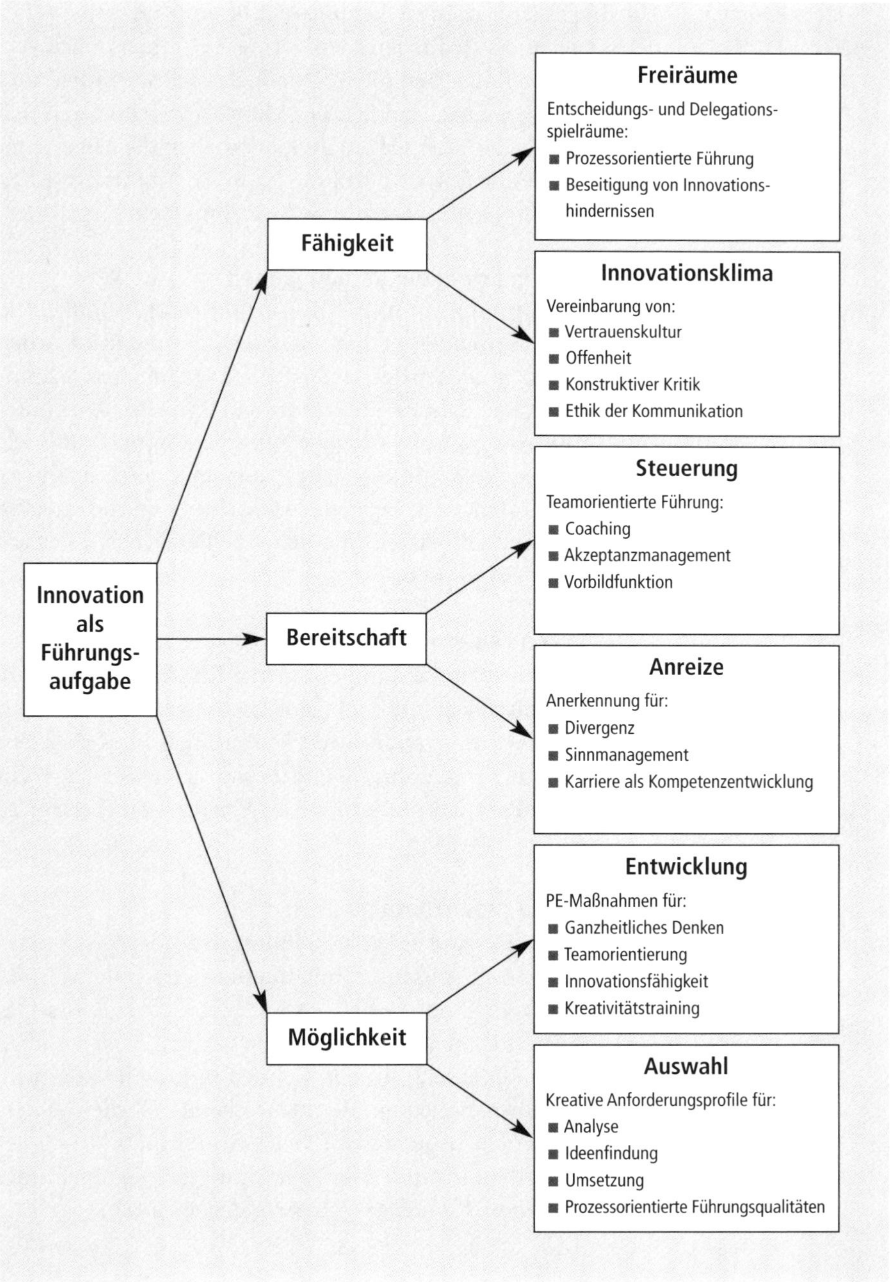
Innovation als Führungs-aufgabe
Fähigkeit
Bereitschaft
Möglichkeit
Freiräume
Entscheidungs- und Delegations-spielräume:
Prozessorientierte Führung
Beseitigung von Innovations-hindernissen
Innovationsklima
Vereinbarung von:
Vertrauenskultur
Offenheit
Konstruktiver Kritik
Ethik der Kommunikation
Steuerung
Teamorientierte Führung:
Coaching
Akzeptanzmanagement
Vorbildfunktion
Anreize
Anerkennung für:
Divergenz
Sinnmanagement
Karriere als Kompetenzentwicklung
Entwicklung
PE-Maßnahmen für:
Ganzheitliches Denken
Teamorientierung
Innovationsfähigkeit
Kreativitätstraining
Auswahl
Kreative Anforderungsprofile für:
Analyse
Ideenfindung
Umsetzung
Prozessorientierte Führungsqualitäten

Mehr Freiraum, weniger Kontrolle

Führungskräfte müssen Verantwortung an ihre Mitarbeiter delegieren und sich um den Aufbau eines vertrauensvollen Verhältnisses zu ihnen bemühen. Durch das selbstständige und eigenverantwortliche Handeln der Mitarbeiter reduzieren sich die erforderlichen Kontrollen. Zudem erhalten die Mitarbeiter durch den Abbau von bürokratischen Hemmnissen einen größeren Freiraum zur Entfaltung kreativer Ideen.

Loslösen vom Erfolg der Vergangenheit

„Schöpferische Zerstörung"

Um den Weg für ein zukünftiges erfolgreiches Handeln zu ebnen, ist es notwendig, nach vorne zu schauen und nicht an den erfolgreichen Strategien der Vergangenheit festzuhalten. Schumpeter spricht in diesem Zusammenhang von der „schöpferischen Zerstörung" als Voraussetzung der Innovation. Viele Unternehmen tun sich aber gerade in diesem Punkt sehr schwer und zeigen bei lang andauerndem Erfolg eines Unternehmens in einem bestimmten Bereich eine sinkende Bereitschaft, sich auf etwas Neues einzulassen.

Toleranz von Fehlern

Fehler als Chance begreifen

Da Innovationsprojekte mit besonderen Risiken behaftet sind, können Fehlschläge nie ganz ausgeschlossen werden. Zur Schaffung eines innovationsfördernden Klimas ist es aber sehr wichtig, diese zu akzeptieren und Fehler grundsätzlich nicht negativ zu bewerten, sondern sie als Chance zum Lernen zu begreifen.

Nutzen des Kundenkontakts

Impulse der Kunden nutzen

Kundenkontakte sind als Anstoß innovativer Ideen sehr nützlich, da über den Austausch mit Kunden wertvolle Informationen zu deren Produkterfahrungen, Verbesserungsvorschlägen und Wünschen gewonnen werden können. Daher sollten Abteilungen, die direkt mit den Kunden in Kontakt kommen, wichtige Informationen an die entsprechenden Stellen weiterleiten. Es werden heute zudem vielfach Informationen systematisch im Rahmen von Marktforschungsbefragungen oder über so genannte Kundengesprächsrunden ermittelt.

5.4 Die Innovation des Innovationsmanagements

Viele verbrauchte Geschäftskonzepte

Viele Unternehmen verbrachten die vergangenen Jahre damit, das letzte Tröpfchen Effizienzsteigerung aus verbrauchten Geschäftskonzepten herauszupressen. Sie putzten das Silber, das man ihnen vererbte. Ihre gleichzeitige Fixierung auf Wachstum statt auf Innovation führte tendenziell zu einer Vernichtung von Wachstumswerten. Verstärkt wurde dieser Prozess dadurch, dass Kosteneinsparungen direkt an den Kunden weitergegeben werden mussten.

Strategische Konvergenz durch Beratung

Der Ruf nach Unternehmensberatern führte noch tiefer in die Sackgasse, so die Kritik von Gary Hamel, Professor für strategisches Management an der Londoner Business School. Hunderttausende junger Consultants bewirken eine strategische Konvergenz, indem sie Unternehmen die gleichen Ratschläge geben und sie so mit den Beraterdogmen infizieren. Unabhängig hiervon neigen Unternehmen dazu, ihre Strategie an einer vom Branchendogma diktierten zentralen Tendenz auszurichten. Innovationsstrategien nähern sich somit einander an, weil Erfolgsrezepte sklavisch imitiert werden.

Geschäftsmodelle innovieren

Als Folge hiervon empfiehlt Gary Hamel, Regeln zu brechen. Seine Grundidee besteht darin, das Gegenteil von dem zu tun, was die Lehrbücher empfehlen. Vor allem bringt es wenig, Produkte oder die Technik zu innovieren. Das führt zu einem technologischen Wettrüsten. Stattdessen sollten *Geschäftskonzepte* innoviert werden. Der Wettbewerb der Zukunft findet nicht mehr zwischen Produkten oder Unternehmen statt, sondern zwischen Geschäftsmodellen. Nur so haben Neueinsteiger eine Chance.

Literatur

Rolf Berth: *Der große Innovationstest. Das Arbeitsbuch für Entscheider.* 2 Bände. Düsseldorf: Econ 1997.

Marcus Disselkamp: *Innovationsmanagement. Von der Idee zur Umsetzung im Unternehmen.* Wiesbaden: Gabler 2005.

Gablers Wirtschaftslexikon. 14. Aufl. Wiesbaden: Gabler 1997.
Gary Hamel: *Das revolutionäre Unternehmen. Wer Regeln bricht gewinnt.* München: Econ 2001.
Jürgen Hauschildt: *Innovationsmanagement.* München: Vahlen 2004.
Walter Simon: *Lust aufs Neue. Werkzeuge für das Innovationsmanagement.* Offenbach: GABAL 1999.
Dietmar Vahs und Ralf Burmester: *Innovationsmanagement. Von der Produktidee zur erfolgreichen Vermarktung.* 3., überarb. Aufl. Stuttgart: Schäffer-Poeschel 2005.
Gerold G. Wiese: *Innovationsmanagement.* Berlin: Springer 2005.
Burkard Wördenweber und Wiro Wickord: *Technologie- und Innovationsmanagement im Unternehmen.* 2., erw. Aufl. Berlin: Springer 2004.

6. Kunden-management

Kunden als Erfolgsfaktor

Im Zuge eines sich verschärfenden Verdrängungswettbewerbs auf den Märkten erkennen die Unternehmen immer mehr die Bedeutung des Kunden als entscheidenden Erfolgsfaktor. Der Wandel vom Anbieter- zum Käufermarkt ist längst vollzogen. Die Nachfrager haben in ihrer Position erheblich an Bedeutung gewonnen, da es ihnen heute möglich ist, aus einer Vielzahl an Produkten, die in ihrer Qualität stets homogener werden, das für sie passende Angebot herauszusuchen.

Der Kunde entscheidet somit letztendlich über Erfolg oder Misserfolg eines Produktes. Seine Anforderungen hinsichtlich Qualität, Preis und Service sind gewachsen. Der Kunde ist besser

Die Sicht des Kunden

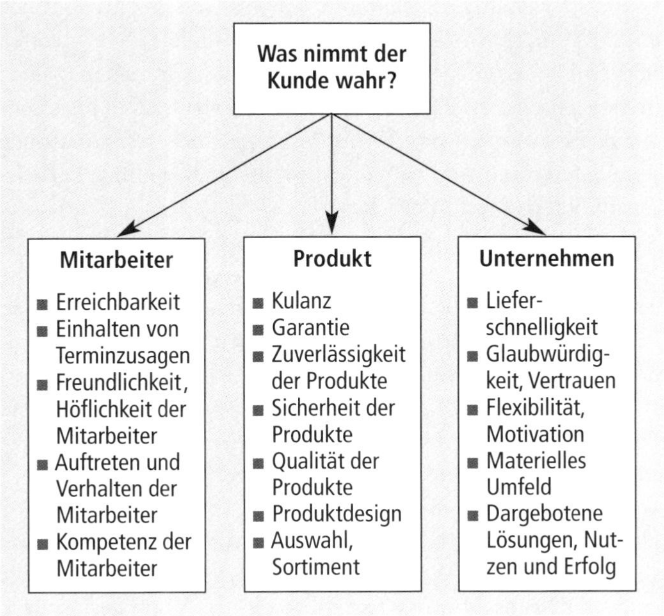

informiert als früher. Im Zeitalter des Internets kann er benötigte Informationen selbstständig suchen und sich Angebote von Mitbewerbern schnell einholen. Produkte mit Schwächen haben daher kaum noch Chancen.

Wünsche erfassen und erfüllen

Es reicht heute nicht mehr, den Kunden mit den Mitteln des Massenmarketings undifferenziert „abzufertigen". Vielmehr gilt es, seine individuellen Wünsche zu erfassen und reibungslos zu erfüllen. Dem dient das Kundenmanagement.

6.1 Management der Kundenstruktur

Bedürfnisse identifizieren

Ein systematisches Kundenmanagement setzt eine Kenntnis der eigenen Kunden voraus. Um maßgeschneiderte Leistungsangebote zu unterbreiten, ist es notwendig, die Kunden anhand bestimmter Kriterien in Gruppen zu segmentieren und ihre Bedürfnisse zu identifizieren. Die Kundenstruktur ist also zu analysieren.

Daten schaffen Transparenz

Es bedarf vielfältiger Daten, um sich Transparenz im Hinblick auf die Wünsche und Erwartungen der Kunden zu verschaffen und eine individuelle Beziehung zu ihnen aufzubauen. Neben demografischen Merkmalen, wie beispielsweise Alter, Familienstand, Einkommen oder Wohnort, sind auch Informationen über deren Kauf- und Nutzungsverhalten, Einstellungen, Preissensibilität usw. erforderlich.

Möglichkeiten der Datensammlung

Informationen können dabei auf verschiedene Art und Weise gewonnen werden. So hinterlässt der Kunde beim Kauf über das Internet beispielsweise Spuren. Aber auch über den heute üblichen Einsatz von Scannerkassen lassen sich Aussagen zu bevorzugten Produkten, Qualitäten, Preisklassen und Mengen treffen. Durch Bezahlen der Einkäufe mit EC- oder Kreditkarte wird es sogar möglich, die Identität des Konsumenten zu ermitteln.

Data Warehouse

Diese Daten werden heute meist an einem zentralen Punkt, dem so genannten Data Warehouse – einer Art Datenbank über die einzelnen Transaktionssysteme –, strukturiert und gespeichert.

Das Data Warehouse bringt Informationen unterschiedlicher Datenbanken in einem einheitlichen Format zusammen. Diese Informationen ermöglichen es dann dem Unternehmen, das Kaufverhalten von Kunden zu analysieren und aus den Ergebnissen gezielte Marketingaktivitäten abzuleiten.

Data Mining

Mithilfe des Data Mining können zudem Trends, Muster und Beziehungen zwischen den Daten des Data Warehouse ermittelt und somit Rückschlüsse auf Kaufmotive und Kaufmuster der Kunden gezogen werden. Das Unternehmen erhält klarere Kundenprofile und kann somit deren individuelle und bedarfsgerechte Ansprache entsprechend vornehmen. Zudem lassen sich Zusammenhänge zwischen Produktverkäufen identifizieren, die das Unternehmen bei der Platzierung entsprechend berücksichtigen kann. Data Mining ermöglicht es dem Unternehmen außerdem, aus der Analyse vergangenheitsbezogener Kundendaten wichtige Informationen im Hinblick auf zukünftige Entscheidungen abzuleiten. Auch können Prognosen über zukünftige Kundenwünsche aufgestellt werden.

Auf ausgewählte Segmente konzentrieren

Alle diese Informationen unterstützen die Bildung von Kundensegmenten. Doch ist darauf zu achten, eine Differenzierung der Kunden entsprechend ihrer Attraktivität für das Unternehmen vorzunehmen. Da eine konsequente Kundenorientierung stets mit hohen Kosten verbunden ist, sollte sich das Unternehmen bei der Marktbearbeitung auf ausgewählte Marktsegmente konzentrieren und den Umfang des Leistungsangebotes bei den übrigen Segmenten entsprechend abstufen.

Kundenportfolio erstellen

Als aussagekräftiges Instrument zur Durchführung einer Kundensegmentierung kann das von Christian Homburg und Harald Werner entwickelte Kundenportfolio dienen. Über die unternehmensinterne Dimension „relative Lieferantenposition" sowie die unternehmensexterne Dimension „Kundenattraktivität" erhält das Unternehmen hier die Möglichkeit, seine Kunden innerhalb eines Vier-Felder-Portfolios einzuordnen, um im Ergebnis Aussagen zu deren Attraktivität sowie zur sinnvollen Konzentration von Mitteln auf die jeweiligen Kunden bzw. Kundengruppen zu treffen.

Kundenattraktivität ermitteln

Um die *Kundenattraktivität* zu ermitteln, sind Kriterien heranzuziehen wie beispielsweise die strategische Bedeutung des Kunden für das Unternehmen oder das grundsätzlich zu erzielende Absatzvolumen bzw. Preisniveau beim jeweiligen Kunden.

Lieferantenposition beurteilen

Die Beurteilung der *Lieferantenposition* erfolgt über den Lieferanteil, den das betrachtete Unternehmen bei dem jeweiligen Kunden erzielt. Der Lieferanteil wird dabei aus dem Quotienten des im eigenen Haus erzielten Umsatzvolumens zum generellen jährlichen Lieferbedarf des Kunden ermittelt. Kennt das Unternehmen den Lieferanteil, den ein Wettbewerber beim entsprechenden Kunden erzielt, kann über das Verhältnis des eigenen zum Lieferanteil des Konkurrenten der relative Lieferanteil errechnet werden.

Vier Kategorien

Auf dieser Grundlage erfolgt eine Einordnung der Kunden in folgende vier Kategorien:

- Starkunden
- Fragezeichenkunden
- Ertragskunden
- Mitnahmekunden

Starkunden

Eng ans Unternehmen binden

Starkunden stellen eine attraktive Zielgruppe dar, da sie dem Unternehmen die höchsten Umsatz- und Gewinnpotenziale bieten. Zudem hält das Unternehmen bei ihnen eine starke Lieferantenposition. Sie sollten daher über verschiedene Maßnahmen – wie beispielsweise durch die Ausgabe einer Kundenkarte, durch eine intensive Betreuung oder durch die Einrichtung eines Kundenclubs – enger an das Unternehmen gebunden werden.

Fragezeichenkunden

In Starkunden umwandeln

Auch die Fragezeichenkunden sind für das Unternehmen attraktiv; die eigene Lieferantenposition ist allerdings gering. Daher sollte das Unternehmen über gezielte Maßnahmen versuchen, die eigene Lieferantenposition zu verbessern, um die Fragezeichen- somit in Starkunden umzuwandeln.

Ertragskunden

Auf dem Niveau halten

Im Bereich der Ertragskunden, die einen Großteil ihres Bedarfs bei dem betrachteten Unternehmen decken, sollten die Anstrengungen in erster Linie darin bestehen, sie auf ihrem starken Niveau zu halten. Da sie sich grundsätzlich durch eine eher begrenzte Attraktivität auszeichnen, ist es ratsam, entsprechend auch nicht mehr zu investieren, als dazu notwendig ist.

Mitnahmekunden

Auf Minimum reduzieren

Bei den Mitnahmekunden sollte das Unternehmen die Betreuungs- und Kundenbindungsaktivitäten auf ein Minimum reduzieren, da die Wirtschaftlichkeit der Kundenbeziehung ohnehin gering ist. Daher ist es für das Unternehmen in der Regel auch nicht problematisch, wenn sich der Kunde dazu entschließt, den Anbieter zu wechseln.

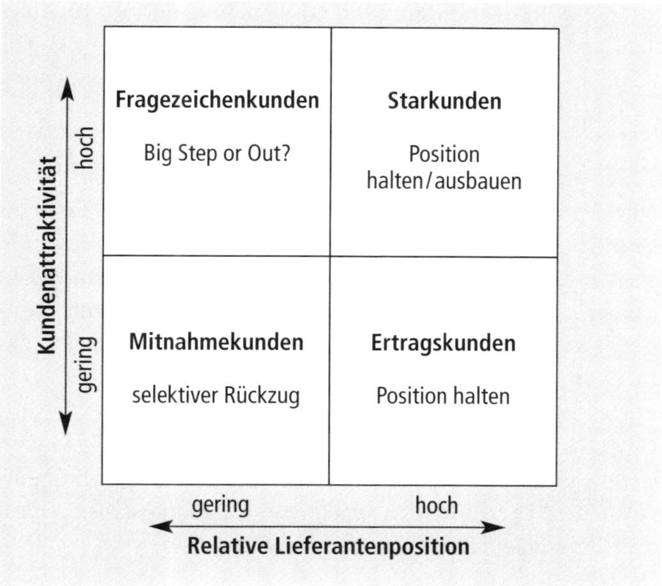

Kundenportfolio nach Homburg/Werner 1998

Gute Kundenstruktur

In einem Unternehmen mit einer guten Kundenstruktur ist der Anteil an Star- und Ertragskunden am höchsten. Die Fragezeichenkunden machen dagegen einen etwas geringeren Anteil aus und die Mitnahmekunden schließlich den geringsten.

6.2 Kundenorientierung

Ziel: maximale Kundenzufriedenheit

Eines der Hauptziele eines aktiven Kundenmanagements ist es, Produkte und Leistungen anzubieten, die den Kundenbedürfnissen entsprechen, um das Ziel einer maximalen Kundenzufriedenheit zu erreichen. Dabei sind die Kosten nicht aus den Augen zu verlieren und die Marketingressourcen auf die Kunden, entsprechend ihrer Ertragskraft, zu verteilen. Dazu notwendige Informationen erhält das Unternehmen aus der Segmentierung. Im Idealfall steigen mit einer erhöhten Kundenorientierung die Kundentreue und damit der Umsatzanteil.

Organisation am Kunden ausrichten

Ein wichtiger Aspekt zur Steigerung der Kundenorientierung ist die kundenorientierte Ausrichtung der Organisationsstruktur. So kann sich in einem Unternehmen aufgrund einer großen Anzahl an Schnittstellen ein unangemessen hoher Koordinations- und Kommunikationsaufwand ergeben. Als Folge hiervon steht der Kunde mehreren Ansprechpartnern im Unternehmen gegenüber. Das erschwert den Aufbau einer persönlichen Beziehung zwischen dem Kunden und dem Unternehmen.

Kundenorientierte Kultur entwickeln

Zudem sollte das Unternehmen eine Kultur entwickeln, die zur Förderung des kundenorientierten Denkens und Handelns beiträgt. Die Bereitschaft zur Kundenorientierung muss von allen Führungskräften und Mitarbeitern unterstützt und gelebt werden, denn von ihrem freundlichen und hilfsbereiten Auftreten wird die Kundenzufriedenheit stark beeinflusst und das Image des Unternehmens geprägt.

Um Aussagen zur Kundenorientierung eines Unternehmens zu treffen und konkrete Maßnahmen zu deren Steigerung einzuleiten, ist es erforderlich, regelmäßig die *Kundenzufriedenheit* und die *Kundenbindung* zu analysieren.

Kundenzufriedenheit

Die *Kundenzufriedenheit* ist die Folge einer emotionalen Reaktion auf einen kognitiven Vergleichsprozess. Der Kunde vergleicht die von ihm tatsächlich wahrgenommenen Produkteigenschaften (Ist-Leistung) mit seinen subjektiven Erwartungen (Soll-Leistung). Werden seine Erwartungen erreicht oder sogar übertroffen, stellt sich bei ihm ein Gefühl der Zufriedenheit ein. Die dieses Gefühl bewirkenden Faktoren finden sich auf allen Stufen der Wertschöpfungskette.

Viele Einflussmöglichkeiten

Die Möglichkeiten, auf die Kundenzufriedenheit einzuwirken, beginnen bereits im Marktvorfeld, da deren Vorgaben schließlich zur Umsetzung in konkrete Leistungsangebote führen. Doch auch von allen anderen Bereichen, insbesondere den Abteilungen mit unmittelbarem Kundenkontakt, wird die Zufriedenheit der Kunden beeinflusst.

Je zufriedener ein Kunde ist, desto weniger wird er zur Abwanderung bzw. zum Markenwechsel neigen und desto eher wird er das Unternehmen weiterempfehlen. Zudem zeigen zufriedene Kunden in der Regel eine geringere Preissensibilität und eröffnen dem Unternehmen die Möglichkeit, steigende Absatzmengen und somit höhere Umsätze zu realisieren.

Zufriedenheit regelmäßig messen

Daher ist es wichtig, regelmäßig die Kundenzufriedenheit zu messen. Dazu kann das Unternehmen eine Kombination von objektiven Messkriterien (z. B. Umsatz, Wiederkaufsrate, Beschwerdeanzahl) und subjektiven Messkriterien (Befragungen der Kunden beispielsweise zur empfundenen Zufriedenheit, Zuverlässigkeit oder Gesamtleistung des Unternehmens im Vergleich zur Konkurrenz) heranziehen.

Kundenbindung

Es ist wesentlich teurer, neue Kunden zu akquirieren, als bestehende zu halten. Darum versucht das Unternehmen, mit Maßnahmen der *Kundenbindung* eine intensivere und engere Geschäftsbeziehung zu seinen Kunden aufzubauen. Diese sollen ein Interesse entwickeln, längerfristig beim Unternehmen einzukaufen.

Produktpolitik

Im Rahmen der *Produktpolitik* kann ein Unternehmen seine Kunden beispielsweise über so genannte Modulsysteme binden, bei denen verschiedene Module eines Systems zwar unabhängig voneinander gekauft werden können, jedoch bei Zukauf eines Moduls stets wieder der gleiche Anbieter zu wählen ist, da die Produkte anderer Unternehmen meist nicht kompatibel sind.

Preismanagement

Das *Preismanagement* arbeitet unter anderem mit der Ausgabe von Kreditkarten, die dem Kunden außer der reinen Zahlungsfunktion noch zusätzliche Leistungen offerieren, beispielsweise Sonderrabatte. Auch so genannte Bonussysteme, wie das Miles & More-Programm der Lufthansa, gehören in den Bereich der Preispolitik. Während der treue Kunde in diesem Fall nachträglich belohnt und langfristig gebunden werden soll, besteht über Preisgleitklauseln oder Rabatte die Möglichkeit, den Kunden im Voraus zu binden.

Kommunikationspolitik

Die *Kommunikationspolitik* eröffnet ebenfalls vielfältige Möglichkeiten zur Kundenbindung. Einrichtungen wie zum Beispiel Hotlines ermöglichen es dem Kunden, auf unkomplizierte Weise mit dem Unternehmen in Kontakt zu treten, um Fragen und Probleme mit einem Mitarbeiter zu besprechen. Auch die Ausgabe von Kundenzeitschriften oder Einladungen der Kunden zu Veranstaltungen gehören in diesen Bereich. Über Kundenforen oder -beiräte ist es dem Unternehmen möglich, eine direkte Rückmeldung zu aufgetretenen Problemen zu erhalten. Schließlich fällt ein aktives Beschwerdemanagement in den Bereich der Kundenbindung über Kommunikationsmaßnahmen.

Distributionspolitik

In der *Distributionspolitik* gibt unter anderem die Form des Abonnementverkaufs die Möglichkeit, den Kunden durch einen Preisvorteil an das Unternehmen zu binden. Heim- oder Katalogverkauf können dies ebenfalls bewirken.

6.3 Beschwerdemanagement

Probleme erkennen und beheben

Auf dem Weg zur Steigerung der Kundenorientierung ist für das Unternehmen die Entwicklung eines Kundenverständnisses eine wichtige Voraussetzung. Dies beinhaltet nicht nur eine sorgfältige und umfassende Ermittlung der gegenwärtigen und zukünftigen Kundenwünsche, sondern ebenso das Erkennen von Problembereichen, um gezielte Maßnahmen einzuleiten und somit eine Steigerung der Kundenzufriedenheit zu erreichen.

Beschwerden konstruktiv nutzen

Kundenbeschwerden geben wertvolle Hinweise zur Identifikation von Problemfeldern. Unternehmen sollten sie als Chance zur langfristigen Verbesserung der Kundenorientierung konstruktiv nutzen. In den meisten Fällen beenden Kunden die Geschäftsbeziehung, ohne ihre Unzufriedenheit je geäußert zu haben.

Beschwerden äußernde Kunden zeigen jedoch ein konkretes Interesse am Fortbestehen der Geschäftsbeziehung und bieten bei erfolgreicher Beseitigung des Problems die Möglichkeit zum Aufbau einer langfristigen und vertrauensvollen Zusammenarbeit.

Mehrere Wege bieten

Die Kunden müssen durch geeignete Einrichtungen dazu gebracht werden, ihren Unmut und ihre Wünsche gegenüber dem Unternehmen zu äußern. Dies kann beispielsweise in Form von kostenlosen Beschwerdetelefonen, über Hinweise zu Beschwerdemöglichkeiten auf Produktverpackungen oder Ähnliches geschehen. In jedem Fall ist es wichtig, den Kunden mehrere einfache Wege zum Vortragen einer Beschwerde zu bieten und ihnen diese bekannt zu machen.

Eine tragende Rolle im Beschwerdemanagement kommt den Mitarbeitern zu, welche die Beschwerden freundlich entgegennehmen und den Kunden das Gefühl vermitteln, dass Anregungen ernst genommen werden.

Mitarbeitern Freiräume geben

Im Idealfall sollten sie die Kunden davon in Kenntnis setzen, wer für die Bearbeitung ihrer Beschwerden verantwortlich ist und bis wann sie mit einer Erledigung rechnen können. Jeder Mitarbeiter muss sich für Beschwerden der Kunden zuständig fühlen, diese selbstverständlich entgegennehmen und an die entsprechenden Stellen weiterleiten. In diesem Zusammenhang ist es sinnvoll, den Mitarbeitern gewisse Freiräume zur Verfügung zu stellen, die ein schnelles und unkompliziertes Beheben häufig vorkommender, geringfügiger Probleme vor Ort ermöglichen.

Beschwerden sammeln und auswerten

Es empfiehlt sich, alle eingereichten Beschwerden in einer Beschwerdedatenbank aufzunehmen, um die Schwerpunkte vorgetragener Beschwerden ermitteln und gezielte Maßnahmen einleiten zu können.

6.4 Mitarbeiter in kundenorientierten Unternehmen

Mitarbeiter müssen Bedeutung erkennen

Den entscheidenden Beitrag, um die Kundenorientierung zu steigern, kommt den Mitarbeitern zu. Sie stehen den Kunden als Repräsentanten des Unternehmens gegenüber und können durch ihr freundliches und motiviertes Verhalten einen erheblichen Beitrag zu deren Zufriedenheit leisten. Daher ist es sehr wichtig, dass sie die Bedeutung der Kundenorientierung für das Unternehmen, aber auch für sich selbst erkennen und ihr Verhalten konsequent daran ausrichten.

Mitarbeiter müssen selbst zufrieden sein

Die Bereitschaft eines Mitarbeiters zu kundenorientiertem Verhalten wird stark von dessen Zufriedenheit mit seiner beruflichen Situation beeinflusst. Nur Mitarbeiter, die hinter dem Unternehmen stehen und sich mit diesem identifizieren, werden dies auch nach außen weitergeben.

Rolle der Führungskräfte

Ein kundenorientiertes Verhalten der Mitarbeiter erfordert somit ein mitarbeiterorientiertes Führungsverhalten seitens des Unternehmens. Auch die Führungskräfte sind in diesem Zusammenhang gefordert. Es ist wichtig, dass sie die Bedeutung der Mitarbeiter im Kundenkontakt erkennen und sie zu kundenorientiertem Verhalten anleiten. In diesem Zusammenhang sollten sie Bereitschaft zeigen, Entscheidungskompetenzen an ihre Mitarbeiter zu delegieren und sie somit zu eigenverantwortlichem Arbeiten befähigen.

Aufmerksame Mitarbeiter belohnen

In vielen Unternehmen werden Mitarbeiter, die sich durch besonders freundliches oder aufmerksames Verhalten gegenüber Kunden auszeichnen, in Form öffentlicher Belobigungen gekürt oder mit verbesserten Aufstiegschancen belohnt.

Auch Maßnahmen im monetären Bereich – so zum Beispiel finanzielle Beteiligungen der Mitarbeiter am Unternehmenserfolg oder Vergütungssysteme, die Kriterien wie Kundenorientierung oder Kundenzufriedenheit berücksichtigen – können die Mitarbeiter zu kundenorientiertem Verhalten motivieren.

Literatur

Günter Ederer und Lothar J. Seiwert: *Der Kunde ist König. Das 1x1 der Kundenorientierung. Das Strategie-Buch für kundenorientierte Unternehmen.* Offenbach: GABAL 2000.

Edgar K. Geffroy: *Das einzige, was stört, ist der Kunde.* 16., völlig überarb. Aufl. Frankfurt/M.: Redline 2005.

Christian Homburg und Harald Werner: *Kundenorientierung mit System. Mit Customer Orientation Management zu profitablem Wachstum.* Frankfurt/M.: Campus 1998.

Christian Homburg: *Kundenzufriedenheit. Konzepte – Methoden – Erfahrungen.* 5., überarb. Aufl. Wiesbaden: Gabler 2003.

Manfred Bruhn (Hg.): *Handbuch Kundenbindungsmanagement. Strategien und Instrumente für ein erfolgreiches CRM.* 5., überarb. und erw. Aufl. Wiesbaden: Gabler 2005.

Martin Stadelmann, Sven Wolter und Torsten Tomczak (Hg.): *Customer Relationship Management. 12 CRM-Fallstudien zu Prozessen, Organisation, Mitarbeiterführung und Technologie.* Zürich: Verl. Industrielle Organisation 2003.

7. Lernende Organisation

Entwickelt von Peter Senge

Die Idee bzw. das Konzept der Lernenden Organisation stammt von dem Amerikaner Peter Senge, einem in Harvard lehrenden Managementprofessor. Obwohl seine Gedanken und Empfehlungen nicht neu sind, hat sich das Konzept weltweit schnell verbreitet. Es nimmt in sich Elemente aus dem Wissens-, dem Team-, dem Change- und dem Systemmanagement in Verbindung mit der Personal- und Organisationsentwicklung auf.

7.1 Begriffsklärung

Definition nach Pedler

Die Breite und Tiefe der Komplexe „Lernen" und „Organisation" impliziert eine Menge möglicher Definitionen. So beschreibt Mike Pedler (1994) die Lernende Organisation als „eine Organisation, die das Lernen sämtlicher Organisationsmitglieder ermöglicht und die sich kontinuierlich transformiert".

Weitere Definitionen

Von einem „process of detecting and correcting error" sprechen Chris Argyris und Donald A. Schön (1999). George P. Huber definiert das Lernen einer Organisation „through its processing of information, the range of its potential behaviors is changed". Noch Dutzende anderer Beschreibungsversuche könnten genannt werden.

Grundmerkmal der Lernenden Organisation

Das Grundmerkmal einer Lernenden Organisation besteht darin, dass ein Unternehmen ständig die eigenen Fähigkeiten und Kompetenzen erweitert, um mit Problemen und Herausforderungen angemessen umzugehen. Dabei wird vor allem das umfangreiche Wissen einer Organisation genutzt, und zwar basierend auf dieser Gleichung:

Lernen des Individuums + der Gruppen x Institutionalisierung = Organisationales Lernen

Beim Lernen in einer Organisation lernt also nicht nur der einzelne Mitarbeiter, sondern die ganze Gruppe, der ganze Betrieb bzw. das ganze Unternehmen. Es geht nicht um die Summe individuell erreichbarer Lernergebnisse, sondern um organisationales Lernen in seiner Gesamtheit. In einer Lernenden Organisation ist Lernen der Arbeit nicht vor- oder nachgelagert, sondern Teil der Arbeit selbst. Es ist ein kontinuierlicher Prozess, der auf allen Ebenen des Unternehmens stattfindet und somit eine wesentliche strategische Erfolgsposition für das Unternehmen, aber auch für das Individuum darstellt.

Prozess auf allen Ebenen

7.2 Die fünf Grunddisziplinen des Konzepts der Lernenden Organisation

In seinem Buch „Die fünfte Disziplin" nennt Peter Senge folgende fünf „disciplines of the learning organization":

Fünf Disziplinen

1. Systemdenken
2. Personal Mastery
3. Mentale Modelle
4. Gemeinsame Vision
5. Team-Lernen

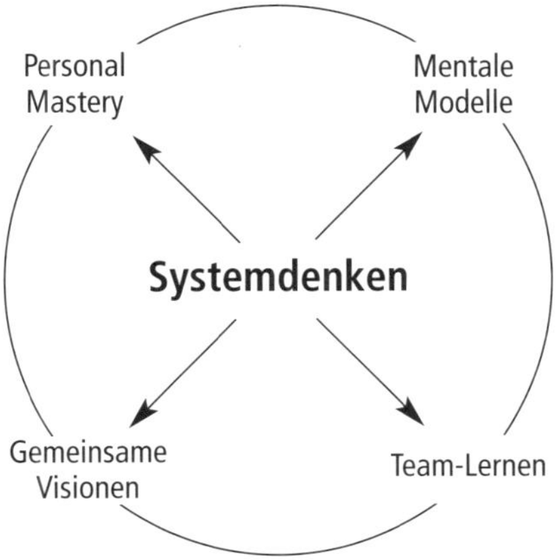

Systemisches Denken als die Fähigkeit, Prozesse und Zusammenhänge zu begreifen

Jede Disziplin repräsentiert einen anderen Aspekt der Lernenden Organisation. Alle zusammen ermöglichen das organisationale

Lernen. Dabei kommt dem Systemdenken eine Sonderrolle zu: Systemdenken ist für Senge der Blick für das Ganze, die Fähigkeit, Prozesse und Zusammenhänge zu begreifen und somit „the discipline that integrates the disciplines, fusing them into a coherent body of theory and practice“ (Senge 1994, S. 12).

Systemdenken

Wenn-dann-Schema

Mit dem systemischen Denken ist mehr gemeint als das, was man umgangssprachlich „systematisch“ nennt. Systematisch zu denken bedeutet, analytisch und linear Schritt für Schritt vorzugehen. Dabei wird für ein Ereignis oder eine Veränderung nach einer Ursache gesucht. Das Denkschema lautet: Wenn – dann.

Nicht-lineare Abläufe

Im Gegensatz dazu richtet das systemische Denken sein besonderes Augenmerk auf nicht-lineare Abläufe und betrachtet diese ganzheitlich mit all ihren Wechsel- und Rückwirkungen. Systemisches Denken ist also ein integrierendes, zusammenfügendes Denken, welches von größeren Zusammenhängen ausgeht und möglichst alle Einflussfaktoren berücksichtigt. Ziel ist es, kurzfristige oder danebengreifende Lösungen zu vermeiden.

Ganzheitlich denken und handeln

Ohne sich Gedanken über Zusammenhänge und Vernetzungen zu machen, bleiben die Organe der Lernenden Organisation leblos, und der Gesamterfolg ist bereits vor Beginn der Umsetzung gefährdet. Ganzheitliches Denken und Handeln bedeutet im hier behandelten Kontext Folgendes:

- Erkennen von Strukturen und Zusammenhängen
- Denken in Möglichkeiten – sowohl A als auch B ist möglich und machbar
- Prozessdenken – Was passiert, wenn …?
- Denken in Szenarien – Wenn heute 2015 wäre, dann …?
- Vernetztes Denken – Wenn …, dann kann 1. *und* 2. *und* 3. eintreten und nicht nur 1. *oder* 2. *oder* 3.

Personal Mastery

Persönlichkeitsentwicklung

Mit dieser Disziplin ist die Bereitschaft von Menschen gemeint, sich weiterzuentwickeln, die Dinge zu tun, die ihnen wichtig sind, und die Realität kritisch zu überdenken. Anders ausgedrückt, ist es die Fähigkeit zur Selbstführung und Persönlichkeitsentwicklung. In diesem Sinne kann man Personal Mastery auch als Grad an Professionalität betrachten, mit dem Menschen an eine Sache herangehen. Dabei darf man Personal Mastery nicht als Zustand verstehen, sondern als lebenslangen Prozess, bei dem der Weg das Ziel ist.

Ohne individuelles Lernen keine Lernende Organisation

„Organisationen lernen nur, wenn die einzelnen Menschen etwas lernen. Das individuelle Lernen ist keine Garantie dafür, dass die Organisation etwas lernt, aber ohne individuelles Lernen gibt es keine Lernende Organisation" (Senge 1994, S. 111).

Folglich muss eine Organisation daran interessiert sein, lernorientierte und motivierte Mitarbeiter zu beschäftigen. Das aber setzt eine Unternehmenskultur voraus, die Personal Mastery bewirkt und fördert.

Mentale Modelle

Annahmen von uns selbst und der Welt

Mentale Modelle sind nach Senge (1994, S. 271) „die Bilder, Annahmen und Geschichten, die wir von uns selbst, von unseren Mitmenschen, von Institutionen und von jedem anderen Aspekt der Welt in unseren Köpfen tragen".

Mentale Modelle sind relativ

Alle Menschen tragen mentale Modelle in sich. Dazu gehören deren Sichtweisen bzw. Grundeinstellungen gegenüber anderen Menschen, Sachverhalten und Institutionen sowie Weltbilder, Normen und Werte. Jeder Mitarbeiter und Vorgesetzte entwickelt im Laufe seiner Tätigkeit eine bestimmte Sichtweise für bestimmte Situationen. Diese Sichtweisen werden als Denk- und Wahrnehmungsschablone eingesetzt, um einen Sachverhalt zu analysieren und zu interpretieren. Die Perspektiven sind dabei sehr unterschiedlich. Jegliche Art, etwas zu sehen, ist nur eine von mehreren Möglichkeiten der Wahrnehmung. Menschen müssen also um die Relativität ihrer Denkschablonen wissen.

Die Sichtweisen von Menschen mögen sich in bestimmten Situationen als vernünftig erwiesen haben. Darum wurden sie zu Automatismen ihres Verhaltens, ohne dass sie in einer gegebenen Situation lange darüber nachdenken müssen. So entstehen „Wenn-dann-Gebrauchsanleitungen", die man auch als „Denkmuster" bezeichnen kann. Solche Denkmuster werden oft durch ein Wort oder Etikett ausgelöst, beispielsweise „Ossi und Wessi". Schnell sind wir dann mit den dazugehörigen Attributen wie „faul" oder „arrogant" zur Hand.

Beispiel: Das Affen-Experiment

Die Folgen unterschiedlicher Wahrnehmungen und daraus resultierender Denkmuster werden an diesem Beispiel deutlich: Vier Affen wurden in einen Raum gebracht, in dessen Mitte ein hoher Pfahl stand, an dessen Spitze Bananen hingen. Sofort kletterte ein Affe hinauf. In dem Moment, als er nach der Banane griff, erhielt er von oben eine kalte Dusche. Erschreckt ließ er von der Banane ab und sprang vom Pfahl. Das wiederholte sich mehrmals, bis die Affen endgültig von den Bananen abließen.

Modellverhalten mit starker Wirkung

Nun wurde einer der Affen durch einen anderen ersetzt. Als sich dieser anschickte, die Bananen zu pflücken, sprangen seine Gefährten erregt auf ihn zu und zogen das Tier vom Pfahl wieder herunter. Der Affe verstand die Botschaft und ließ von den Bananen ab. Nun wurden auch die anderen Affen durch neue ersetzt. Jeder Neue erhielt die gleiche Lektion wie seine Vorgänger. Keiner der Affen verstand, warum er nicht an die Bananen sollte, aber alle respektierten das Modellverhalten – selbst nachdem die Dusche abmontiert war.

Auch die Wirtschaftswelt ist voll von solchen Modellfällen. Sie „überwintern" in Handbüchern, Dienstanweisungen und Schulungsprogrammen, obwohl sich der Kontext, in dem sie entstanden sind, längst verändert hat.

Den Denkmustern entfliehen

Menschen müssen sich deshalb ihrer mentalen Modelle bewusst werden und sich vom Korsett überlieferter Meinungen befreien. Nur wenn sie ihren Denkmustern entfliehen, bringen sie neue Ideen hervor.

Gemeinsame Vision

Anschaulich und realisierbar

Das Denken von heute ist die Realität von morgen. Wenn Organisationen weiterhin erfolgreich arbeiten wollen, dann benötigen sie anschauliche Zukunftsbilder. Visionen sind innere Bilder einer zukünftigen Wirklichkeit, die realisierbar, heute aber noch keine Realität ist. Hierbei handelt es sich um keine festen Vorgaben, sondern um Orientierungspunkte für das Unternehmen.

Visionen sind Energie und Kompass

Visionen bewegen Menschen im positiven wie im negativen Sinne. Sie sind eine Art menschliche Energie, die es zu nutzen gilt. Sie fungieren zugleich wie ein Kompass, der dafür sorgt, dass Management und Mitarbeiter im Unternehmen die richtige Richtung finden.

Vision gemeinsam verstehen und leben

Eine Idee bekommt Kraft, sobald sich andere Menschen für sie begeistern. „Wenn das Leben keine Vision hat, dann gibt es auch kein Motiv sich anzustrengen", sagt der Psychoanalytiker Erich Fromm. Nur durch eine „shared vision", die von allen Mitarbeitern des Unternehmens verstanden, getragen und gelebt wird, kann die Grundlage der Lernenden Organisation geschaffen werden. „A shared vision is not an idea. ... It is rather a force in peoples' hearts, a force of impressive power. ... It is palpable" (Senge 1994, S. 206).

Die Vision eines Lernenden Unternehmens muss sich also stark an dem Wert „Lernen" ausrichten und sich auf die konsequente Erweiterung der Wissensbasis von Individuen, Gruppen und der Organisation als Ganzes fokussieren.

Vision aufschreiben und bekannt machen

Unternehmen mit Visionen erzielen einen höheren Umsatz, erwirtschaften höhere Renditen und schreiben bei Innovationen schneller schwarze Zahlen als visionslose Unternehmen. Wichtig ist dabei, dass die Vision schriftlich formuliert und unternehmensintern publiziert wird. Zwischen denjenigen Firmen, die keine Visionen haben, und denjenigen, die nur eine mündliche besitzen, zeigen die Messzahlen *keine* merklichen Differenzen. Ergo: In der schriftlichen Fixierung liegt offenbar der besondere Wert (vgl. Berth 1993, S. 93).

Team-Lernen

Immer mehr setzt sich die Erkenntnis durch, dass Mitarbeiter effizienter arbeiten könnten, wenn sie über mehr Kompetenzen verfügten und sie einen direkteren und schnelleren Zugang zu wichtigen Informationen hätten. Das bedeutet konkret, ihnen die direkte und unmittelbare Kooperation mit anderen Fachleuten in der Organisation zu gestatten, ohne den Vorgesetzten als Briefträger und Ideenzensor einschalten zu müssen. Hier ist Teamwork in Form von Projektgruppen, Arbeitskreisen, Qualitätszirkeln oder in der Urform als Gruppenarbeit gefragt.

Synergie durch Zusammenwirken

Auch beim Team-Lernen gilt: Keiner ist so schlau wie alle zusammen. Es wird ja gerade deshalb ein Team gebildet, weil das Ganze mehr ist als die Summe seiner Teile. Anders ausgedrückt, könnte man sagen: Das Unternehmensergebnis ist mehr als die Addition der Einzelleistungen, vorausgesetzt, alle verhalten sich team- bzw. synergiefördernd. Die Realität sieht aber leider anders aus: In vielen Unternehmen wird der Begriff Abteilung im Sinne von „abteilen" und der Begriff Zuständigkeit im Sinne von „ständig zu" missverstanden.

Schlüsselgruppen involvieren

Es gilt, Betroffene zu Beteiligten zu machen. Ohne die Involvierung wichtiger Schlüsselgruppen in den Kreislauf der Entscheidungsfindung, -umsetzung und -überprüfung ist der Anspruch, ein Lernendes Unternehmen zu sein, nicht einlösbar.

Literatur

Chris Argyris und Donald A. Schön: *Die Lernende Organisation. Grundlagen, Methode, Praxis.* Stuttgart: Klett-Cotta 1999.

Rolf Berth: *Erfolg. Überlegenheitsmanagement. 12 Mind-Profit Strategien mit ausführlichem Testprogramm.* Düsseldorf: Econ 1993.

Mike Pedler, Tom Boydell und John Burgoyne: *Das lernende Unternehmen. Potentiale freilegen – Wettbewerbsvorteile sichern.* Frankfurt/M.: Campus 1994.

Dirk Pieler: *Neue Wege zur lernenden Organisation. Bildungsmanagement, Wissensmanagement, Change Management, Culture Management.* Wiesbaden: Gabler 2003.

Thomas Sattelberger (Hg.): *Die lernende Organisation.* 3. Aufl. Wiesbaden: Gabler 1996.

Peter M. Senge: *Die fünfte Disziplin. Kunst und Praxis der lernenden Organisation.* Stuttgart: Klett-Cotta 2003.
Peter M. Senge: *Das Fieldbook zur Fünften Disziplin.* 4. Aufl. Stuttgart: Klett-Cotta 2000.

8. Prozessmanagement

Ohne ein intelligent gestaltetes Prozessmanagement wird es für Unternehmen immer schwerer, im Wettbewerb zu bestehen. Sie erwirtschaften eventuell den angestrebten Umsatz, aber nicht die anvisierten Gewinne.

8.1 Die Ausgangssituation Mitte der 1990er-Jahre

Fast zwei Jahrhunderte glaubte man, mit der richtigen Organisation erfolgreich zu sein. Entsprechend wurden Unternehmen arbeitsteilig organisiert und funktional gegliedert.

Kein Blick über den Tellerrand

Der Grundstein der Unternehmensorganisation war die Fachabteilung. Strukturen, Positionen, Menschen und Aufgaben standen hier im Vordergrund. Hier wirkten viele Menschen unabhängig voneinander am gleichen Auftrag. Jeder blickte in seine Abteilung, aber kaum über den Tellerrand hinaus.

Bürokratie ohne Wertschöpfung

Diese traditionelle Ablauforganisation hatte einen hierarchischen Aufbau und Bürokratie zur Folge, jedoch ohne jeden wertschöpfenden Effekt. Die Aufbauorganisation dominierte die Ablauforganisation. Viele Aufgaben dienten einfach nur der Erfüllung interner organisatorischer Anforderungen. Diese waren ohne Nutzen für den Kunden, dessen einziger Wert die ausgelieferten Waren sind. Denn eine Funktion für sich allein, beispielsweise Buchführung, erzeugt noch keinen Wert für den Kunden. Das schafft sie erst in Kombination mit der Herstellung und dem Vertrieb, über die sie Buch führt.

Prozesse schaffen Ergebnisse

Funktionen erledigen Aufgaben, Prozesse schaffen Ergebnisse. Sie laufen quer zu den funktionalen Einheiten wie Marketing, Produktion und Vertrieb.

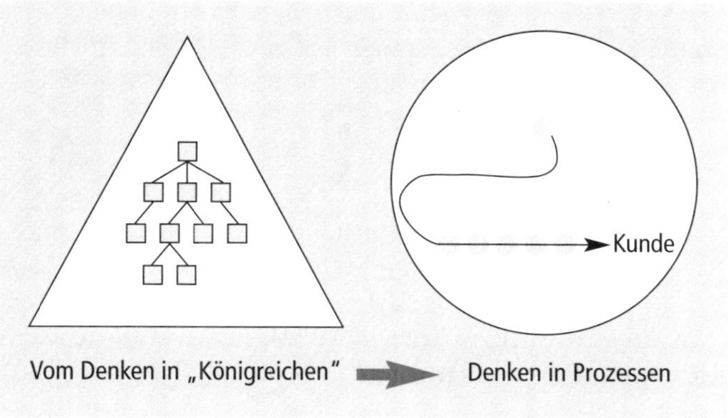

Zwei Sichtweisen von Unternehmen

Einfachere Arbeit, mehr Koordination

Durch die Zergliederung von Arbeitsprozessen wurde die Arbeit zwar einfacher, aber der Koordinierungsaufwand nahm umgekehrt proportional zu. Der Preis hierfür war eine wachsende Anzahl von Fachabteilungen und mittleren Managern. Zwar konnten die direkten Lohnkosten gesenkt werden, aber die Gemeinkosten stiegen unaufhörlich. Diese konnten von einem bestimmten Zeitpunkt an nicht mehr an die Kunden weitergegeben werden.

Die Marketingfachleute glaubten lange, mit dem richtigen Produkt und Marktsegment erfolgreich zu sein. Die Erfolgsfaktoren suchten und fanden sie auf dem Schlachtfeld des Wettbewerbs. Doch Mitbewerber imitierten erfolgreiche Produkte und Marketingkonzepte. Außerdem wurden Produkte und Leistungen immer ähnlicher, sodass der Kunde die nur sehr geringen Produkt- oder Leistungsunterschiede kaum noch wahrnimmt.

Leistungsreserven in den Abläufen

Die „richtige“ Produktgestaltung oder Wettbewerbsstrategie für sich allein ist nicht mehr sehr vorteilswirksam. Auch durch den billigeren Bezug von Rohmaterialien, Werkzeugen und Dienstleistungen waren Wettbewerbsnachteile nicht mehr kompensierbar. Man versuchte, die Leistung von Mitarbeitern oder Abteilungen zu optimieren. Leistungsreserven entdeckte man zunehmend in der eigenen Organisation, hier insbesondere in den Abläufen.

Gute Prozesse sind schwer imitierbar

Unter diesen Bedingungen wurden die internen und externen Wertschöpfungsprozesse immer bedeutender für den Erfolg oder Misserfolg der Unternehmen. Gut gestaltete Prozesse sind im Gegensatz zu Produkten nur schwer imitierbar. Es setzte ein Wandel vom vertikalen Funktionsmanagement hin zum horizontalen Prozessmanagement ein. Der natürliche Arbeitsablauf trat an die Stelle einer künstlich auferlegten Linearität. Zwei Aspekte rückten dabei in den Mittelpunkt strategischer Überlegungen: die Erwartungen des Kunden und die volle Ausschöpfung des internen Know-hows, verbunden mit nachhaltiger Motivation der Mitarbeiter.

Die Zufriedenheit des Kunden sollte das Hauptziel des Prozessmanagements sein. Um das Überleben des Unternehmens zu gewährleisten, wird die Kundenzufriedenheit mit dem Ziel der Wirtschaftlichkeit gekoppelt.

8.2 Begriffsklärungen

Eingaben in Ergebisse umgestalten

Die DIN EN ISO 8402 definiert den Begriff „Prozess“ als „einen Satz von in Wechselbeziehungen stehenden Mitteln (Personal, Einrichtungen, Anlagen, Technologien, Methoden) und Tätigkeiten, die Eingaben in Ergebnisse umgestalten“. So gesehen kann man jede Art von Tätigkeit als Prozess betrachten.

Typische Prozesse

Typische Geschäftsprozesse sind Auftragsbearbeitung, Entwicklung, Produktion, Beschaffung, Personalentwicklung, Kundendienst, Produktplanung, Marketing und Vertrieb. Dabei unterscheidet man in der Regel zwischen „Hauptprozessen“ (z. B. Produktion) und „Teilprozessen“ (z. B. Montage).

Denkbar ist ebenfalls eine Einteilung in wertschöpfende Leistungsprozesse, Führungsprozesse und Unterstützungsprozesse. Für den Unternehmenserfolg wichtige Prozesse bezeichnet man auch als Schlüsselprozesse.

Sodann kann zwischzen Nutz-, Stütz-, Blind- und Fehlleistungen unterschieden werden:

- *Nutzleistungen* sind solche Tätigkeiten, die aus der Sicht des Kunden zu einer Wertsteigerung führen. Anders ausgedrückt: Sie erhöhen den Nutzen eines Ergebnisses für den Kunden während des Leistungserstellungsprozesses. Nutzleistungen sind fortwährend zu optimieren. Beispiele: Bestellannahme, Montage, Versand

Nutzleistungen optimieren

- *Stützleistungen* tragen nur indirekt zur Wertsteigerung eines Produktes bei. Sie unterstützen die Nutzleistung, werden aber vom Kunden nicht wahrgenommen. Da sie Kosten verursachen, sollten sie auf das geringstmögliche Maß reduziert werden. Beispiele: Planung, Genehmigungsverfahren, Berichtswesen, Archivierung

Stützleistungen reduzieren

- *Blindleistungen* treten ungeplant auf und tragen weder direkt noch indirekt zur Wertschöpfung einer Leistung bei. Da auch sie vom Kunden nicht wahrgenommen werden und die Prozesskosten erhöhen, sind sie zu eliminieren. Beispiele: Nach- oder Doppelarbeit infolge fehlender Informationen, Heizer auf der E-Lok

Blindleistungen eliminieren

- *Fehlleistungen* wurden als Nutz- oder Stützleistung geplant, sind als solche aber nicht verwertbar, da bei der Erstellung ein Fehler aufgetreten ist. Durch bessere Planung, Schulung oder Prozessstrukturierung sind solche Fehlleistungen grundsätzlich zu vermeiden. Beispiele: Fehlerhafte Produkte, falsche Buchungen, falsche Lieferung

Fehlleistungen vermeiden

Übersicht über die Prozesse kann man sich mit einem Formblatt wie diesem verschaffen:

Nr.	Tätigkeit, Maßnahme, Schritt	Abteilung Gruppe Mitarbeiter	Zeitaufwand/ Prozent	Nutzleistung	Stützleistung	Blindleistung	Fehlleistung
1							
2							
3							
4							
5							

Prozessketten intelligent organisieren

Die gesamte betriebliche Leistungskette besteht aus vielen einzelnen Prozessen, bei denen der Output eines Teilprozesses der Input für den nächsten Teilprozess ist. Die eigentliche Arbeit wird im Rahmen von Prozessketten geleistet. Diese Prozessketten bilden die Grundlage der Kern- bzw. Schlüsselprozesse im Unternehmen. Sie sind das Rohmaterial für die Aufbauorganisation. Je schneller und intelligenter die Prozessketten organisiert sind, desto wirtschaftlicher und effizienter läuft der Gesamtprozess ab.

Lieferanten und Kunden

Jeder Prozess hat immer mindestens einen Lieferanten, von dem der Input kommt, und mindestens einen Kunden, der das Prozessergebnis (Output) erhält. Dabei wird wie bei anderen Strategiemodellen auch zwischen externen und internen Kunden unterschieden. Dieser interne oder externe Kunde formuliert die Anforderungen, die messbar, dokumentiert und zwischen Kunden und Lieferant abgestimmt sein müssen.

Prozessorientierte Managementkonzepte sind unter den Bezeichnungen Geschäftsprozessmanagement, Business Process Reengineering, Lean Management und kontinuierlicher Verbesserungsprozess bekannt geworden. Sie sind Ausdruck der Besinnung auf wertschöpfende Prozesse. Ihr strategischer Fokus ist die Ablaufoptimierung, hier insbesondere die bereichsübergreifenden Querprozesse. Dabei geht es um Kosten, Material, Zeit und Qualität. Im Mittelpunkt stehen jene Aktivitäten, die einen Mehrwert schaffen, beispielsweise Auftragsannahme, -bearbeitung und Versand. Alles andere ist für den Kunden letztendlich ohne Interesse.

8.3 Umsetzung des Prozessmanagements

Step by Step oder Big Bang

Über die richtige Vorgehensweise beim Prozessmanagement ist viel geschrieben und gesagt worden. Die Step-by-Step-Befürworter bevorzugen eine stufenweise Einführung. Hier werden sukzessive regionale oder funktionale Teilbereiche auf die neue Prozessorganisation umgestellt, während andere Bereiche immer noch nach dem alten Vorgehen weiterarbeiten. So können zunächst Erfahrungen gesammelt und das Risiko auf mehrere Perioden verteilt werden. Bei der Big-Bang-Strategie erfolgt die Einführung dagegen unternehmensweit und gleichzeitig. Das führt zu Zeitersparnissen bei der Projektamortisation.

Aspekte von Prozessen

Fragen für die Prozessbeschreibung bzw. -gliederung

1. Wie kann man diesen Prozess bezeichnen? (Prozessname)
2. Was sind der Zweck und das Ziel des Prozesses? (Zweck/Ziel)
3. Wo beginnt und wo endet der Prozess? (Prozessumfang)
4. Was ist der vorgelagerte Prozess?
5. Was ist der nachfolgende Prozess?
6. Was verbirgt sich hinter der Prozessbezeichnung? (Begriffsklärung)
7. Welches sind die einzelnen Prozessschritte? (Prozessablauf)
8. Wer ist für welche Schritte zuständig? (Zuständigkeiten)
9. Welche Prozessschritte sind Ihrer Meinung nach überflüssig?
10. Welches sind die notwendigen Arbeitsmittel für diesen Prozess? (Vorschriften, Checklisten, Handbücher, Dokumente u. Ä.)
11. Welche mitgeltenden Vorschriften sind zu beachten? (z. B. BGB, Tarifvertrag, Arbeitsverträge, Beraterverträge)
12. Wie wird der Prozess überwacht? (Prozessüberwachung)
13. Welche Spezialisten sind gegebenenfalls hinzuzuziehen?
14. In welcher Form wird der Prozess dokumentiert? (Dokumentation) (Vorgang – Nachweisform – Zuständigkeit – Ablageort)
15. Wie erfolgt die Informationsweitergabe an den Schnittstellen? (Art der Information, Umfang der Information)
16. Wer ist befugt, den Prozess zu ändern? (Verantwortlichkeit)
17. Wer beurteilt die Prozesswirksamkeit und ist für Verbesserungen verantwortlich? (Prozessoptimierung)

Herkömmliche Rationalisierung

Manche Unternehmen versuchen, das Prozessmanagement mit ihrer funktionalorientierten Struktur zu verbinden. Aufgabenverteilung und Machtverhältnisse bleiben unverändert. Man strebt lediglich die Neuverbindung der Ressourcen mit den vorgegebenen Strukturen an: „Es ist ein herkömmlicher Rationalisierungsansatz, der sich allerdings dadurch auszeichnet, dass er nicht an Abteilungsgrenzen endet“ (Klepzig/Schmidt 1997, S. 28).

Prozessorientierte Strukturierung

Im Gegensatz dazu ist die prozessorientierte Strukturierung ausgeprägter, konsequenter, genauer, tiefer und am nachhaltigsten in ihrer Umsetzung. Jahrzehntealte Strukturen und Abläufe werden eliminiert. Nur mit Mut und nach dem Prinzip „alles oder nichts“ kann man sich von ineffektiven, antiquierten Geschäftsmethoden lösen. Für diesen Ansatz stehen die Autoren des Bestsellers Business Reengineering, Michael Hammer und James Champy.

Duale Strukturierung

Eine dritte Form der Umstrukturierung besteht in der dualen Strukturierung: „Im Rahmen einer dualen, das heißt funktionalen und prozessorientierten Einführungsstrategie versucht das Unternehmen, durch zusätzliche Prozessorientierung die Reaktionszeit auf Umweltveränderungen zu verkürzen. Erreicht wird das durch die Einführung eines Measurement-Systems. Neben dessen Etablierung wird in aller Regel auch eine duale, matrixartige Organisationsstruktur durch Einsatz eines crossfunktional tätigen Prozessmanagements aufgebaut“ (Klepzig/ Schmidt 1992 S. 28).

Phasen der Optimierung

Gleich für welche Vorgehensweise sich ein Unternehmen letztendlich entscheidet, es sollte sich an den nachfolgend empfohlenen, allgemeinen Vorgehensweisen orientieren. Hierzu bedient man sich eines einfachen Schemas, bestehend aus diesen Phasen:

1. Identifizierung und Gliederung der Schlüsselprozesse
2. Vermittlung des Prozessgedankens an die Mitarbeiter; diese müssen die Hauptprozesse kennen
3. Ernennung von Prozessverantwortlichen und oder gegebenenfalls Prozessteams
4. Definition von Zielen und Messgrößen sowie Messung des aktuellen Leistungsstandes, zum Beispiel Qualität, Termintreue, Materialnutzung
5. Prozessmessung, -lenkung und -verbesserung
6. Vermeiden von Überproduktion
7. Einführung von Selbstkontrollen
8. Zusammenführen von Tätigkeiten
9. Parallele Ausführung von Teilprozessen
10. Bilden von Prozessvarianten
11. Verbessern von Arbeitsbedingungen

12. Verringern von Beständen
13. Vermeiden unnötiger Transporte
14. Verkürzen von Durchlaufzeiten
15. Erhöhen der Betriebsmittelverfügbarkeit

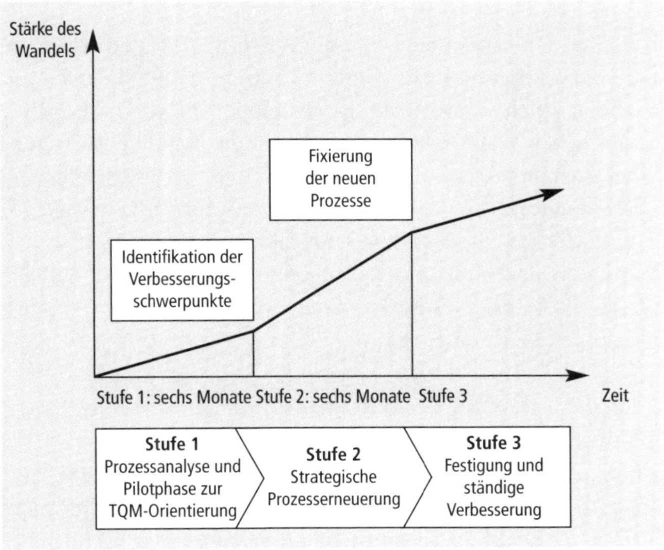

Drei Stufen des Prozessmanagements

Literatur

James Champy und Michael Hammer: *Prozessmanagement und Reengineering.* Frankfurt/M.: Campus 1994.

Matthias Hirzel (Hg.): *Prozessmanagement in der Praxis. Wertschöpfungsketten planen, optimieren und erfolgreich steuern.* Wiesbaden: Gabler 2005.

Heinz-Jürge Klepzig und Klaus Schmidt: *Prozessmanagement mit System. Unternehmensabläufe konsequent optimieren.* Wiesbaden: Gabler 1997.

Margit Osterloh und Jetta Frost: *Prozessmanagement als Kernkompetenz. Wie Sie Business Reengineering strategisch nutzen können.* Wiesbaden: Gabler 2003.

Christian Reiter: *SAP-Prozessmanagement. Unternehmensprozesse erfolgreich gestalten.* Bonn: Galileo Press 2004.

9. Wissensmanagement

Mangelnde Transparenz

In vielen Unternehmen wird die Ressource Wissen noch unzureichend genutzt. Es besteht häufig keine Transparenz darüber, welche Kenntnisse die einzelnen Mitarbeiter besitzen. Somit liegen Wissensressourcen brach, die zur Beschleunigung von Geschäftsprozessen und zum Erreichen von Unternehmenszielen eingesetzt werden könnten. Zudem führt die mangelnde Transparenz dazu, dass dem Unternehmen mit dem Ausscheiden von Mitarbeitern im Rahmen von Kündigungen, Arbeitsplatzwechsel oder Ruhestandsregelungen wertvolle Wissensressourcen verloren gehen.

Bedeutung oft noch nicht erkannt

Auch die Bedeutung der Wissensschaffung haben einige Unternehmen noch nicht erkannt. Entgegen vielen japanischen Unternehmen, die als Organisationen zur Wissensschaffung angesehen werden, gelten Unternehmen aus westlicher Sicht bislang meist als Organisationen zur Wissensverarbeitung (vgl. Nonaki und Takeuchi 1997, S. 18f.).

Vor diesem Hintergrund wird die Notwendigkeit eines professionellen Wissensmanagements deutlich. Je systematischer Unternehmen Wissen erwerben, nutzen und vermehren, umso besser werden sie die künftigen Herausforderungen bewältigen.

Von Arbeit und Kapital zu Information und Wissen

Die Ursachen dieser steigenden Bedeutung des Wissens sind vielfältiger Natur. So lässt sich beispielsweise eine zunehmende Verschiebung von arbeits- und kapitalintensiven zu informations- und wissensbasierten Tätigkeiten feststellen. Das Geschäft basiert heute immer mehr auf dem Verkauf „intelligenter“ Produkte. Beim Verkauf eines PC übersteigt das vergegenständlichte Wissen den Materialwert beispielsweise um ein Vielfaches.

Die Situation verschärft sich schließlich durch die Globalisierung der Wirtschaft, innerhalb derer sich die Industrienationen zu Wissensnationen wandeln. Im Zuge dieser Entwicklung drängen zunehmend neue Wettbewerber auf den Weltmarkt, die sich schnell das benötigte Marktwissen aneignen und die traditionellen Akteure somit vor neue Herausforderungen stellen.

Wissen unterstützt den Erfolg

Wissen unterstützt den Erfolg eines Unternehmens in vielerlei Hinsicht. Es hilft beispielsweise Mitarbeitern, Entscheidungen gezielter zu treffen, Leistungen zu optimieren, kundengerechtere Produkte zu erstellen oder auch innovative Ideen schneller umzusetzen.

Außerdem verliert das einst erworbene Wissen täglich an Wert. Es gilt, permanent neue Wissensstrukturen aufzubauen, um diesem Effekt entgegenzuwirken.

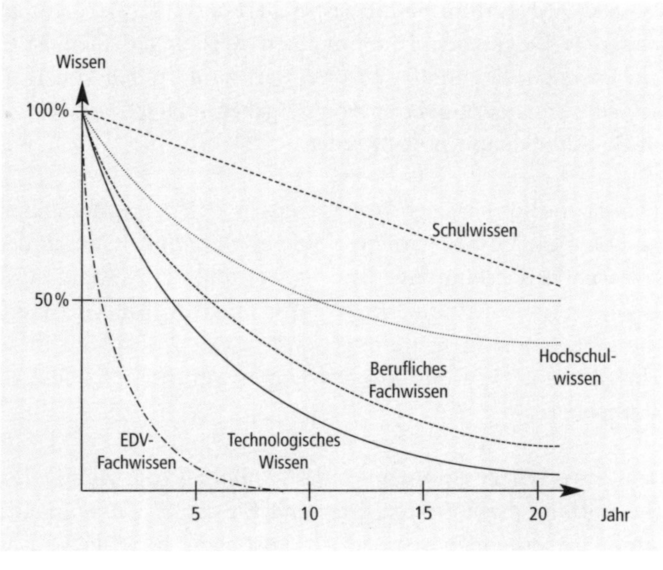

Halbwertzeiten des Wissens (Quelle: Vahs und Burmester 1999, S. 11)

Wissen aktiv pflegen

Einem gezielten und professionellen Wissensmanagement, das die Aufgabe hat, die Ressource Wissen im Unternehmen „aktiv zu pflegen, zu nutzen und weiterzuentwickeln“ (Herbst 2000, S. 3) kommt vor diesem Hintergrund eine wachsende Bedeutung zu (vgl. Kapitel H 7 „Lernende Organisation“).

9.1 Begriffsklärung

Definition

Man kann Wissen definieren als „das Netz aus Kenntnissen, Fähigkeiten und Fertigkeiten, die jemand zum Lösen einer Aufgabe einsetzt" (Herbst 2000, S. 9).

Information und Wissen

Informationen sind der Grundstoff, aus dem Wissen generiert wird. Indem sie von einer Person interpretiert und in einem bestimmten Kontext verknüpft werden, entsteht Wissen. Es ist somit möglich, neues Wissen zu erzeugen, indem verschiedene Informationen in einer neuartigen Weise miteinander verknüpft bzw. interpretiert werden. Dieser Verknüpfungs- und Interpretationsprozess ist im Gegensatz zur reinen Information personengebunden und abhängig von den individuellen Erfahrungen und dem Kulturkreis seines Trägers.

Wissen in Handlungen umsetzen

Wissen wird als Information gespeichert und auch als solche an andere weitergegeben. Um ihm einen Wert zu verleihen, ist es anzuwenden. Es muss zweckorientiert zum Treffen von Entscheidungen und zum Lösen von Aufgaben eingesetzt und somit in Handlungen umgesetzt werden.

Wissen, Können, Kompetenz

Die dazu erforderlichen Schritte lassen sich folgendermaßen beschreiben: Wissen wird zu Können, indem im Rahmen der Informationsverknüpfung und -bewertung ein Anwendungsbezug hergestellt wird. Hinzu muss eine Motivation treten, dieses Können in Handlungen umzusetzen. Erfolgen diese Handlungen ziel- und zweckorientiert, entsteht schließlich Kompetenz.

Das Wissen der Mitarbeiter verknüpfen

Träger des Wissens in einem Unternehmen sind die Mitarbeiter, die mithilfe ihrer Erfahrungen und Einsichten aufkeimende Probleme erkennen und gezielt Lösungen entwickeln. Das Unternehmenswissen als Ganzes umfasst dabei mehr als die Summe des individuellen Wissens aller Organisationsmitglieder, denn durch Verknüpfung von Wissensbeständen verschiedener Mitarbeiter kann vollkommen neues Wissen erzeugt werden, über welches das Unternehmen Wettbewerbsvorteile erzielen kann.

Explizites und implizites Wissen

Das Wissen hat eine explizite und eine implizite Dimension:

- *Explizites Wissen* ist sowohl visualisierbar als auch verbalisierbar. Es steht dem Unternehmen unabhängig von Wissensträgern zur Verfügung, lässt sich in Zahlen, Worten und Formeln ausdrücken, mit den Mitteln der Informations- und Kommunikationstechnologie speichern und somit problemlos an Personen weitergeben.
- Demgegenüber ist *implizites Wissen* wesentlich schwieriger erfassbar. Es handelt sich um Wissen, das sich in den Köpfen von Mitarbeitern befindet und auf deren Erfahrungen, Idealen, Werten und Gefühlen beruht. Intuitionen und subjektive Einsichten gehören in den Bereich des impliziten Wissens. Ein Koch, der seine Speisen nach jahrelanger Erfahrung mehr nach Gefühl als nach Rezept zubereitet, wird große Schwierigkeiten haben, das „Geheimnis" seines Erfolges an seine Kollegen weiterzuvermitteln.

Implizites Wissen externalisieren

Genau hier liegt aber die Notwendigkeit, um auch bei Ausscheiden eines wertvollen Mitarbeiters weiterhin erfolgreich agieren zu können und somit das Wissen dem Unternehmen unabhängig von Personen zur Verfügung zu stellen. Die Voraussetzung, um diese Herausforderung bewältigen zu können, besteht in der Umwandlung des impliziten Wissens in explizites Wissen, der so genannten „Externalisierung". Erfahrungen und Intuitionen der Mitarbeiter müssen somit „greifbar" gemacht und in Worte und Zahlen umgewandelt werden, damit sie vermittelt werden können.

9.2 Wissensmanagement in der Praxis

Wissensprozesse systematisch gestalten

Das Wissensmanagement ist ein strategisches Führungskonzept, dessen Aufgabe in erster Linie darin besteht, einen Prozess der organisationalen Wissensnutzung und -erzeugung in einem Unternehmen systematisch zu gestalten. Wissensmanagement ist kein Selbstzweck, sondern es sollen mit dessen Hilfe die Unternehmensziele besser und schneller erreicht werden. Es dient also dazu, Wettbewerbsvorteile zu erarbeiten bzw. auszubauen.

Lebendigen Marktplatz schaffen

Dazu muss das Wissen den Unternehmensangehörigen bedarfsgerecht zur Verfügung stehen. Somit liegt die Intention nicht darin, wahllos Informationen an alle Mitarbeiter zu verteilen, sondern es soll vielmehr eine Art „lebendiger Marktplatz“ geschaffen werden, auf dem Menschen mit gemeinsamen Interessen zusammengebracht und ein Austausch relevanten Wissens ermöglicht wird. Ergänzend werden externe Personen, wie zum Beispiel Kunden, Lieferanten oder Kooperationspartner mit einbezogen, deren Kenntnisse durch einen aktiven Austausch mit den Unternehmensangehörigen genutzt werden sollen.

9.3 Wissensmanagement als Führungsaufgabe

Wissensmanagement umfasst als ganzheitlicher komplexer Prozess eine Reihe unterschiedlicher Aktivitäten. Das von Probst entwickelte Modell „Bausteine des Wissensmanagements“ gliedert diesen Prozess in sechs Kernelemente, erweitert um die Elemente „Wissensziele“ und „Wissensbewertung“.

Bausteine des Wissensmanagements (Quelle: Probst u. a. 1998, S. 56)

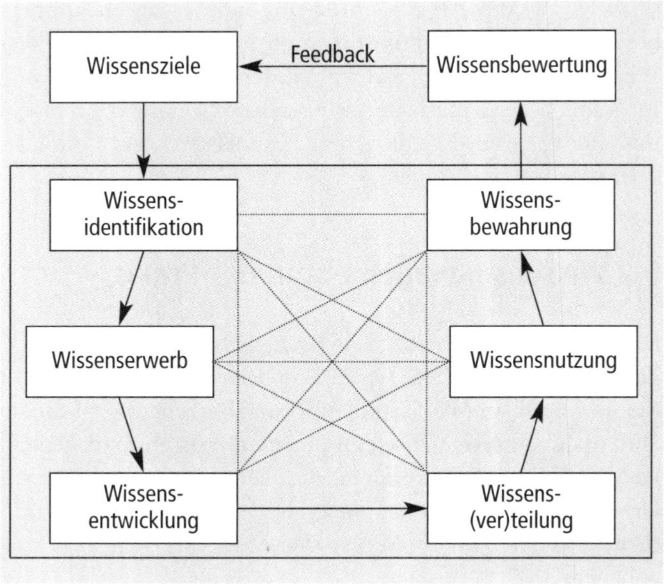

Die Wissensziele sollen dabei die wichtige Bedeutung einer strategischen Ausrichtung des Prozesses verdeutlichen. Über eine abschließende Wissensbewertung wird es möglich, die Effizienz der Wissensmanagement-Aktivitäten zu überprüfen.

Sinn der Wissensziele

Durch die Definition von Wissenszielen werden die Lernprozesse im Unternehmen in eine gewollte Richtung gelenkt. Zudem ermöglichen es präzise formulierte Ziele, den Prozess des Wissensmanagements im Hinblick auf Erfolg bzw. Misserfolg zu kontrollieren.

Normative, strategische und operative Ziele

Es kann zwischen normativen, strategischen und operativen Zielen unterschieden werden. Während *normative* Ziele sich auf die Schaffung einer wissensbasierten Unternehmenskultur beziehen, definieren *strategische* Ziele das organisationale Kernwissen des Unternehmens und legen somit den zukünftigen Kompetenzbedarf fest. *Operative* Ziele schließlich sorgen für eine Übersetzung der normativen und strategischen Vorgaben in handlungsorientierte Teilziele und unterstützen somit die Umsetzung des Wissensmanagements.

Überblick verschaffen

Eine wichtige Aufgabe des Wissensmanagements liegt darin, im Unternehmen Transparenz über die vorhandenen Wissensbestände zu schaffen, denn die Suche nach im Unternehmen verstreutem Wissen kostet die Mitarbeiter Zeit und führt häufig zu unnötigen Doppelarbeiten. Zu diesem Zweck können Wissenslandkarten oder Datenbanken nach Art der „Gelben Seiten“ erstellt werden, die den Mitarbeitern einen Überblick darüber geben, wer über welche Kenntnisse im Unternehmen verfügt.

Wissen erwerben

Relevantes Wissen, das im Unternehmen nicht vorhanden ist, muss entweder über unternehmensinterne oder -externe Quellen beschafft werden. Indem das Unternehmen die Kreativität und die Ideen seiner Mitarbeiter nutzt, können neue Fähigkeiten systematisch intern produziert werden. Kreativitätsfördernde Rahmenbedingungen und das Arbeiten in heterogenen Teams unterstützen den Prozess des internen Wissenserwerbs.

Daneben besteht die Möglichkeit, über die Rekrutierung von Experten oder die Akquisition innovativer Unternehmen Wissen extern zu beziehen, das aus eigener Kraft nicht entwickelt werden könnte.

Wissen bewahren

In einem Unternehmen vorhandenes wertvolles Wissen muss vor Verlusten geschützt werden und dem Unternehmen unabhängig beispielsweise von ausscheidenden Mitarbeitern erhalten bleiben. Der Prozess der Wissensbewahrung kann in die Schritte Selektion, Speicherung und Aktualisierung gegliedert werden.

Nachdem über die Selektion bewahrenswertes Wissen herausgefiltert wurde, muss es in angemessener Form gespeichert werden, um es jederzeit verfügbar zu halten. Eine regelmäßige Aktualisierung sorgt dafür, dass sich das Unternehmen von altem und belastendem Wissen trennt.

Wissen verteilen

Die Nutzung relevanten Wissens durch die Mitarbeiter setzt eine vorherige Verteilung innerhalb des Unternehmens voraus. Da nicht jeder Mitarbeiter das gleiche Wissen benötigt, muss sich das Unternehmen zunächst die Frage stellen, wer über welches Wissen in welchem Umfang verfügen soll und auf welche Weise die Wissensverteilung erleichtert werden kann. Ziel ist es, schnell, aktuell und korrekt auf das relevante Wissen zugreifen zu können. Modernen Informations- und Kommunikationstechnologien kommt in diesem Zusammenhang eine tragende Bedeutung zu, da sie es ermöglichen, Wissen unabhängig von Zeit und Raum im Unternehmen zu verteilen. Nicht alles lässt sich jedoch mit Hilfe der Technologie übermitteln. Implizites oder komplexes und erklärungsbedürftiges Wissen bedarf einer persönlichen Weitergabe.

Wissen nutzen

Die Wissensnutzung stellt das Hauptziel des Wissensmanagements dar, denn Identifizieren, Entwickeln oder Verteilen von Wissen bekommen erst dann einen Sinn, wenn das Wissen auch angewendet wird, um somit einen Wert für das Unternehmen zu erzeugen. Das Wissen soll eingesetzt werden, um zielgerichtete Entscheidungen treffen und Probleme besser lösen zu können.

Aufgabe des Wissensmanagements ist es daher, die Nutzung des betrieblichen Wissens sicherzustellen.

Auch das Lernumfeld sollte so beschaffen sein, dass Fehler toleriert und die Motivation der Mitarbeiter zur Nutzung neuen Wissens gefördert wird. Da das Anwenden und Erproben neuen Wissens Zeit kostet, ist es zudem wichtig, den Mitarbeitern die erforderlichen zeitlichen Freiräume zu bieten.

Wissen bewerten

Um die Effizienz des Wissensmanagements beurteilen zu können, werden Methoden zur Messung der vorab definierten Wissensziele notwendig. Es bestehen jedoch vielfach Probleme bei der Durchführung der Wissensbewertung, da die Unternehmen nur wenig Erfahrung im Hinblick auf das Controlling nicht-monetärer Größen besitzen. Die Bewertung sollte daher nicht nur nach quantitativen Gesichtspunkten erfolgen. Als Instrument zur Bewertung der Wissensziele können Unternehmen die von Kaplan und Norton entwickelte Balanced Scorecard heranziehen (vgl. Kapitel E 4 „Balanced Scorecard“.

9.4 Mitarbeiter in wissensorientierten Unternehmen

Ohne Bereitschaft geht es nicht

Die Einführung von Wissensmanagement im Unternehmen stellt Mitarbeiter vor neue Herausforderungen und führt zu veränderten Arbeitsweisen. Als Träger des Wissens stehen sie im Zentrum des Wissensmanagements. Sie müssen die Bereitschaft zeigen, sich Wissen anzueignen, das ihnen zum Lösen von Aufgaben fehlt, und sich somit einem Lernprozess zur Bewältigung neuer Herausforderungen öffnen. Dazu bedarf es auch der Bereitschaft, Wissen von anderen anzunehmen sowie das eigene Wissen mit anderen zu teilen.

Ängste berücksichtigen

Da Wissen sehr häufig mit Macht gleichgesetzt wird, ängstigen sich viele Mitarbeiter, durch Wissensweitergabe einen Teil an Macht und Einfluss einzubüßen und somit entbehrlich zu werden. Zum Abbau dieser Widerstände ist es wichtig, dass die Mitarbeiter die Vorteile des Wissensmanagements sowohl für das Unternehmen als auch für ihre eigene Arbeit erkennen und so zur Wissensteilung motiviert werden. Eine offene Kommunikation, innerhalb derer ihnen diese Vorteile sowie die Bedeutung des Wissens vermittelt werden, ist für das Verständnis und die Akzeptanz der Mitarbeiter eine wesentliche Voraussetzung. In einigen Unternehmen wurden bereits neue Funktionen geschaffen wie beispielsweise die des „Wissensmanagers", der die Aufgabe hat, Wissensaufbau und -nutzung im Unternehmen zu fördern und in diesem Zusammenhang für eine offene Kommunikation zu sorgen.

9.5 Rahmenbedingungen wissensorientierter Unternehmen

Fehler tolerieren

Das Interesse und die Bereitschaft, Wissen zu geben und zu nehmen, hängen sehr stark von den Rahmenbedingungen in einem Unternehmen ab. Die Toleranz gegenüber Fehlern stellt einen wichtigen Aspekt wissensorientierter Unternehmen dar, denn nur, wenn ein Unternehmen Fehler als einen Teil des Lernprozesses begreift, werden die Mitarbeiter den Mut entwickeln, neues Wissen anzuwenden und das Risiko nicht zu scheuen. Da Wissen nur eine begrenzte Gültigkeit hat, ist es in regelmäßigen Abständen erforderlich, bestehendes Wissen infrage zu stellen und es gegebenenfalls zu aktualisieren.

Anreize schaffen

Um die Bereitschaft zur Wissensnutzung und -teilung im Unternehmen zu fördern, sind Anreizsysteme einzurichten, die den Beitrag eines Mitarbeiters zum Wissensaufbau und -transfer berücksichtigen. Dies kann beispielsweise in Form eines betrieblichen Vorschlagswesens geschehen, über das die Verbesserungsvorschläge der Mitarbeiter finanziell honoriert werden. Aber auch Belohnungen in nicht-monetärer Form – etwa verbesserte Aufstiegschancen – sind in diesem Zusammenhang denkbar.

Technische Unterstützung bieten

Für einen effizienten Wissensaufbau und -transfer ist es wichtig, dass das Unternehmen seinen Mitarbeitern eine geeignete informationstechnische Unterstützung zur Verfügung stellt. Dabei sollte insbesondere auf Anwenderfreundlichkeit und eine leichte Erlernbarkeit der Medien geachtet werden, da die Akzeptanz und die Bereitschaft zur aktiven Nutzung davon stark beeinflusst werden.

Vorbild durch Leitung

Um Wissensmanagement erfolgreich umzusetzen, ist es erforderlich, dass die Geschäftsleitung voll hinter dem Projekt Wissensmanagement steht. Sie sollte den Unternehmensangehörigen die Bedeutung des Wissens für den zukünftigen Unternehmenserfolg vermitteln und sinnvollerweise als Vorbild fungieren, indem sie die Vorreiterrolle beim aktiven Wissensaufbau und -austausch übernimmt.

Fünf Fragen für den Anfang

Bei der Implementierung des Wissensmanagements im Unternehmen müssen zahlreiche Maßnahmen ergriffen und vielfältige Rahmenbedingungen beachtet werden. Für eine erste gedankliche Auseinandersetzung mit dem Thema Wissensmanagement können einem Unternehmen folgende fünf Fragen von Klaus North als Hilfestellung dienen:

1. Welche Bedeutung hat Wissen für unseren Geschäftserfolg?
2. Welche strategischen Ziele werden wir durch die Mobilisierung von Wissen unterstützen?
3. Über welches Wissen verfügen wir heute und welches Wissen werden wir zukünftig benötigen, um unsere Wettbewerbsfähigkeit nachhaltig sicherstellen zu können?
4. Wie gehen wir mit der Ressource Wissen um?
5. Wie sollten wir unser Unternehmen gestalten und entwickeln, damit wir heute und zukünftig dem Wissenswettbewerb gewachsen sind?

Literatur

Andreas Al-Laham: *Organisationales Wissensmanagement. Eine strategische Perspektive.* München: Vahlen 2003.

Heide Brücher: *Leitfaden Wissensmanagement. Von der Anforderungsanalyse bis zur Einführung.* Zürich: VDF Hochschulverlag 2004.

Dieter Herbst: *Erfolgsfaktor Wissensmanagement.* Berlin: Cornelsen 2000.

Sandra Lucko und Bettina Trauner: *Wissensmanagement. 7 Bausteine für die Umsetzung in der Praxis.* 2. Aufl. München: Hanser 2005.

Ikujiro Nonaka und Hirotaka Takeuchi: *Die Organisation des Wissens: Wie japanische Unternehmen eine brachliegende Ressource nutzbar machen.* Frankfurt/M.: Campus 1997.

Klaus North: *Wissensorientierte Unternehmensführung. Wertschöpfung durch Wissen.* Wiesbaden: Gabler 2002.

Gilbert Probst, Stefan Raub und Kai Romhardt: *Wissen managen. Wie Unternehmen ihre wertvollste Ressource optimal nutzen.* 4., überarb. Aufl. Wiesbaden: Gabler 2003.

Dietmar Vahs und Ralf Burmester: *Innovationsmanagement. Von der Produktidee zur erfolgreichen Vermarktung.* 3., überarb. Aufl. Stuttgart: Schäffer-Poeschel 2005.

Uwe Wilkesmann und Ingolf Rascher: *Wissensmanagement. Theorie und Praxis der motivationalen und strukturellen Voraussetzungen.* Mering: Hampp 2004.

Stichwortverzeichnis

Z

GABAL Business-Bücher für Erfolg und Karriere

GABALs großer Methodenkoffer Arbeitsorganisation
306 Seiten
ISBN 978-3-89749-454-1

GABALs großer Methodenkoffer Managementtechniken
336 Seiten
ISBN 978-3-89749-504-3

Methodenkoffer Führung und Zusammenarbeit
368 Seiten
ISBN 978-3-89749-587-6

Methodenkoffer Persönlichkeitsentwicklung
344 Seiten
ISBN 978-3-89749-672-9

Wenn die anderen das Problem sind
218 Seiten
ISBN 978-3-89749-586-9

Kontern – aber wie?
136 Seiten
ISBN 978-3-89749-182-3

Clever kommunizieren
176 Seiten
ISBN 978-3-89749-734-4

Small Talk von A bis Z
168 Seiten
ISBN 978-3-89749-673-6

Vertrauen und Führung
162 Seiten
ISBN 978-3-89749-670-5

Führungsfaktor Gesundheit
160 Seiten
ISBN 978-3-89749-732-0

Beschwerdemanagement
184 Seiten
ISBN 978-3-89749-733-7

Projektmanagement
208 Seiten
ISBN 978-3-89749-629-3

Informationen über weitere Titel unseres Verlagsprogrammes erhalten Sie in Ihrer Buchhandlung, unter **info@gabal-verlag.de** oder **www.gabal-shop.de.**

7-065

GABAL

Management

:e-imagine
·52 Seiten, gebunden
SBN 978-3-89749-726-9

Die 7 Wege zur Effektivität
368 Seiten, gebunden
ISBN 978-3-89749-573-9

Der 8. Weg
432 Seiten, gebunden
ISBN 978-3-89749-574-6

Die Umsatz-Maschine
240 Seiten, gebunden
ISBN 978-3-89749-631-6

OODSPORT®
72 Seiten, gebunden
SBN 978-3-89749-633-0

Leading Simple
192 Seiten, gebunden
ISBN 978-3-89749-708-5

Die Trojanische Verkaufsstrategie
224 Seiten, gebunden
ISBN 978-3-89749-730-6

Die heiligen Kühe und die Wölfe des Wandels
424 Seiten, gebunden
ISBN 978-3-89749-666-8

as 21. Jahrhundert
:t weiblich
56 Seiten, gebunden
SBN 978-3-89749-667-5

TQS – Total Quality Selling
224 Seiten, gebunden
ISBN 978-3-89749-668-2

Die fünf ZukunftsBrillen
328 Seiten, gebunden
ISBN 978-3-89749-669-9

next practice - Erfolgreiches Management von Instabilität
224 Seiten, gebunden
ISBN 978-3-89749-439-8

Informationen über weitere Titel unseres Verlagsprogrammes erhalten Sie in Ihrer Buchhandlung, unter **info@gabal-verlag.de** oder **www.gabal-shop.de.**

7-064

GABAL

Wirtschaftsstories

Mike Song,
Vicki Halsey,
Tim Burress
Die Hamster-Revolution
168 Seiten
ISBN 978-3-89749-769-6

Ken Blanchard,
Mark Miller
Das Geheimnis großer Leader
144 Seiten
ISBN 978-3-89749-765-8

Ken Jennings,
John Stahl-Wert
Dienen lernen im Leadership
168 Seiten
ISBN 978-3-89749-767-2

Arbinger Institute
Leben ohne Selbstbetrug
224 Seiten
ISBN 978-3-89749-766-5

Ken Blanchard,
Jesse Stoner
Das große Ziel vor Augen
176 Seiten
ISBN 978-3-89749-764-1

Tim Templeton
Erfolgreiches Networking
168 Seiten
ISBN 978-3-89749-762-7

Informationen über weitere Titel unseres Verlagsprogrammes erhalten Sie in Ihrer Buchhandlung, unter **info@gabal-verlag.de** oder **www.gabal-shop.de.**